Jinshu Kuangshan Yougui Yunshu
5G+ Zhineng Guankong Jishu

金属矿山有轨运输 5G+智能管控技术

主　编　武拴军

副主编　张　辉　骆军军　王永定　冯金庆　赵　鹏

参　编　雷喜怀　姚爱国　沟宇辉　马海军　王立军　宋　卓　李峰基
　　　　盛财林　裴承杰　李　亮　王鹏程

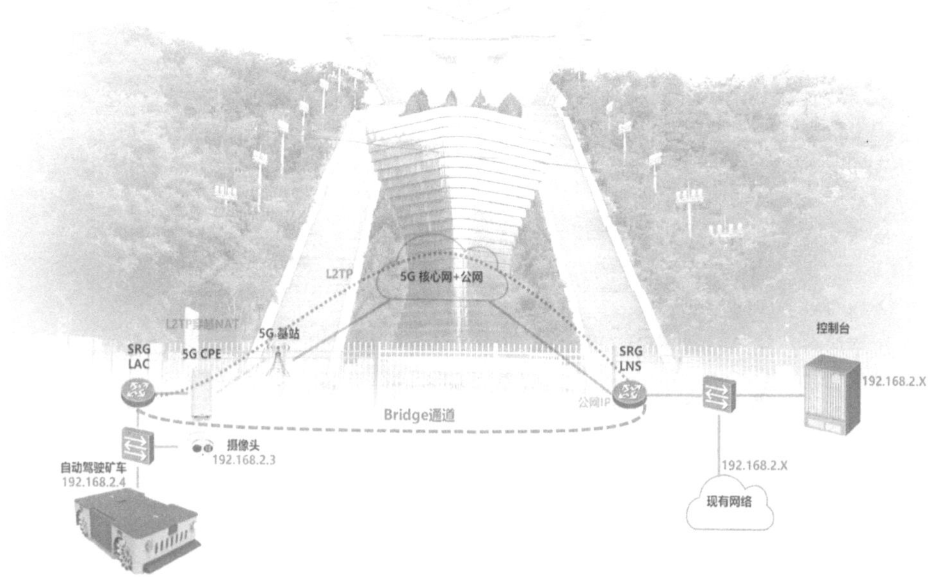

中国矿业大学出版社

·徐州·

图书在版编目(CIP)数据

金属矿山有轨运输 5G+智能管控技术 / 武拴军主编
.— 徐州：中国矿业大学出版社，2023.8
ISBN 978 - 7 - 5646 - 5879 - 3

Ⅰ. ①金… Ⅱ. ①武… Ⅲ. ①第五代移动通信系统－应用－金属矿－矿山运输－轨道运输－研究 Ⅳ. ①TD85-39

中国国家版本馆 CIP 数据核字(2023)第 110891 号

书　　名	金属矿山有轨运输 5G+智能管控技术
主　　编	武拴军
责任编辑	何晓明　耿东锋
出版发行	中国矿业大学出版社有限责任公司 (江苏省徐州市解放南路　邮编 221008)
营销热线	(0516)83885370　83884103
出版服务	(0516)83995789　83884920
网　　址	http://www.cumtp.com　**E-mail**:cumtpvip@cumtp.com
印　　刷	苏州市古得堡数码印刷有限公司
开　　本	787 mm×1092 mm　1/16　**印张** 20.75　**字数** 406 千字
版次印次	2023 年 8 月第 1 版　2023 年 8 月第 1 次印刷
定　　价	88.00 元

(图书出现印装质量问题，本社负责调换)

序

2023年4月，我有幸参加了在甘肃省金昌市举办的“矿业绿色智能高质量发展高峰论坛”，受邀参观了金川集团智慧矿山建设实践与应用成果，对龙首矿的“有轨运输5G+电机车无人驾驶”印象深刻。其全流程、全系统智能化的运行模式展现了现代矿山、智慧矿山场景。矿业发展应当与新技术应用同步，龙首矿智慧矿山建设尤其是5G技术的成功应用，体现了金川集团和龙首矿领导对未来矿山发展规划和新技术应用的前瞻视野。

本书是我所知的第一本矿山系统的5G技术应用类书籍。该书根植于5G技术转化应用的成功实践，“技术和管理并重”是本书的一大特色，对实践过程的参与要素进行了全面且丰富的提炼，充分体现了龙首矿在新技术推广应用中“技术和管理均为解决问题路径”的理念，体现了管理在新技术应用方面的重要性。

该书包括三方面的内容：一是对矿山有轨运输巷道环境、设备设施等基础条件支撑方面做了深入的剖析和总结，体现了技术应用良好载体的重要性；二是对5G等新技术在有轨运输系统的应用进行了详细的描述，表现出5G+电机车无人驾驶新技术应用的较高适应性和成熟性；三是对在新技术、新模式下的运维管理工作进行了全面的阐述。

有轨运输5G+电机车无人驾驶技术的应用，实现了现场无人化的生产作业目标，在安全管控、效率提升等方面取得了显著效果，职工从现场“黑领”转变成智能化“白领”，在全国乃至全球矿山有轨运输系统领域处于领先地位，该技术和管理所形成的先进生产模式值得矿业同行在实践应用中借鉴。

该书填补了金属矿山5G技术应用方面理论转化和技术应用类书籍的空白，开启了智慧矿山建设“技术共享”的先例，对金属矿山的智慧矿山建设和金属矿行业绿色高质量发展具有积极的推动和示范作用。

矿山绿色高质量发展任重道远，智慧矿山建设大势所趋，希望龙首矿继续争当行业先锋，引领行业发展！

祝愿龙首矿的明天越来越好！

中国工程院院士
岩石力学与采矿工程专家
北京科技大学教授、博士生导师

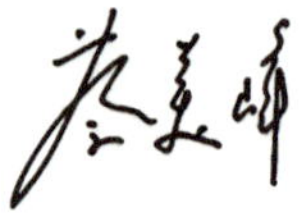

前　言

龙首矿成立于1962年，是金川集团股份有限公司最早成立的矿山单位，历经60年的发展，龙首矿由最早的露天开采转为地坑开采，目前年出矿量超过400万t，属超大型有色矿山。在矿山发展历程中，龙首矿始终以“科学创新”作为矿山发展的生命线，从最初“人拉肩扛”的原始采矿方式，已发展到目前现场“无人化”的全自动化生产模式，“智慧矿山”建设初具规模，部分系统自动化、信息化应用达到了行业领先水平。在此基础上，全矿正以踔厉奋发的精神朝着全流程、全领域智能化发展阔步前进。

有轨运输是龙首矿水平运输的主要方式，2018年龙首矿开始有轨运输系统智能化改造；2019年10月实现了在地表1703水平基于WiFi的电机车无人驾驶；2020年5月在国家5G新技术应用的大力推广应用下，龙首矿首次将5G应用到了有轨运输系统，完成了全球第一例基于5G技术的电机车无人驾驶。

在“5G＋电机车无人驾驶”成功应用后，其先进技术在矿区广泛推广，“电机车无人驾驶技术”推广应用至井下1340中段和1100中段有轨运输系统，5G无线通信技术推广至井下无人驾驶铲运机、矿区智能供暖、皮带智能巡检、无人砂仓、变电所和水泵房智能巡检等项目，实现了移动设备自动化建设项目遍地开花的局面，有力助推了龙首矿“智慧矿山”建设。在此基础上，2022年10月龙首矿完成全国第一例“毛石无人拉运及翻卸系统”，实现了有轨运输系统全流程5G＋电机车无人驾驶及智能化管控。

本书主要根据龙首矿有轨运输系统5G＋智能化改造过程中的成熟技术和经验，结合成功应用案例，从环境、设备、理论支撑、技术应用、管理对策等方面全面分析和阐释了系统成功应用的基本要素，并结合龙首矿特大型金属矿山的属性和有轨运输系统多中段、多种工艺、多种环境等复杂特征，对技术应用的成熟性和广泛性做了充分的说明。

本书对同行业的技术应用具有一定的指导及参考价值，对相关的理论研究具有一定的实践参考意义，同时也可作为同行业人士、相关专业院校教师及学生、感兴趣人士的案例读本和拓展读本。

在此特别感谢甘肃电信金昌分公司和甘肃移动金昌分公司在 5G 应用方面提出的宝贵意见，感谢北京速力科技有限公司的大力支持。

由于编者水平有限，书中难免存在不妥之处，恳请广大读者海涵并指正。

武拴军

2023 年 6 月

目　录

第1章 绪 论

1.1 金属矿山概述

金属矿一般指经冶炼可以从中提取金属元素的矿产。金属矿产按其物质成分、性质和用途可分为5种：黑色金属矿产、有色金属矿产、贵金属矿产、轻金属矿产、稀有金属矿产。黑色金属矿产包括铁、锰、铬、钒、钛等，是用作钢铁工业原料的矿产；有色金属矿产包括铜、锡、锌、镍、钴、钨、钼、汞等；贵金属矿产包括铂、铑、金、银等；轻金属矿产包括铝、镁等；稀有金属矿产包括锂、铍、稀土等。

1.1.1 金属矿开采工艺

金属矿按照探明矿床的存储位置确定开采方式。当矿床露头或在浅层埋深位置时，采用露天采矿方法；当矿床埋藏地表以下很深，采用露天开采会使剥离系数过高，经过技术经济比较认为采用地下开采合理时，则采用地下开采方式。

1.1.1.1 露天开采

露天开采又称为露天采矿，是一个移走矿体上的覆盖物，得到所需矿物的过程。露天开采作业主要包括穿孔、爆破、采装、运输和排土等流程。按作业的连续性，可分为间断式、连续式和半连续式。间断式开采工艺适用于各种地质矿岩条件；连续式开采工艺劳动效率高，易实现生产过程自动化，但只能用于松软矿岩；半连续式开采工艺兼有以上两者的特点，但在硬岩中需增加机械破碎岩石的环节。

按露天矿山开采技术工艺，主要有以下几类：

① 陡帮开采。这一开采技术具有剥离量小、基建工程量少、建设周期短和最终边坡暴露时间短等优点，因此，我国将陡帮开采列入国家科技攻关项目，并在南芬露天矿开展了大规模的工业试验，为我国大中型露天矿的技术改造和新建、扩建提供了实践经验。我国金堆城、紫金山、眼前山等矿山都采用陡帮开采工艺。

② 松土机-铲运机露天开采。这种开采工艺主要应用于铝土矿开采，其技术特点是用松土机使矿岩松散和破碎，以代替凿岩爆破，铲运机进行装载、运输和卸载。其工艺简单，一机多用，通过分层铲装实现分层开采、分层排土，是实现

排土-复垦一体化的理想工艺。孝义铝矿进行了该工艺的试验研究并取得成功，已推广应用。

③ 间断-连续开采。这种采矿工艺是在工作面用电铲装载矿石，经汽车运输和破碎机破碎后，用带式输送机将矿石运出采场。这种工艺有利于发挥汽车和带式输送机的优点，适合于深凹露天矿开采。我国在大孤山、东鞍山等铁矿和德兴铜矿应用该开采工艺。1997年，齐大山铁矿通过引进，建成了采场内可移动式矿岩破碎-胶带运输系统，标志着我国深凹露天矿开采工艺进入了世界先进水平。

④ 陡坡铁路。采用陡坡铁路运输是解决深凹露天矿（采深350～400 m）开拓运输问题的发展方向。深凹露天矿改用陡坡铁路运输可保证铁路运输进入露天矿更深的水平，矿山基建工程和汽车集运量分别减少2.5%和1.5%，运距缩短30%，由采场向上提升矿岩的费用降低20%，而且减少线路的移道工作量，可获得巨大的经济效益。

⑤ 高台阶采矿。随着露天开采设备大型化的发展，国外一些矿山研究并采用高台阶开采工艺。我国对高台阶开采技术的研究起步较晚，大型露天铁矿装备水平逐步提高为高台阶开采新工艺的实施提供了有力的技术保证。该采矿技术列入国家“八五”科技攻关项目，并在南芬露天铁矿成功应用。南芬露天铁矿南山扩帮区开采参数优化表明：与12 m台阶相比，18 m高台阶开采的单位成本可降低5.76%～6.12%，动态效益每年可节省1 052万～1 162万元。实践表明，高台阶开采技术是成功的，经济效益非常可观。

1.1.1.2 地下开采

由于矿体埋藏较深，要将矿石开采出来，必须开凿由地表通往矿体的巷道，如竖井、斜井、斜坡道、平巷等。地下开采主要包括开拓、采切（采准和切割工作）和回采三个步骤。

开拓是为了由地表通达矿体而开凿竖井、斜井、斜坡道、平巷等井巷的掘进工程。采准是在开拓工程的基础上，为回采矿石所做的准备工作，包括掘进阶段平巷、横巷和天井等采矿准备巷道。切割是在开拓与采准工程的基础上按采矿方法所规定在回采作业前必须完成的井巷工程，如切割天井、切割平巷、拉底巷道、切割堑沟、放矿漏斗、凿岩硐室等。回采是在采场内进行采矿，包括凿岩和崩落矿石、运搬矿石和支护采场等作业。

这三个步骤开始时依次进行，当矿山投产以后，为能保持持续正常生产，仍需继续开凿各种井巷，如延伸开拓巷道，开凿各种探矿、采准、回采巷道等。在时间上必须遵循“开拓超前于采准、采准超前于回采、确保各级生产准备矿量达到合理保有期”的生产规律。这是通过长期的生产实践总结出来的比较符合矿山生产实践的科学规律。

地下开采方法分类繁多，以地压管理方法为依据，分为三大类。

(1) 空场采矿法

该法主要靠围岩本身的稳固性和矿柱的支撑能力维护回采过程中形成的采空区，有的用支架或采下矿石作辅助或临时支护。本法回采工艺简单，容易实现机械化，劳动生产率高，采矿成本低，适于开采矿石和围岩均稳固的矿体，在地下矿山广泛应用。但开采中厚层以上矿体需留大量矿柱，矿石回采率低，因此采高价矿床时用得较少。

(2) 充填采矿法

本法用充填材料或其他支架维护采空区。在矿房或矿块中，随工作面的推进，向采空区送入碎石、炉渣、水泥等充填材料，以进行地压管理、控制围岩崩落和地表移动，并在形成的充填体上或在其保护下进行回采。本法适用于开采围岩不稳固的高品位、稀缺、贵重矿石的矿体；地表不允许陷落，开采条件复杂，如水体、铁路干线、主要建筑物下面的矿体和有自燃火灾危险的矿体等。该法也是深部开采时控制地压的有效措施。

(3) 崩落采矿法

它是随工作面的推进，有计划地崩落围岩填充采空区以管理地压的采矿方法。本法适用于围岩容易崩落、地表允许塌陷的矿体。

1.1.2　矿山开采系统组成

矿山井下开采可分为八大系统，分别是：开拓系统、提升系统、运输系统、供电系统、充填系统、供气系统、供排水系统、通风系统。

① 开拓系统：为全矿井、全阶段或若干采区服务的矿山井巷，为矿山提升、运输、通风、排水和动力供应提供了条件，它决定井巷工程量和维护量、投资、建设周期和资源回收等重大问题，对矿山建设和生产具有长远的影响。

② 提升系统：是通过地面井口、井筒和井底的设备、装置进行矿石、人员等上下提升运输工作的系统。其所需设备和装置包括提升机、井架、天轮、钢丝绳、连接装置、提升容器、井筒导向装置、井口和井底的承接装置、阻车器、安全闸以及信号装置等。

③ 运输系统：主要任务是运出矿石，其次是将废石运出地面，将材料、设备运到井下使用地点，以及运送人员上下班等。地面运输多用带式输送机运输；毛石多用电机车运输；金属矿石多用窄轨电机车运输，部分大型矿山用标准轨机车运输。

④ 供电系统：由矿井的各级变电所、各电压等级的配电线路共同构成了矿井供电系统。矿井的供电系统一般分为深井供电系统、浅井供电系统和平硐供电系统。

⑤ 充填系统:是用于采集、加工、储存和制备充填材料,向采空区输送和堆放充填材料,使充填材料脱水和处理污水等的设备、设施、井巷工程和构筑物的总称。

⑥ 供气系统:一般是供井下设备用高压风的系统,如凿岩机、风镐等设备,需要空气压缩机提供高压风,通过管路供给井下动力用风,是设备的动力系统之一。

⑦ 供排水系统:供水系统是指井下人员用水、设备用水、消防用水等水供给网络的总称,一般由地表自来水或高位水池建立水源,通过供水干管、减压阀、各类阀门等向井下供给水源;排水系统是指在矿山建设和生产过程中排除进入矿山的地下水和地表水,是战胜水害的重要手段之一。

⑧ 通风系统:是矿井通风方式和通风网络的总称,主要任务是供给井下足够的新鲜空气,满足人员对氧气的需要;冲淡井下有毒有害气体和粉尘,保证安全生产;调节井下气候,创造良好的工作环境。

1.2 矿山运输系统

1.2.1 系统概述

矿山运输是将地下采出的有用矿物由采掘工作面运往地面转载站、选矿厂,将废石运到废石堆,或将人员、材料、设备及其他物料运入、运出的各种运输作业,是矿山生产的重要环节。

矿山运输系统按运输设备划分有:有轨运输(如矿井机车运输)和无轨运输(如矿用输送机运输、汽车运输、水力运输和架空索道运输)。按运输空间划分有:矿石地下运输和地面运输。地下运输指工作面到出矿溜井或采区矿仓之间的运输,矿石在运输巷道装车并组成列车,由电机车牵引送到出矿溜井,或由输送机运输;地面运输指采用电机车、架空索道、铁路火车或汽车将矿石运往选矿厂或用户,将废石送往废石场。

1.2.2 矿山运输方式

(1) 轨道运输

轨道运输是地下开采矿山主要的运输方式,轨道运输的主要设备有轨道、矿车、牵引设备和辅助机械设备等。运输的矿车主要有固定车厢式、翻斗式、侧卸式、底卸式等。

牵引设备:在斜巷(斜坡)主要是用绞车(卷扬机)通过钢丝绳牵引(提升)车辆(箕斗);在平巷和坡度很小的坡道主要是用电机车。

辅助机械设备:主要有翻车机、推车机、爬车机、阻车器等。

轨道运输的优点是用途广、生产量大(由机车数量而定)、运距不受限制、经济性好、调度灵活、能沿分叉线路分别运输多种矿石等。其缺点是运送是间断性的，生产效率依赖工作组织水平；适用的巷道坡度有局限性（一般为 3‰～5‰），线路坡度过大时难以保证运输安全。

（2）地下无轨运输

地下采矿用无轨运输始于 20 世纪 60 年代初。美国和瑞典等国家首先在地下采场采用胶轮柴油驱动的铲运机运输，在一些矿山的阶段运输中采用自卸汽车运输。无轨运输中，铲运机在中、短距离内使用较经济，通常用于采场搬运和短距离运输。当运距长时，运输能力将显著下降。地下汽车运输主要用于阶段运输矿石或直接采用斜坡道运至地面，并可兼作其他辅助运输。

（3）带式输送机运输

带式输送机是一种连续运输的运输设备，具有很高的生产能力，由机头、机尾和机身三部分组成。机头即传动装置，包括电机、减速箱和带动胶带旋转的主动滚筒；机尾即拉紧装置；机身包括胶带、托辊和托架。

胶带由托辊支托着，绕过主动滚筒和拉紧滚筒，用胶带卡子把两端连接起来，形成一个环形带。当主动滚筒旋转时，就带动胶带连续运转。目前井下应用的带式输送机，每台长度为 100～300 m，胶带宽度为 300～1 500 mm。

（4）架空索道运输

架空索道就是通过架设在空中的钢丝绳悬挂矿斗，随着牵引钢丝绳的运动，矿斗也随着运动的一种运输方式。该种运输方式可以直接跨越较大的河流和沟谷，翻越陡峭的高山，因而可以缩短两点间的运输距离，减少土石方工程量，并且无须构筑桥梁涵洞。对于地处山区、产量不大的矿山，是一种比较有效的地表运输方法。

（5）无极绳运输

无极绳运输是利用钢丝绳循环往复，牵引固定在钢丝绳上的车辆或其他装备前进，从而解决矿井辅助运输问题。无极绞车是以钢丝绳牵引的普通轨道运输设备，适用于煤矿和金属矿山井下巷道长距离、多变坡、大吨位等的工作条件，如工作面巷道、采区上下山和集中轨道巷运输材料设备，运输线路内不经转载可直达运输地点。

1.2.3 矿山有轨运输

有轨运输也称为轨道运输，一般是指机车运输，是目前我国金属矿山井下长距离运输的主要方式，担负的基本任务是运送矿石、废石、材料、设备和人员等。它是矿井运输系统的重要组成部分，同时也是决定矿山生产能力的主要因素之一。轨道运输的运距不受限制，运输成本低，便于矿石分类运输。但轨道运输是不连续的，生产效率取决于调度及管理水平。此类运输适用的巷道坡度不能太大(一般为3‰~5‰),线路坡度太大时运输安全难以保证。

轨道运输的主要设备有轨道、矿车、牵引设备和辅助机械设备等,其中牵引设备绝大多数矿山都选择电机车,尤其以架线式电机车为主。

1.2.3.1 电机车

电机车根据工作方式可分为架线式电机车和蓄电池式电机车。

(1) 架线式电机车

架线式电机车的电流由牵引变流所输到架线上,通过受电器进入电机车的电路及电机车,再经过轨道回到变流所。我国井下架线电网的直流电压有250 V和550 V两种,露天的有直流电压有550 V和750 V两种。

优点:架线式电机车有结构简单、成本低、维护方便、机车的运输能力大、速度高、用电效率高、运输费用低等优点,应用最广。

缺点:须配套整流和架线设施,不够灵活;架线对巷道尺寸和行人的安全有一定的影响;集电弓与架线之间容易产生火花,不允许在瓦斯严重的矿山使用;初期建设时投资较大,但从长远来看,采用架线电机车的总成本要比蓄电池式电机车低得多。因此,如果矿井条件允许,矿井的主要运输应采用架线式电机车。

① 电机车的型号和主要技术特征。

架线式电机车的型号有CJY14-7/550、CJY10-7/550、ZK14-7/550、ZK7-6/250。如图1-1所示,CJY14-6GP型号电机车中:"C"代表矿用电机车,"J"代表架线式,"Y"代表司机室在一端,"14"代表黏重14 t,"6"代表600 mm轨距,"G"代表钢轮,"P"代表变频。ZK14-7/550型号电机车中:"Z"指直流,"K"指矿用,其他同上。

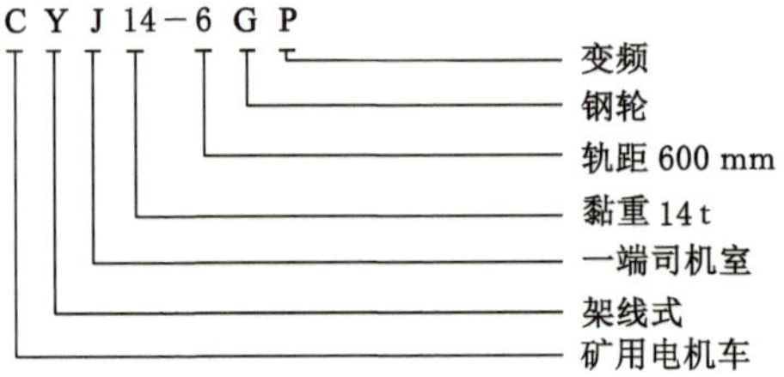

图1-1 电机车型号注释

② 电机车的工作原理。

电机车将电能转化为机械能。电机从电源获取能量开始运转,经传动系统输出到机车轮对上产生转矩M,此转矩可用一力偶表示,对于机车作用来说,其中一个力与摩擦力相抵消,另一个力没有被平衡,成为电机车的牵引力。牵引力形成的先决条件是黏着力(摩擦力)的存在,其大小受摩擦力的限制,因此牵引力小于或等于摩擦力。

③ 架线式电机车供电方式。

架线式电机车是借受电弓从电路上取得电能的，当电机车运行时，受电弓沿着滑触线滑动。架线式电机车的供电方式是：由中央变电所引来的高压电缆，供给牵引变流所三相交流电源，经变压器降压，再经低压电缆送到变流设备，将交流电变为直流电。直流电源的正极通过供电电缆与滑触线导线相连接，其接点称为供电点；其负极通过回电电缆与轨道连接，相应的接点称为回电点。工作时，沿轨道运行的电机车上部靠受电弓接触架空线获取电能，下部则利用车轮与轨道接触构成一个回路，使牵引电机工作，从而使电机车牵引矿车行驶。

(2) 蓄电池式电机车

蓄电池式电机车是用蓄电池供给电能的。蓄电池充电一般在井下电机车车库进行，电机车上的蓄电池组用到一定程度后，就把它取下换上充好电的，因此，每台电机车必须配备2～3套蓄电池组。图1-2所示为蓄电池式电机车。

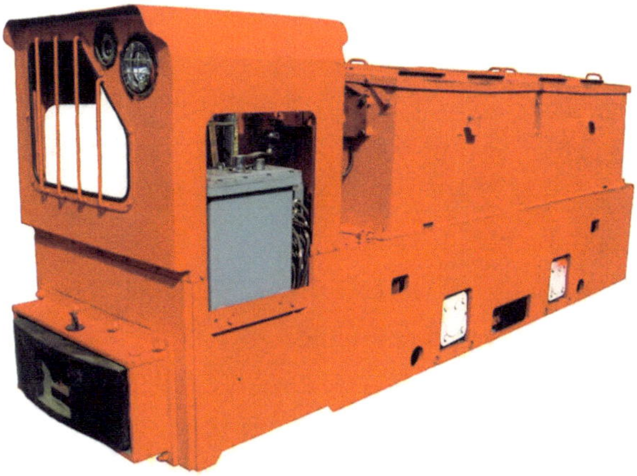

图1-2 蓄电池式电机车

优点：无火花引爆危险，适合在有瓦斯的矿井使用；无须架线，使用灵活，对于产量小、巷道不太规则的运输系统和巷道掘进运输很适用。

缺点：须设充电设备；初期投资大；用电效率低，运输费用较高。

(3) 电机车构造

① 机械部分：由车架、走行装置、弹簧托架、制动系统、撒砂系统、缓冲器等部分组成。

车架：由钢板焊成箱形骨架结构，是电机车的主体构件，起传递牵引力、安装电气设备和机械零部件的作用，驾驶室在一端的电机车整个车架可分成三个室，一端室与顶棚一起构成司机室。司机室中安装有司机控制器等司机操作设施，另一端室为机械室，安装有走行装置、制动装置、撒砂系统及部分电气设备，如牵引电机、启动/制动电阻等安装在车架的后部。

走行装置：主要由牵引电机、弹性吊杆、减速箱、轮对和轴箱装配等组成，电机的扭矩经锥-正齿轮二级减速后传递到轮对。

弹簧托架：是由两对板弹簧所组成的一套四点支撑装置，每组弹簧置于一个轴箱上，整车除轮对、齿轮箱外，均为簧上重量。

制动系统：主要用于电机车减速、限速和制动停车。制动系统分为手轮机械制动、空气动力制动、电制动三种。手轮机械制动主要用于电机车驻车制动，顺时针方向旋转手轮，对电机车实施制动，反之则缓解；空气动力制动主要用于电机车常用制动和紧急制动，司机脚踩脚踏阀踏板，电机车实施制动，司机脚离开脚踏阀踏板则缓解；电制动则用于电机车紧急制动，频繁紧急制动时，电制动与空气动力制动应同时使用。

撒砂系统：为气撒砂，按动气撒砂开关，砂粒被吹落在行驶方向的轨面上，以提高轨道与车轮间的黏着系数。

缓冲器：是一个弹性结构，在列车牵引和冲击时均能起缓冲作用，减小机车和矿车间的冲击，保护司机和设备的安全，也是机车与矿车的连接机构。

② 电气部分：主要由受电弓、自动开关、变频器、牵引电机、电阻器、照明灯以及连接导线构成。

受电弓：电机车从架空线路中获取电能的装置。

自动开关：是电机车的过流保护装置。

变频器：是将架线直流电变换为可变频率交流电的装置。机车变频器主要由滤波、逆变、制动、驱动、检测、微处理等单元组成。变频器靠内部 IGBT 的开闭来调整输出电源的电压和频率，根据电机车的实际需要来提供电源电压，进而达到节能、调速的目的。另外，变频器还有很多的保护功能，如过流、过压、过载等保护。

牵引电机：传统电阻调速电机车采用直流电机，故障率偏高，炭刷等维护量大；变频调速电机车采用交流变频电机，运行稳定。

电阻器：是牵引电机启动、调速和电气制动的重要元件，是一种用不同断面的高电阻康铜或铁镍合金金属带做成的螺旋状电阻。

1.2.3.2 轨道

轨道把车轮的集中载荷传递、分散到巷道的底板上，使列车沿轨道平稳、高速运行。架线式电机车的轨道不仅是电机车、矿车的运行轨迹，同时也是回电电流的导体，是架线电机车供电牵引网络的重要组成部分。铺设轨道是为了减小车辆运行过程中的阻力；轨道铺设应牢固而平稳，并具有一定的弹性，以缓和车辆运行的冲击，延长轨道和车辆的使用年限。

轨道铺设的质量是列车能否正常行驶的关键，因此，轨道线路应力求平直，在拐弯的地方尽可能采用较大的曲线半径，减少列车运行阻力，同时避免过多的线路起伏，以免增加列车运输的困难。

矿井轨道可分为上、下两部分。上面部分主要包括钢轨、轨枕、道床和连接零件，下面部分就是道基——巷道底板。井下巷道中铺设的轨道通常是窄轨轨道，它除了轨距窄、钢轨轻以外，与地面铁道没有什么区别。

(1) 轨距

轨距是指直线轨道上，两根钢轨轨头内缘垂直于中心线方向的距离。我国金属矿常用的轨距有 600 mm、720 mm、900 mm 等。为使机车车辆的轮对在沿着钢轨滚动时不会被楔住，轨顶内侧垂直平面与车轮轮缘之间必须留有一定的间隙。

(2) 轨道的坡度

轨道线路的坡度是线路纵断面上相邻两点的高度差与这两点间的水平距离之比，通常用千分数表示。巷道坡度一般为 3‰，局部坡度不能超过 10‰。

轨道线路的坡度主要是由井下排水的需要决定的，一般为 3‰～10‰。如果坡度小于 3‰，巷道排水较困难；坡度过大，电机车将难以牵引车组上坡运行，且制动困难，还不安全，轨道与车辆轮缘磨损严重。

等阻坡度：重列车下坡时的运行阻力等于空车上坡时的运行阻力的线路坡度，最理想的轨道线路坡度就是等阻坡度。

(3) 道岔

轨道线路由若干直线段和曲线段连接而成，线路的连接通常都用道岔。

按线路间的相对位置可分为：单开道岔、对称道岔、渡线道岔和菱形道岔等。单开道岔应用较为普遍，分左开道岔和右开道岔。

1.2.3.3 *矿车*

矿车由车厢、车架、轮轴、缓冲器和连接器等组成。

矿车的基本参数包括矿车的容量、装载量、自身质量、外形尺寸、轨距、轴距以及连接器的允许牵引力等。

车皮系数：矿车自重与载重之比，越小越好。

容积系数：车厢容积与矿车外形体积之比，越大越好。

采用大型矿车的优点：减小车皮系数、减小运行阻力系数、增加装载量、提高翻车效率、减少因卸载造成的停顿时间、简化运输工作组织。

对矿车的要求：坚固，外形尺寸尽可能小，运行阻力要小，有足够的稳定性，摘挂钩方便，卸载干净，清扫容易，润滑简单。

矿车按结构和用途可分为以下几种。

① 固定车厢式矿车：自重小，坚固耐用，矿车容积为 0.5～4 m^3，只能在固定地点借翻笼来卸载。

② 翻转车厢式矿车：车厢能侧向翻倾卸车，包括脚踏式翻斗矿车、双侧卸式矿车、翻斗式矿车等。

③ 侧卸式矿车：卸载方便迅速，列车在侧卸时不要解体，是矿山使用最多的车型，如图 1-3 所示。

图 1-3　侧卸式矿车

④ 底卸式矿车：车底一端是活动的，在卸载处，车底一端的滑轮经过一段下陷的曲轨后，车底被打开而卸载，卸载方便，清扫车厢容易，粉矿漏失少，是较好的车型。按车底开启方向的不同，有正底卸式和侧底卸式之分。在专设的卸载站，整列车在运行中逐个开启自卸。

1.2.3.4　辅助设备

(1) 翻车机

它是用来翻卸固定式矿车的，分前倾式、圆形、侧卸式。

① 前倾式翻车机：按动力分为无动力和有动力两种。

无动力前倾式翻车机是利用矿车的自重、偏心实现矿车旋转从而卸载的设备；有动力前倾式翻车机为液压传动。

前倾式翻车机优点：结构简单、制造容易、安装方便；缺点：矿车必须摘钩或安装特殊的连接车环，每次只能翻一个矿车，生产能力小。

② 圆形翻车机：是一种侧卸式卸载设备。电动圆形翻车机应用很广，当重矿车进入旋转笼体的轨道上后，便开动电机，使笼体回转进行卸载；当笼体回转 180°后，矿车内矿物全部卸出，继续转 180°则恢复原位，推入重车，顶出空车，再进行下次翻卸。

③ 侧卸式翻车机：以摇架代替转筒，车辆在摇架上被夹紧后，随同摇架上方

的轴旋转140°～170°后卸车。

(2) 推车机

按使用地点分为罐笼前的推车机、翻车机前的推车机、装载站的推车机。按结构分为有牵引结构的，利用链条或钢绳牵引推爪；无牵引结构的，由气缸、液缸直接推动带爪的小车。按能源的种类分为电动的、气动的、液压的。按推车机和矿车的相对位置分为下行式和上行式，多用下行式。

① 钢绳推车机：具有结构简单、制造容易、基建费用低等特点，但它靠摩擦传递动力，钢绳磨损快，维护工作量大。

② 气动推车机：具有结构简单、造价低、效率高、维护方便等特点，但这种推车机对矿车的冲击力大，并且由于气缸的行程有限，推车距离受一定的限制。

③ 液压推车机：结构简单、安装施工方便、振动冲击小、推车效率高、安全可靠，在工矿企业应用广泛。

(3) 阻车器

阻车器是在矿车自溜运行轨道上阻止矿车运行的设备，分单式阻车器(一对阻爪)和复式阻车器(两对阻爪)。阻车器操作的方式有手动的、半自动的、自动的。阻车器按结构分，有阻车轮的、阻车轴的、阻车辆下部附设的底挡及阻缓冲器的。

1.3 行业发展现状及趋势

1.3.1 地下矿山是未来金属矿开采的主战场

当前，我国大多数黄金矿山和有色金属矿山均采用地下开采方式进行开采。我国对各种矿产资源的消耗随着经济的发展不断增多，金属矿山由于长期开采，浅部资源越来越少，驱使矿山逐渐增加开采深度，部分露天矿山考虑生产成本因素逐步转为地下开采，如江苏凤凰山铁矿、安徽铜官山铜矿等，同时大部分地下矿山也开始转向深部开采，如云南会泽铅锌矿、辽宁红透山铜矿等。综上，未来地下矿山比重将继续上升，地下矿山将成为金属矿开采的主战场。

1.3.2 金属矿开采理念研究新趋势

目前，地球深部蕴藏65%的金属矿资源，面对生产机械化、智能化不足及矿山固废严重污染等问题，为了加速金属矿开采的现代化进程，大幅提升金属矿开采的国际竞争力，改变传统开采产能落后的局面，“深部开采”“智能开采”“绿色开采”将是未来我国金属矿开采的三大发展方向。

(1) 深部开采

由于浅部资源逐渐减少，全球金属矿山开始进入千米时代。据不完全统计，当前国外有112座超千米的地下金属矿山，最大采深达4 350 m，我国开采深度达到或超过千米的地下金属矿山已达16座，目前金属矿山的开采深度以10～30 m/a的速度下降。在未来，我国预计将有三分之一的金属矿山开采深度达到1 000 m。目前，很多新发现资源的埋藏深度也达到千米甚至更深，深部开采将成为我国金属矿山开采的重点方向。

进入千米时代，金属矿山开采将面临诸多挑战，如“高井深”“高应力”“高井温”的技术难题以及由此引起的“强扰动”附加属性，同时还存在机械装备以及工艺流程等一系列工程技术配套问题。深部开采时，开采深度超过千米甚至更深，原岩应力达到40～80 MPa，工作面温度高达30～60 ℃。为此，未来金属矿山开采的前沿领域科研重心将会向深部开采转移，开展相应的理论技术以及核心装备研究。图1-4所示为金属矿山深部开采总体架构。

图1-4　金属矿山深部开采总体架构

（2）智能开采

智能开采通过开采环境数字化、采掘装备智能化、生产过程遥控化、信息传输网络化和经营管理信息化等方法，实现安全、高效、经济、环保的开采，是21世纪矿业的重要发展方向，也是具有前瞻性的目标。目前，智能开采是矿业发达国家争相抢占的技术制高点，同时在“中国制造2025”战略背景下，国家工信部提出“智能制造”和“两化融合”，国家发展改革委提出“互联网＋”“云计算”“大数据”，应急管理部提出“机械化换人、自动化减人”，我国也在不断推动金属矿智能开采的发展进程。近年来，国内外对智能开采进行了相关研究，但是国内外智能开采的差距较大。在作业面数据实时通信领域，国外已实现光纤、宽带无线、透地及物联网通信，而国内的核心设备多为进口，网络可靠性不足、信息传输不畅；在采掘装备远程遥控领域，国外已实现智能化行走和作业，国内智能化控制还不成熟；在矿山远程管控平台领域，国外主要通过 800XA、Pitram 系统实现矿山远程管控，而国内在多类装备、系统的整合和一体化管控方面比较薄弱。可见，智能开采的发展是一个困难的过程，今后我国亟须从大型无轨装备自主化及远程智能化控制、开采全过程三维可视化及数据实时采集智能化处理、矿山生产决策及管控一体化平台这三个方面进行重点研究，稳步推进我国金属矿山开采的智能化。图 1-5 所示为金属矿山智能开采总体架构。

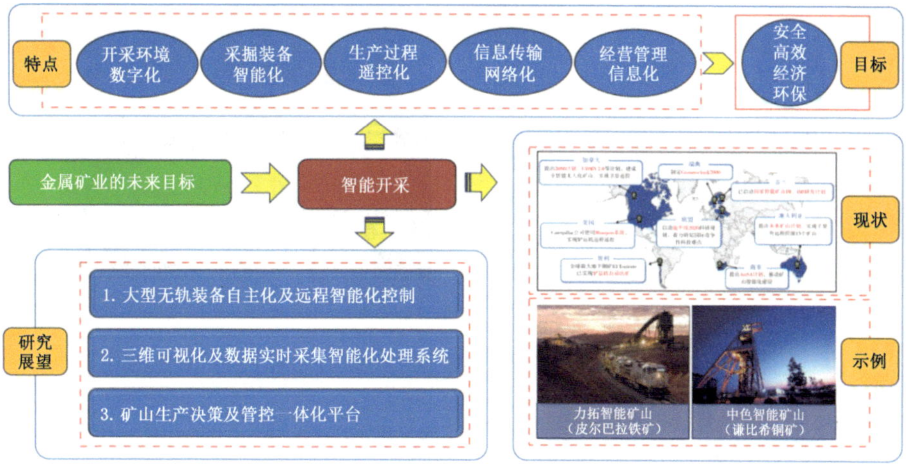

图 1-5　金属矿山智能开采总体架构

(3) 绿色开采

绿色开采旨在将矿区的资源和环境看作一个整体，在协调开发、利用和保护矿区土地、水体、森林等各种资源的前提下，充分回收、有效利用矿产资源，实现资源、经济、环境三者统一协调的开发过程，使可持续发展理念在矿业中得以充分体现。矿产资源可持续发展及其与生态环境协调发展的实现，是当今矿业领域的一个热点话题。2006 年中国国际矿业大会上，国土资源部首次提出了“坚持科学发展，建设绿色矿业”的口号，为我国矿业指明了绿色发展的方向；2011 年，国家“十二五”规划提出了发展绿色矿业，强化矿产资源节约与综合利用；2017 年，党的十九大报告再次明确了“绿水青山就是金山银山”，践行绿色发展理念，建设美丽中国。可见，绿色开采遵循矿业可持续发展模式，是我国金属矿山开采的发展道路和时代要求，已成为国家发展的重要战略。同时，金属矿山绿色开采有着全面的深刻内涵和实质内容，充分体现了“绿水青山”和“金山银山”

和谐共存、互利互惠的原则。我国金属矿山绿色开采需要依靠科技创新来提供有力支撑，亟须重点开展金属矿山采、选、充一体化技术，特殊资源原位溶浸开采技术，闭矿后地下开挖空间绿色开发利用技术这三个方面的研究，将绿色矿山建设作为推进我国金属矿山绿色开采的动力。图1-6所示为金属矿山绿色开采总体架构。

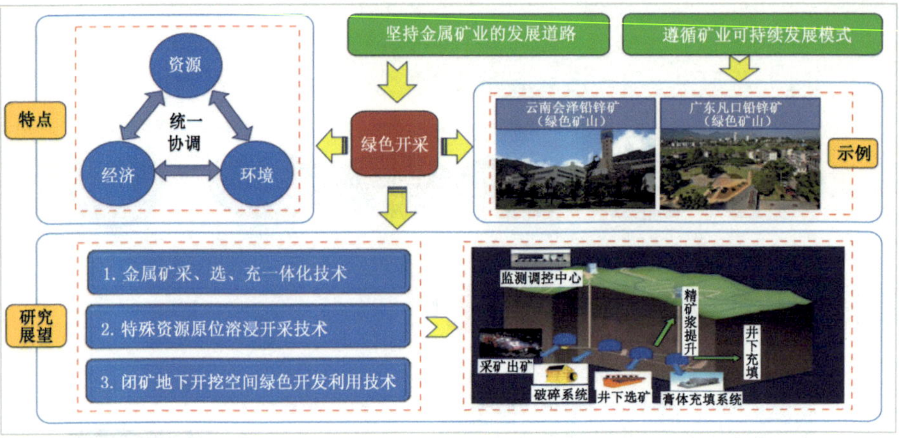

图1-6　金属矿山绿色开采总体架构

第 2 章　龙首矿有轨运输系统概述

2.1　矿区概述

龙首矿始建于 1962 年，是金川集团公司最早筹建、最早投产的矿山，也是公司下属的三大地下开采矿山之一，因地处金昌市东南 5 km 的龙首山下而得名，主要承担金川镍矿Ⅰ矿区、Ⅱ矿区 6 行以西矿体和Ⅲ矿区的矿石开采任务。矿区自东向西分为东采区、中采区、西一贫矿采区、西二贫矿采区 4 个采区，均为机械化作业区。在集团公司的正确领导下，历经几代龙首人的求索奉献、艰苦努力，龙首矿从最初的年出矿量几万吨发展成为年出矿量 400 万 t 的大型有色金属矿山。

龙首矿先后有“金川龙首矿下向胶结充填采矿方法改进的研究”“下向分层胶结充填六角形进路采矿法”“多台矿井提升机远程智能化集中控制技术研究与应用”等 32 项科研项目通过省部级鉴定，分别获得科技进步奖、企业管理成果奖等。建矿以来，曾被国土资源部、国家安全生产监督管理总局、原有色金属工业总公司、甘肃省人民政府等多家单位和部门授予“全国矿产资源合理开发利用先进矿山”“金属非金属矿山安全标准化一级企业”“先进矿山”“质量管理奖”“绿化先进单位”“环境保护先进单位”“环境优美矿山”等荣誉称号。

2.1.1　矿床及资源

金川铜镍硫化物(含铂)矿床于 1958 年发现，是国内规模最大的硫化铜镍矿床，储量仅次于加拿大的萨德里地区，居世界第二，它的探明使我国硫化铜镍矿产资源一跃而居世界前列。此外，还伴生有钴、铂、钯、锇、铱、钌、铑、金、银、硫、硒、碲、铬、铁、镓、铟、锗、铊、镉等 20 余种元素，其中前 12 种元素具有显著的经济价值，尤其以铂族元素经济价值最大。金川已成为中国铂族金属的主要生产基地，改变了我国缺镍、少钴、无铂的状况。1960 年首先以矿体出露地表的Ⅰ矿区为开采对象进行矿山开拓，1964 年开始采、选、冶联合试生产。

金川矿区全长约为 6 500 m，宽 20～527 m，延深数百米至千余米，最大延深超过 1 100 m，走向北西 50°，倾向西南，倾角 50°～80°，岩体受北东向压扭性断层错断，由西向东为Ⅲ、Ⅰ、Ⅱ、Ⅳ 4 个矿区，见表 2-1。其中Ⅰ矿区岩体长约 1 500 m，出露地表约 1 200 m，东端岩体没有完全出露地表，并且较窄，仅宽 15～30 m，向西北逐渐变宽可达 320 m，倾角很陡，一般在 75°～80°，沿倾向有胀缩，岩体底部形态起伏，具有向西侧伏的趋势，岩体和星点状贫矿体产状基本一致，海绵状富矿体发育于近岩体底盘，但不受岩体岩相及底部形态的控制，在个别地段此类矿体还贯入底盘围岩中，Ⅰ矿区是开采最早的矿区，早期采用露天开采，现已全部转入地下开采。

表 2-1 金川矿区简介

名称	Ⅳ	Ⅱ	Ⅰ	Ⅲ
相对位置	矿床最东部，河雅公路东侧	矿床东部，河雅公路西侧	矿床西部	矿床西部
矿体规模	长约 1 150 m，最宽 94 m，向下延深 500～700 m	长 2 900 m，最宽 200 m，最深处向下垂深 1 000 m	长 1 500 m，最宽 130 余米，最深处向下垂深 600 m	长 463 m，最宽 120 余米，向下延伸超 200～600 m
镍金属量占比	占整体矿床 4.28%	占整体矿床 74.73%	占整体矿床 17.02%	占整体矿床 3.97%
矿体特点	Ⅰ、Ⅱ矿区矿体出露地表；Ⅱ、Ⅳ矿区矿体埋藏深；Ⅰ、Ⅱ矿区富矿多，伴生元素含量高；Ⅲ、Ⅳ矿区贫矿多，伴生元素含量低			

镍、钴是生产各种高温及高强度合金、磁性合金和合金结构钢的主要添加剂，广泛应用于冶金、化工、石油、建筑、机器制造、仪器仪表以及航天航海等领域，由于它的重要性，镍、钴一直被列为重要的战略金属，对中国工业生产及经济建设有着举足轻重的作用。

2.1.2 矿区简介

龙首矿早期承担的开采范围主要是金川镍矿Ⅰ矿区。1999 年 7 月，集团公司将Ⅱ矿区 6 行至 2 行西延矿体划归龙首矿开采，使龙首矿东采区 1220 以下开采范围在原设计基础上扩大，目前东、中采区的产量稳定在 130 万 t 以上。为进一步扩大生产能力，2008 年实施了西一采区开采工程，主要针对 1220 以上上盘贫矿进行回采。2009 年 2 月，公司将Ⅲ矿区贫矿开发利用工程划归龙首矿管理，更名为西二采区。

生产格局调整后，龙首矿的矿区范围进一步扩大，自东向西分为东部富矿机械化采区、中部贫富矿混合方式开采采区、西一贫矿机械化采区、西二贫矿机械化采区。生产格局调整后龙首矿矿区纵投影如图 2-1 所示。

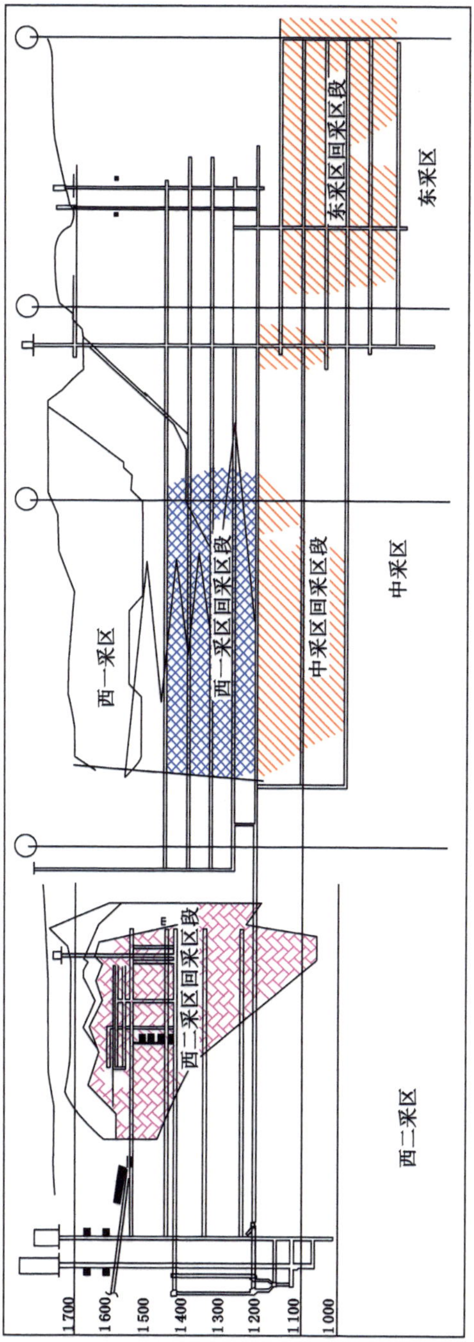

图 2-1　龙首矿矿区纵投影图

2.2 生产工艺简介

龙首矿的生产工艺系统主要由开拓、采掘、充填、通风、供电、给排水、提升、运输等部分组成，如图2-2所示。

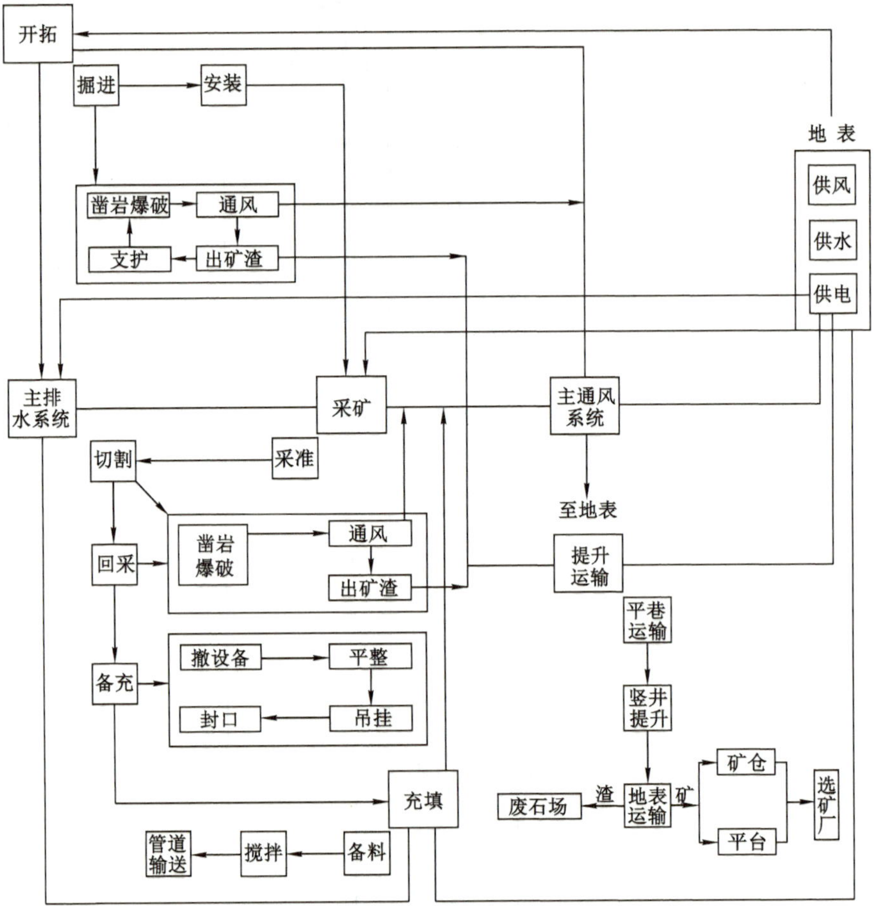

图2-2 龙首矿生产工艺系统图

1986年，工程技术人员采用仿生学原理首创国内独一无二的“龙首矿下向六角形进路胶结充填采矿法”。下向六角形进路胶结充填采矿法采用了仿生学原理，将正方形断面的进路改为六角形断面的进路，使采空区混凝土充填体呈蜂窝状镶嵌结构，从而改变其受力状态，提高了采场的稳定性，有效地控制了地应力。该采矿方法具有“安全、优质、高产、高效”的特点，作为一种新的采矿方法，已被国内高等院校收编在教科书中。1988 年，此项新型的采矿方法先后获得国家劳动保护三等奖、甘肃省“兴陇杯”发明展银奖，为矿山安全生产找到了比较可靠的方法，走在同行业的前列。

龙首矿目前的东、中采区采用下向六角形进路胶结充填采矿法，西二采区采用下向六角形进路胶结充填采矿法和无底柱分段崩落采矿法，充填系统为细砂管道自流胶结充填系统。

2.2.1　机械化下向六角形进路式充填采矿法

机械化六角形进路采用脉内外联合采准系统。如图 2-3 所示，斜坡道布置在盘区上盘围岩中，其断面为 4 m×3.5 m(宽×高)，直墙半圆拱形，喷锚网支护，呈折返式布置。采场每下降 15 m 布置一条分段道，分段联络道与斜坡道相通，采场每层由分段道掘分层联络道进入矿体，每一分段道服务回采 6 层。垂直于矿体走向布置采场，长 50～75 m，宽度为矿体的水平厚度，阶段高取 60 m。在采场中垂直于走向布置分层道，断面为 4 m×2.5 m(宽×高)。在分层道位置布置两条脉内出矿溜井(当矿体水平厚度小于 40 m 时只布置一条)，当前回采水平以上充填时应预留通风小井，作为采场顺路回风井。采场两端布置穿脉充填道，采场进路端部掘充填小井与之相通，充填道每 10 m 下降一次。穿脉充填道与上中段沿脉充填道相通。采场进路为垂直于分层道双翼布置，长 25～35 m。断面尺寸为六角形，底宽 3 m，腰宽 6 m，高为 5 m。进路布置特点：相邻的进路在垂直高度上交错半层，即 2.5 m，进路隔一采一，每回采一层下降 2.5 m。进路采矿采用浅孔掘进式落矿，柴油铲运机出矿。

六角形进路的形成有四个步骤：第一步用混凝土做假顶，新开采场第一层用低进路进行回采，断面规格为 2.5 m×2.5 m(机械化盘区为 3 m×3 m)，隔一采一，进路采完后封口充填，再回采剩余进路，全部回采结束后，支顺路天井、封口，一次充填。第二步形成预备层，以宽×高＝4 m×2 m(4.5 m×2.5 m)进路断面间隔回采，一次充填或分次充填形成预备层。第三步形成雏形层，即第三层回采时以宽×高＝4 m×4 m(4.5 m×5 m)进路断面回采第二层未采的进路，且必须把进路 2 m(2.5 m)高的下半部开帮形成底宽 2.6 m(3.0 m)、腰宽 5.4 m(6 m)的倒梯形断面。第四步形成标准层，在实际回采中进路绝大部分是一次性形成六角形断面，部分进路还需开帮处理形成。

2.2.2　无底柱分段崩落采矿法

同有底柱分段崩落采矿法比较，该采矿法的基本特征是：分段下部未设有专用出矿巷道所构成的底部结构，分段的凿岩、采矿和出矿等工作均在回采巷道中

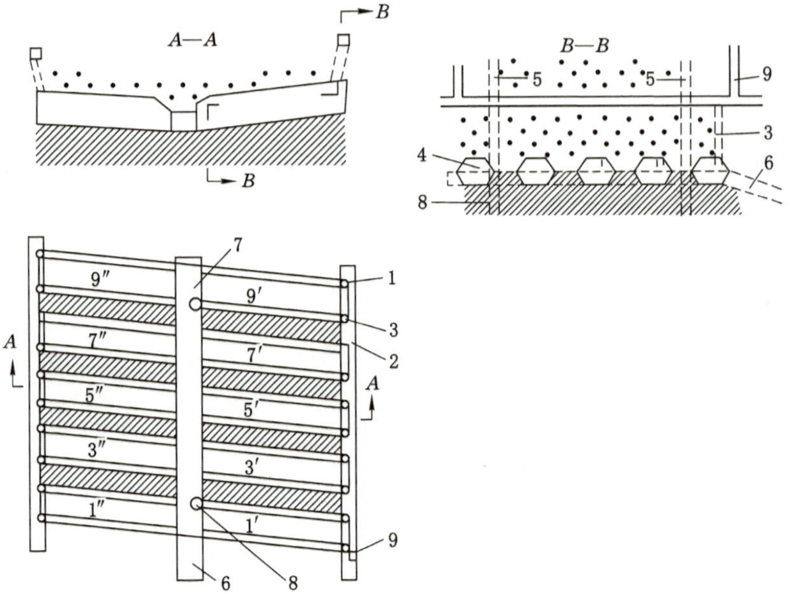

1—主充填井；2—充填巷道；3—进路充填小井；4—回采进路；5—回风井；
6—分层道联络道；7—分层道；8—溜井；9—充填道人行天井。

图 2-3　龙首矿机械化下向六角形进路式充填采矿法示意图

进行，因此可大大简化采矿方法结构，给使用无轨设备创造了有利条件，并可保证作业人员在安全条件下进行工作。

无底柱分段崩落采矿法的典型方案如图 2-4 所示。图中 1、2 是上、下阶段运输巷道，将阶段再划分为分段，分段高一般为 10～30 m。各分段自上而下进行回采，回采的矿石经溜井 3 下放到阶段运输巷道，装车运走。为提升和下放设备、人员和材料等，开掘设备井 4(或斜坡道)，5 是通风行人井。

在每个分段运输平巷 6 以及由此巷道通向设备井联络道 7。从分段运输巷道掘进回采巷道 8(或称进路)，其间距为 8～25 m，上、下分段的回采巷道一定保持交错布置。在回采巷道末端掘进分段切割平巷 9，每隔一定距离从切割巷道开掘切割天井 10，作为开掘切割立槽的自由面，切割立槽即为最初回采崩矿的自由面和补偿空间。

用采矿凿岩台车在回采巷道中凿上向扇形炮孔 11，排距 1.1～3.0 m，一般在分段全部炮孔钻凿完毕后开始进行崩矿，以免出矿和凿岩相互干扰。每次爆破 1～2 排炮孔。崩落的矿石在回采巷道端部用铲运机运至溜井。矿石是在岩石覆岩下放出，所以随着矿石的放出，岩石充填了采空区。由于回采巷道端部被

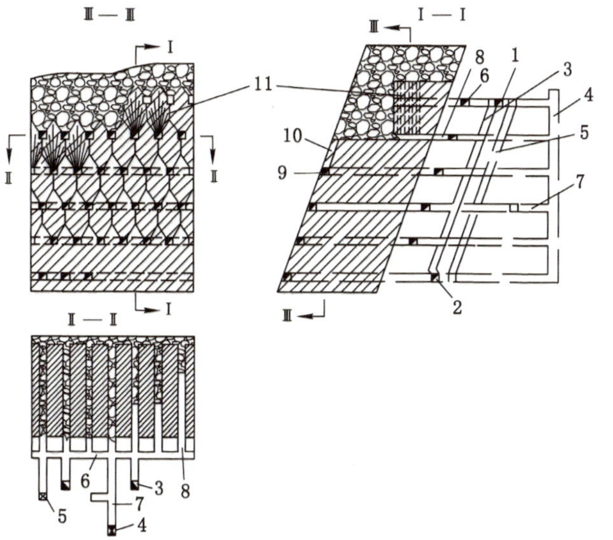

1,2—上、下阶段运输巷道;3—溜井;4—设备井;5—通风行人天井;6—分段运输平巷;
7—设备井联络道;8—回采巷道;9—分段切割平巷;10—切割天井;11—上向扇形炮孔。

图 2-4　无底柱分段崩落采矿法典型方案示意图

崩落矿石堵死,所以回采巷道中一般需要采用局部通风机通风,将通风井进入的新鲜风流引送至工作面,并将污风排出。

一般第一、二分段进行回采,第三分段钻凿上向扇形炮孔和切割,第四、五分段进行采准工作,即采准、切割、凿岩、爆破与装运矿石等工作,分别在不同分段中进行,互不干扰。

2.2.3　有轨运输系统工艺

龙首矿有轨运输系统主要包括新 2 号盲井运输系统、混合井运输系统、西二运输系统。按照拉运物料分类,有轨运输系统承担了全部矿石拉运和部分毛石拉运。按照拉运工艺分类,毛石拉运有 1.2 m^3、2.3 m^3、2.7 m^3 矿车的拉运形式,配套不同的提升系统及翻笼设备;矿石拉运有 4 m^3 侧卸式矿车和 6 m^3 底侧卸式矿车两种形式,适配不同的运输中段,以下按工艺分类进行详述。

(1) 毛石拉运工艺

毛石是矿山开拓和建设过程中剥离废石的俗称,龙首矿井下部分毛石通过有轨运输和竖井提升系统拉运,井下出毛点毛石车由电机车拉运至井口车场,通过竖井罐笼提升至地表后,电机车继续将毛石车拉运至翻笼,经过有轨运输系统和翻笼配合实现毛石的翻卸。

毛石车辆全部为厢式矿车，车辆牵引靠可周向旋转的车环和插销结构连接，所以翻卸过程不用摘挂车辆。毛石拉运时，现场人员将矿车用车环连接，由电机车正向牵引拉运至井口车场或翻笼车场，电机车在车场进行摘挂倒车，实现毛石的拉运。翻卸时，电机车将毛石车牵引至翻笼前车场，在车场倒车换向后，用电机车将毛石车顶入翻笼，然后通过挡车器等实现车辆在笼体内的限位，操作翻笼翻转，实现毛石的翻卸。

2.3 m^3 矿车毛石拉运：主要配套新2号盲井有轨运输系统，属龙首矿最早建设的提升和运输系统，全系统轨距为600 mm，电机车已逐步更新为DC 550 V的架线式变频电机车。以上工艺流程中，1703中段已实现无人拉运和翻毛，井下部分全部通过人员操作完成。

1.2 m^3 矿车毛石拉运：主要配套西二有轨运输系统，全系统轨距为762 mm，拉运电机车为DC 550 V的架线式变频电机车，翻笼为双车翻笼，全部工艺流程均通过人员现场操作完成。

2.7 m^3 矿车毛石拉运：主要配套混合井有轨运输系统，全系统轨距为762 mm，拉运电机车为DC 550 V的架线式变频电机车，全部工艺流程均通过人员现场操作完成。

(2) 4 m^3 矿车拉运工艺

4 m^3 矿车是龙首矿有轨运输系统主要的矿石拉运车型。在井下运输中段，穿脉采场溜井的矿石通过下方放矿机装入4 m^3 矿车，电机车牵引水平拉运至主系统溜井，进入破碎和提升环节；地表运输中段，提升至地表的矿石经地表矿仓下方放矿机装入4 m^3 矿车，牵引拉运至矿石堆场，完成矿石的全流程倒运。

4 m^3 矿车为侧卸式车型，连接方式为插销式，轨距为762 mm，配套DC 550 V架线式电机车，电机车有14 t和10 t两种车型，拉运工艺为折返式运行工艺，一般重车头为14 t车型，空车头为10 t车型，卸矿溜井或堆场处配套侧卸式卸载架，在拉运过程中实现矿车的自动翻卸。

(3) 6 m^3 矿车拉运工艺

6 m^3 矿车主要配置在龙首矿1703水平和井下1430中段有轨运输系统。在井下1430运输中段，穿脉采场溜井的矿石通过下方放矿机装入6 m^3 矿车，电机车牵引水平拉运至主系统溜井，进入破碎和提升环节；地表1703运输中段，提升至地表的矿石经地表矿仓下方放矿机装入6 m^3 矿车，牵引拉运至矿石转运站，通过带式输送机进入下一环节，完成矿石的全流程倒运。

6 m^3 矿车为底侧卸式车型，连接方式为自动车钩，轨距为762 mm，配套DC 550 V架线式电机车，电机车为14 t车型，拉运工艺为折返式运行工艺，卸矿溜井或转运站处配套底侧卸式卸载架，在拉运过程中实现矿车的自动翻卸。

2.2.4　其他系统工艺简介

（1）提升系统

龙首矿提升系统分为东部提升系统、中部提升系统、西部提升系统，共下辖 11 条井筒和 13 台提升机。

① 东部提升系统主要包括混合井和粉矿回收盲竖井。

混合井在井筒内有两套提升系统，一套为双层罐笼提升系统，担负深部所有的废石、生产人员、材料、设备等的提升任务，从井口 1 826 m 至最低 790 m，共服务 11 个中段，各中段井口安装有摇台、安全门、操车系统及视频监控系统，一次可提两辆 2.7 m^3 矿车或载 60 人。一套为双箕斗多绳提升系统，主要担负东采区矿石提升任务，采用双计量斗装载矿石的方式，矿石装载站在 790 m，矿石卸载站在 1 840 m，混合井箕斗提升系统设计提升量为 4 000 t/d，年提升能力 132 万 t。

② 西部提升系统主要包括西二主井箕斗提升系统、西二副井罐笼提升系统和西二粉矿回收盲竖井。

西二主井提升系统主要承担着西二采区矿石的提升任务，采用多绳底卸式双箕斗，矿石装载点在 1 101 m，矿石卸载点在 1 769 m，主井井口标高 1 738 m，设计提升能力 5 000 t/a（165 万 t/a）。西二副井为双层罐笼提升系统，主要担负西二采区井下所有的废石、生产人员、材料、设备等的提升任务，从井口 1 739 m 至最低1 165 m，共服务 4 个中段，各中段井口安装有摇台、安全门、操车系统及视频监控系统，一次可提 4 辆 1.2 m^3 矿车或载 60 人。

③ 中部提升系统由新 1 号主井提升系统、新 2 号提升系统、盲井提升系统组成。

新 1 号井为箕斗井，采用多绳提升机，配 7 m^3 箕斗带平衡锤，用于矿石提升，设计提升能力为 3 000 t/d（99 万 t/a），井口标高为 1 723 m，箕斗装矿点标高为 1 157 m，提升高度为 566 m。新 2 号副井为罐笼井，装备 2 台提升机，大罐提升容器为 3 300 mm×1 450 mm 双层罐笼带平衡锤，一次可提升两辆 2.3 m^3 固定式矿车或者一次提升 50 人；小罐为单层罐笼带平衡锤，一次可提升两辆 0.7 m^3固定式矿车或者一次提升 25 人；井口标高为 1 729.5 m，最低提升标高为 1 220 m，共服务 6 个中段，用于提升东中部人员、材料、废石和部分矿石。4 行盲竖井为罐笼井，提升容器为 3 300 mm×1 450 mm 单层罐笼带平衡锤，一次可提一辆 2.3 m^3 固定式矿车或者一次提升 25 人，提升机硐室设在 1 280 m 中段，井口标高在 1 220 m 中段，最低服务中段为 850 m，共服务 7 个运输中段，承担东采区矿石、废石、人员和材料的提升。

（2）通风系统

目前龙首矿通风系统按照采区划分，分为两个独立的通风系统，即东中西采区通风系统和西二采区通风系统。

① 东中西采区通风系统。

东中西采区通风系统为新2号井、新1号井、混合井、老斜坡道、西一斜坡道进风，37行回风井回风的对角抽出式通风系统。主要通风机安装在地表37行回风井井口，2台风机型号为DK-10-№35的对旋轴流式风机并联，装机总功率2 840 kW，变频调速控制，设计总风量375.16 m^3/s，总风压3 082 Pa。目前根据东中采区井下采掘工程的实际情况和通风需要，2台主要通风机40 Hz运行。

② 西二采区通风系统。

西二采区通风系统为辅助斜坡道、副井、主井进风，回风井回风的对角抽出式通风系统。主要通风机安装在地表回风井井口，1台型号为DK46-10-№33的型对旋轴流式风机并联，装机功率2×500 kW，变频调速控制，设计总风量243.6 m^3/s，风压2 332 Pa。目前西二采区在用的主要通风设备共3台，其中主要通风机1台、辅助通风机2台。

(3) 供配电系统

龙首矿供电系统采用双回路6 kV电源供电，井下设中央变电所，井下牵引网络电压为DC 550 V和DC 250 V。地面的6 kV配电装置选用固定式高压开关柜配真空断路器。龙首矿所有供电系统进线设限时电流速断保护，带时限过电流保护；变压器设瞬时电流速断保护，带时限过电流保护、过负荷及单相接地保护；在6 kV真空断路器开关柜上均装设组合式氧化锌过电压吸收装置，以防真空断路器操作过电压；6 kV电压互感器柜装设微机消谐、消弧装置，以防出现铁磁谐振过电压和弧光接地过电压。

变压器金属外壳、电缆金属外皮、高低压开关柜(屏)金属底座及所有正常时不带电金属构件都必须与主接地网可靠连接，主接地极不少于2块，并放在主、副水仓中，当任一主接地极断开后，其余主接地极连成的接地网在任一点测得的接地电阻不大于2 Ω，各中段主接地极之间应相互连接。所有变压器(包括井下)选用节能型产品。

(4) 供排水系统

① 供水系统。

东部供水由动力厂直供，到矿区三工区门口地井实施分流，其中一趟供向新2号副井1703水平井口，通过新2号副井井筒供往井下，在1400水平经过井口减压阀减压后供到以下中段；在井下各中段实施分流，井口处设置控制阀门，在1400水平中段井口设置减压阀，在1280水平中段14行设置减压阀，主管路公称直径DN100。混合井1826及1703平硐由混合井高位水池供水，高位水池由1号泵房供水，1号泵房水源接地表自来水。西二采区地表及井下用水都是西二高位水池供给的，西二高位水池容量 800 m^3，由 2 号泵房向其打水；西二井下供水在地表经供水钻孔到 1554 供水联络道，联络道设置控制阀门，供水主管路公称直径 DN100。

② 排水系统。

东部井下排水系统在 1220 中段设置中央泵房，在 850 设置泵房，各配套两个储水水仓，互为备用。1220 以上废水经平巷排水沟、垂直泄水钻孔等流入 1220 中段水仓；850 至 1220 废水经平巷排水沟、垂直泄水钻孔等流入 850 中段水仓；850 以下废水（少量）经潜水泵泵入 850 中段水仓。排水系统为阶梯式结构，850 水仓废水由 850 泵房排至 1220 水仓，废水集中在 1220 水仓后，再由 1220 泵房将废水排至地表。

2.3　有轨运输系统现状

本节主要针对智能化改造的地表 1703、井下 1340 中段、1100 中段有轨运输系统现状进行分析。

2.3.1　1703 中段有轨运输系统

1703 有轨运输系统位于龙首矿地表，主要负责新 1 号主井和混合井的矿石运输，同时兼顾副井毛石运输。该系统共布置 4 条轨道线路，其中 3 条为矿石运输轨道，1 条为毛石倒运轨道；矿石运输轨道铺设 38 kg/m 钢轨，轨距 762 mm；毛石运输轨道铺设 38 kg/m 钢轨，轨距 600 mm。其中 2 条用于混合井矿石运输，分别从混合井铺设至 1 号底卸式卸载站和侧卸式卸载站，线路长度分别为 1 650 m 和 1 865 m，矿石既可以通过 6 m^3 底卸式矿车运输至 1 号底卸式卸载站，也可通过 4 m^3 侧卸式矿车运输至侧卸式卸载站。另一条运输轨道从新 1 号井铺设至 2 号底卸式卸载站，同时该线路与侧卸式卸载站运输轨道连通，线路长度分别为 370 m 和 570 m。新 1 号主井矿石既可以利用 6 m^3 底卸式矿车运输至 2 号底卸式卸载站，也可以利用 4 m^3 侧卸式矿车运输至侧卸式卸载站。

毛石运输轨道负责副井少量的废石转运工作。该轨道和出矿轨道并行在封闭区域内，无交叉。

（1）电机车配置状况

系统共配置 16 台电机车。其中，2 台韶力生产 10 t 电机车，采用 30 kW 双机牵引，主要用于牵引 4 m^3 矿车。2 台湘重生产 10 t 电机车，采用 30 kW 双机牵引，主要用于牵引 2.3 m^3 毛石车辆。12 台 14 t 电机车，分别是 3 台北车生产，采用变频器拖动，37 kW 双机牵引，均用于牵引 4 m^3 矿车；4 台湘牵生产，采用威肯变频器，55 kW 双机牵引，其中 1 台用于牵引 4 m^3 矿车，3 台用于牵引 6 m^3 矿车；5 台韶力生产，采用ABB变频器拖动，55 kW双机牵引，均用于牵引6 m^3 矿车。

当前电机车均采用拉绳集电弓取电，司机操作时根据实际工况适时升降集电弓，集电弓取电部分为滚筒式结构。

（2）矿车配置及使用情况

1703水平矿车主要有三种规格：6 m^3 底侧卸式、4 m^3 侧卸式以及2.3 m^3 厢式。6 m^3 矿车共42台，正常配置3列车辆，每列连接12台矿车，备用6台；4 m^3 矿车共48台，正常配置3列车辆，每列连接14台矿车，备用6台；2.3 m^3 矿车共280台，在各中段循环使用。

6 m^3 和4 m^3 出矿车辆可做到预知性维修，每半年进入维修大厅进行保养维修，总体现场故障率较低；2.3 m^3 矿车在地表设立循环检查维修点，可做到半年一次的润滑保养及进厂维修。

（3）卸载站及放矿机配置

该水平共有3个卸载站，其中2个为底卸式卸载站，1个为侧卸式卸载站，均投入生产运行。底卸式卸载站仅能供6 m^3 矿车使用，侧卸式卸载架供4 m^3 矿车卸载。

该水平共配置了2套振动放矿机，分别在新1号主井矿仓和混合井矿仓。新1号主井放矿机为单台板，台板宽度为1.4 m，配套1台振动电机，功率为5.5 kW，电机电源为DC 380 V。混合井放矿机为双台板并联结构，台板总宽度2.4 m，配套2台振动电机，单功率为5.5 kW，电机电源为DC 380 V。

（4）牵引动力

1703运输水平设计了1个牵引变电所和动力变电所。牵引变电所提供AC 550 V架线电压，用于满足机车的动力需求；动力变电所为该水平提供DC 380 V和DC 220 V两种辅助电源，用于现场照明及检修等；目前沿运输线路敷设的辅助电源均为DC 220 V。直流电源滑触线按照国标架设，标准较高，满足滚筒式受电弓平顺运行要求。

（5）运输模式

1703水平运输模式为单线往复运行模式，现场不具备环形车场，每列矿车均配置2台同类型电机车头，分别连接在矿车前、后，并根据实际运行工况牵引矿车正向运行和反向运行，前、后机车分时段工作，并不同步牵引。当机车装载矿石后，前侧电机车工作，牵引矿车顺向行驶至卸载点；当机车卸载完毕后，后侧电机车工作，牵引矿车反向运行至装矿地点。

（6）生产组织

1703水平运输量设计为混合井4 500 t/d，新1号井为3 000 t/d，均满负荷生产；新1号主井由1列6 m^3 矿车或1列4 m^3 矿车运输；混合井采用2列6 m^3

矿车或 2 列 4 m^3 矿车同时运行，其余机车和矿车均为备用。

项目实施前，1703 水平生产组织、机车安全管理、机车调度、机车驾驶、放矿操作均由人工现场完成。

（7）现场安全条件

1703 水平为半封闭管理模式，闲杂人员无法进入机车运行区域，但运输水平作业人员可随意进出，在检修平台处有无轨车辆交叉运行。根据现场实际情况，现场具备封闭条件。

2.3.2　1340 中段有轨运输系统

1340 运输平面电机车运行模式为折返式，共 3 列车运行，均为矿石拉运车，运输轨道铺设 38 kg/m 钢轨，轨距 762 mm；生产间隙分时段有毛石拉运任务，毛石运输轨道铺设 30 kg/m 钢轨，轨距 600 mm。矿石运输线路与毛石运输线路在主干道上存在重合，需要针对不同运输需求进行变轨控制。

矿石运输具有 7 条穿脉，分别为 20 行、22 行、24 行、26 行、28 行、30 行以及 32 行，每个穿脉设置 1 条出矿溜井，22 行和 24 行之间为废石溜井，供毛石车辆运输，矿石溜井运输车辆为 10 t 架线式变频电机车。电机车卸载方式为侧卸式，矿车容积为 4 m^3，配置 2 个卸载架，2 个卸载架分别布置在 2 条线路上。

（1）电机车配置状况

该系统共配置 6 台电机车，其中 4 台电机车为韶力生产 10 t 电机车，采用 30 kW 双电机牵引，电机车为架线供电，配置 1 台 ABB 变频器，采用一拖二的方式；2 台电机车为湘重生产，采用 30 kW 双电机牵引，电机车为架线供电，配置 1 台国产变频器，采用一拖二的方式。机车牵引 4 m^3 侧卸式矿车。

机车均采用拉绳集电弓取电，司机操作时根据实际工况适时升降集电弓，集电弓取电部分为非滚动性铝块。

（2）矿车配置及使用情况

1340 水平矿车主要为 4 m^3 侧卸式矿车，共 52 台，正常配置 3 列车辆，每列连接 15 台矿车，备用 7 台。4 m^3 矿车可做到预知性维修，每半年进入维修大厅进行保养维修，现场总体故障率较低。

（3）卸载站及放矿机配置

卸载站：共有 2 个卸载站，均为侧卸式卸载站。

放矿机：共配置了 7 套振动放矿机，分别在各穿脉内；放矿机台板宽度为 1.6 m，配套 1 台振动电机，功率为 7.5 kW，电机电源为 DC 380 V。

（4）牵引动力

1340 运输水平设计了 1 个牵引变电所和 2 个动力变电所。牵引变电所提供 AC 550 V 架线电压，用于满足机车的动力需求；动力变电所为该水平提供

DC 380 V 和 DC 220 V 两种辅助电源，用于现场照明及检修等。直流电源滑触线按照国标架设，可满足不同类型受电弓适配运行要求。

(5) 运输模式

1340 水平运输模式为单线往复运行模式，现场不具备环形车场，每列矿车均配置 2 台同类型电机车头，分别连接在矿车前、后，并根据实际运行工况牵引矿车正向运行和反向运行，前、后机车分时段工作，并不同步牵引。

(6) 生产组织及安全条件

1340 水平运输量设计最大出矿量为 3 600 t/d，大于对应新 1 号提升系统 3 000 t/d 的设计能力。正常生产时，由 3 列车同时进入穿脉装矿，同时出穿脉卸矿。项目实施前，生产组织、机车安全管理、机车调度、机车驾驶、放矿操作均由人工完成。

1340 水平为开放式管理模式，闲杂人员可进入机车运行区域。根据现场实际情况，斜坡道口、副井井口等具备封闭条件。

2.3.3 1100 中段有轨运输系统

1100 运输平面电机车运行模式为折返式，共 2 列车运行，均为矿石拉运车，运输轨道铺设 38 kg/m 钢轨，轨距 762 mm。

矿石运输具有 7 条穿脉，分别为 11 行 1 号、11 行 2 号、20 行、21 行、24 行、26 行、29 行，每个穿脉设置 1 条出矿溜井，矿石溜井运输车辆为 10 t 架线式变频电机车。电机车卸载方式为侧卸式，矿车容积为 4 m^3，安装 2 个卸载架，2 个卸载架在 1 条线路沿线布置。

(1) 电机车配置状况

该系统共配置 6 台电机车，均为中车生产，2 台 14 t 电机车采用 37 kW 双电机牵引，4 台 10 t 电机车采用 30 kW 双电机牵引。电机车为架线供电，配置 1 台国产变频器，采用一拖二的方式。机车牵引 4 m^3 侧卸式矿车。

机车均采用拉绳集电弓取电，司机操作时根据实际工况适时升降集电弓，集电弓取电部分为非滚动性铝块。

(2) 矿车配置及使用情况

1100 水平矿车主要为 4 m^3 侧卸式矿车，共 38 台，正常配置 2 列车辆，每列连接 16 台矿车，备用 6 台。4 m^3 矿车可做到预知性维修，每半年进入维修大厅进行保养维修，现场总体故障率较低。

(3) 卸载站及放矿机配置

卸载站：共有 2 个卸载站，均为侧卸式卸载站。

放矿机：共配置了 7 套振动放矿机，分别在各穿脉内。放矿机台板宽度为 1.4 m，配套 1 台振动电机，功率为 5.5 kW，电机电源为 DC 380 V。

(4) 牵引动力

1100 运输水平设计了 1 个牵引变电所和 2 个动力变电所,其他同上述 1340 中段。

(5) 运输模式

1100 水平运输模式为单线往复运行模式,现场不具备环形车场,每列矿车均配置 2 台同类型电机车头,分别连接在矿车前、后,并根据实际运行工况牵引矿车正向运行和反向运行,前、后机车分时段工作,并不同步牵引。

(6) 生产组织及安全条件

1100 水平运输量设计最大出矿量为 2 800 t/d,大于对应采场出矿 2 000 t/d 的设计能力。正常生产时,由 2 列车同时进入穿脉装矿、分时段出穿脉卸矿。项目实施前,生产组织、机车安全管理、机车调度、机车驾驶、放矿操作均由人工完成。

1100 水平为开放式管理模式,闲杂人员可进入机车运行区域。根据现场实际情况,斜坡道口、副井井口等具备封闭条件。

2.4　系统存在的问题

2.4.1　安全风险大

设备及操作现状无法避免掉道风险,存在车辆掉道引起设备设施损坏、司机人身伤害等风险,且故障处理风险高、时间长,检修作业风险较大;车辆调度还处在人员现场调节水平,信息发送通过现场喊话、电铃、哨声等,信息不对称等问题无法避免,车辆位置信息也无法实时共享,存在撞车、追尾等风险;现场没有完全封闭,流动人口较多,人车混行时有发生,存在车辆伤害风险,缺少成系统的安全调度指挥系统。

2.4.2　生产效率低

车辆运行模式为双车头折返式运行模式。在装矿时,司机须从空车端徒步行走至重车端,调换动力电机车,该段时间不能有效放矿及车辆运行,影响效率;矿石运输过程中轨道上不能有其他车辆,运输全线从头至尾为清道式运行,若有其他车辆影响车辆运行还须倒车、清道、专人巡道,确保车辆运行安全,卸载阶段也需要调换头尾车辆,所需工作全部由人工徒步完成,不仅占用车辆有效运行时间,而且效率低下。

2.4.3　岗位环境差

电机车驾驶全部为现场操作,一是受车体限制,驾驶室空间较小,座椅舒适性较差,操作面和视线方向还不一致,司机驾驶不能起身,且必须时刻侧身观察,长时间驾驶易疲劳及损伤身体；二是受环境限制，受季节温度变化影响，夏季特别热，冬季特别冷，电机车驾驶室不能保证较好的舒适温度环境，体感较差；三是电机车驾驶室电气设备较多，为保证车辆运行安全，不允许司机随车带水，司机驾驶过程中长时间不能喝水；四是井下粉尘较大，司机长期驾驶容易患尘肺病，对身体危害极大。

2.4.4 缺员矛盾突出

近年来，矿山岗位职工老龄化非常严重，新补充职工数量远不及退休职工数量，加之岗位艰苦，电机车司机严重缺员，司机轮休及替休不能有效保证，存在较大安全风险。另外，矿山行业招工困难，传统岗位缺员已成为普遍行业难题，缺员局面亟待解决。

2.5 需求分析

对企业来讲，效益是企业一切活动的根本出发点，提高企业的效益，有利于企业的长远发展，企业要想在市场竞争中不被淘汰，就必须取得发展。在当今发展现状下，“安全是最大的效益”已成为行业发展的共识，“安全第一、员工至上”也是龙首矿发展的重要理念。在安全的前提下，职工应拥有良好的工作环境，且在少人化的前提下，系统生产效率需满足需求，因此，有轨运输系统升级改造按照“安全生产、改善环境、提升效率、少人无人”的理念确定。

(1) 安全问题需求分析

安全问题主要是人机交互和人机交叉带来的安全风险隐患，解决安全问题主要做好两件事：一是要让职工摆脱现场操作环境，达到无人化的本质化安全生产条件；二是要避免人机交叉，创造封闭式的生产环境。因此，有轨运输系统现场需要全封闭运行，且所有设备应具备远程控制或自动化运行条件。

(2) 职工工作环境需求分析

传统电机车司机、放矿岗位、扳道岗位主要存在安全风险大，粉尘、噪声伤害等问题，解决以上问题，需让职工摆脱现有生产环境，因此需要升级现场设备设施，在远程控制或自动运行条件下规避人员现场操作问题，达到改善岗位环境的目的。

(3) 生产效率需求分析

生产效率是发展的保证，无论何种设备升级或工艺优化改造，均应在生产效率不受影响或提高的前提下进行。

(4) 岗位员工需求分析

工业现场发展的趋势永远是少人化和无人化，因此，系统升级改造后应减少或压缩岗位，向少人化或无人化方向发展。

综上所述，系统应具备现场无人化操作，即电机车无人驾驶、道岔自动扳道、放矿机远程放矿或自动装矿、卸载架自动卸矿；生产效率应保证生产需求，即电机车运行工艺优化后拉运时间不能超过有人驾驶，矿石装满度不降低；人员应摆脱现场工作环境，即在集控室就可完成对现场设备的操作。以上方面功能实现后，岗位将大幅压缩和融合，达到减员的目的。

2.6　发展方向

国际上早在 20 世纪 70 年代即开发应用了井下电机车无人驾驶技术，应用较为成熟，如瑞典的基律纳铁矿。国内矿山有轨运输电机车大部分仍为人工现场驾驶操作；部分矿山有初级“信集闭”系统，无人驾驶应用尚处于起步发展阶段，有应用成功的案例，但多数应用成熟度不够。从行业来看，矿山传统有轨运输系统存在人员现场操作安全风险较大、生产效率较低、作业环境较差、缺员矛盾突出等共性问题。

随着国内智慧矿山、数字工厂技术的日趋发展和成熟，越来越多新兴行业应用技术向传统行业覆盖。有轨运输系统作为矿山行业重要生产环节，自动化、智能化发展势在必行。就目前来说，国内个别先进矿山应用了智能物联网技术、自动化测控技术、高速无线通信技术等，已经验证了井下机车远程遥控驾驶功能的有效性，并投入生产应用。

5G 工业化应用在国内尚处于起步阶段，矿山 5G 工业化应用也处在探索模式，基于 5G 的电机车无人驾驶技术没有成功应用案例，但 5G 无线通信技术体现出来的大数据量、低延时的优势可极大地弥补 WiFi 无线通信技术的缺陷。根据国家 5G 应用政策导向，5G 与工业互联网的融合发展已成为国家发展战略方向，且电机车无人驾驶是 5G 无线通信应用的典型场景，因此，5G＋应用是工业领域无线通信技术发展的必然趋势。

综上所述，5G＋有轨运输电机车无人驾驶应用已成为矿山有轨运输系统发展的趋势，也是矿山高质量发展的必然需求。实施矿山有轨运输系统智能化管控，既是现实需求，也是新时代工业高质量发展的要求。

第3章　有轨运输5G+智能管控系统总体规划

3.1　总体思路

项目实施的核心目标是服务于安全生产，设计主要围绕核心——基于矿山有轨运输系统全流程生产工艺进行。为保持各子系统间的独立性和后续发展过程中便于调整扩展，系统采用模块化设计方案。

矿山有轨运输系统全流程生产工艺为：矿调度室下发生产指令，工区按照指令制订生产计划，再以班组为单元安排作业任务；班组作业内容主要包括装矿、拉运、卸矿等环节。生产任务作业结束后，各班组将生产作业情况统计并上报工区，由工区统一汇总后上报矿调度室。

项目总体思路为：根据服务于生产的核心目标和模块化设计的原则，建立系统集中控制中心，现场实现无人值守和全封闭管理，生产指令统一下达，车辆统一调度，生产数据和设备运行参数自动采集，系统具备完备的安全防护功能；从计划制订、指令下发、任务执行、机车运行、安全防护等方面进行模块化设计，装矿、拉运、卸矿等全工艺流程自动化运行，井下、地表各中段有轨运输系统一体化智能调度，实现矿山有轨运输系统全流程智能化管控。图3-1所示为总体思路框架。

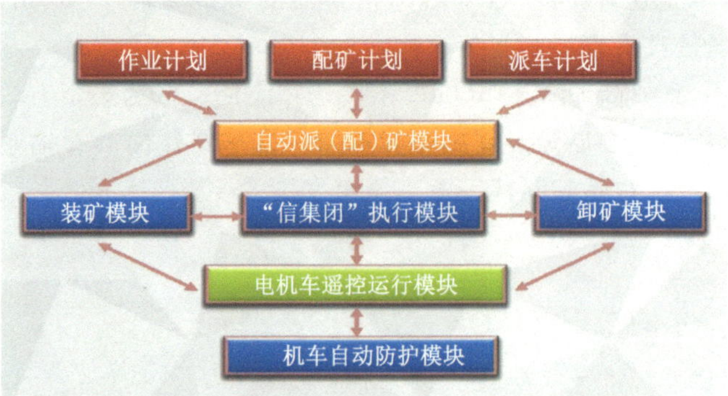

图3-1　总体思路框架图

3.2 技术路线及总体框架

围绕总体思路，确立项目实施的技术路线及总体框架。

技术路线：在地表建立集中控制中心，应用先进的工业控制、计算机、网络、数据库等技术，汇集所有运输系统运行数据，实现综合智能调度和统一指挥；运输区域采用基站或泄漏电缆的方式实现 5G 网络的全覆盖，开发电机车车载 5G 应用终端，实现移动电机车的实时通信；基于车辆精准定位，建立完善的自由开放式“信集闭”控制系统，实现车辆的综合智能调度；应用“5G＋AI 图像识别”技术突破自动装矿关键工艺环节难题，实现电机车全工艺流程的自动运行；配套可视对讲门禁系统、直流牵引控制系统、视频监控等安全防护子系统，实现电机车全工艺流程的无人驾驶及自动运行。图 3-2 所示为总体技术路线及系统架构。

总体框架：项目涉及地表 1703 水平、井下 1340 中段和 1100 中段有轨运输系统。在 1703 水平建立集中控制中心，是全系统控制中心；井下 1340 和 1100 中段分别建立控制硐室，归属所在中段有轨运输系统控制中心；构建地表、井下覆盖运输全域的 5G 无线通信网络，电机车新增控制单元、保护单元、通信单元，升级改造制动系统、气动系统、受电单元，实现电机车的精准控制；轨旁安装转辙机、红绿灯及控制设备，支撑“信集闭”系统；现场关键点安装固定摄像头，电机车安装移动摄像头，实现现场实时视频监控。

3.3 设计依据及实施原则

3.3.1 设计依据

采用的相关国家设计标准、规范：

《金属非金属矿山安全规程》(GB 16423—2020)；

《矿山电力设计标准》(GB 50070—2020)；

《交流电气装置的接地设计规范》(GB/T 50065—2011)；

《自动化仪表选型设计规范》(HG/T 20507—2014)；

《环境条件分类 第 1 部分：环境参数及其严酷程度》(GB/T 4796—2017)；

《可编程序控制器系统工程设计规范》(HG/T 20700—2014)；

《自动化仪表工程施工及质量验收规范》(GB 50093—2013)；

《分散型控制系统工程设计规范》(HG/T 20573—2012)；

《可编程仪器标准数字接口的高性能协议 概述》(GB/T 15946—2008)；

《数据中心设计规范》(GB 50174—2017)；

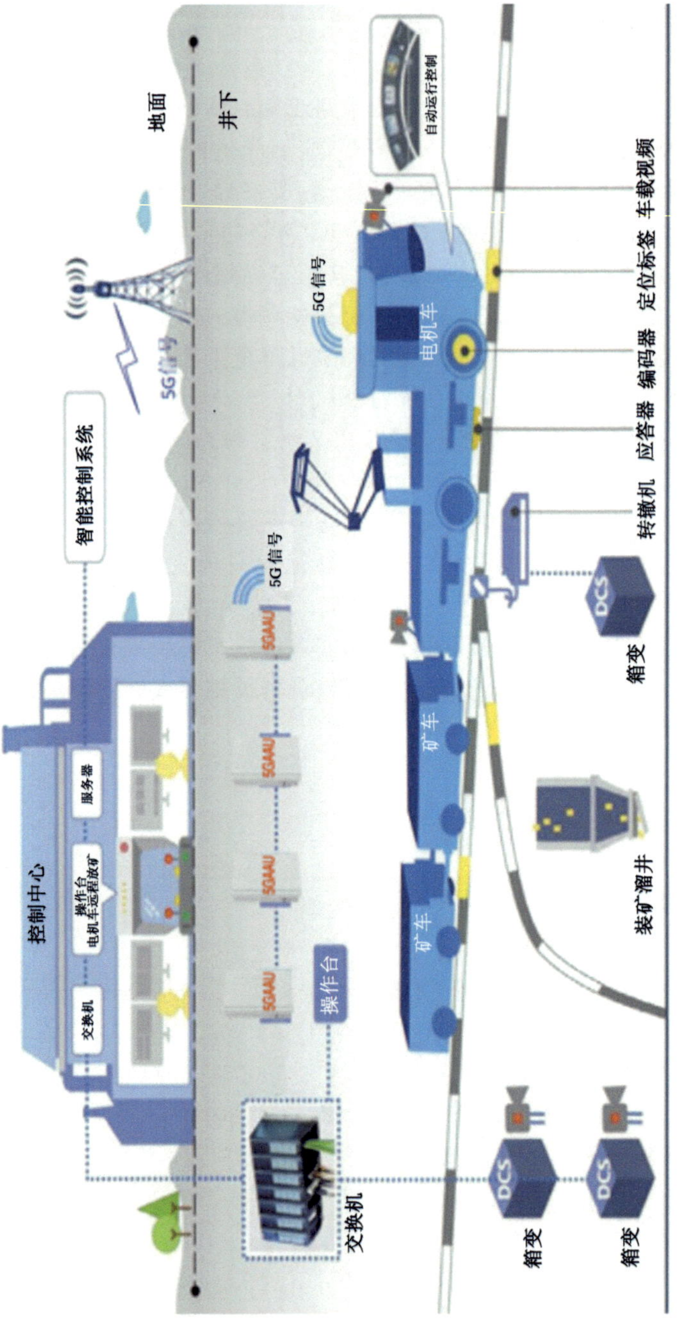

图 3-2　总体技术路线及系统架构

《信息技术 软件工程术语》(GB/T 11457—2006)；

《安全防范工程技术标准》(GB 50348—2018)；

《煤矿井下机车车辆运输信号设计规范》(GB 50388—2016)；

《信号报警及联锁系统设计规范》(HG/T 20511—2014)；

《工业电视系统工程设计标准》(GB/T 50115—2019)。

3.3.2　设计原则

系统的设计具备行业技术“先进性、安全性、稳定性、可靠性、扩展性、开放性、集成性、规范化、标准化”九大设计原则，如图 3-3 所示。

图 3-3　设计原则

(1) 技术先进性

① 国内最先使用 5G 无线通信网络实现矿山电机车的无人驾驶。

② 采用“5G+AI 图像识别”技术实现无人驾驶电机车自动装矿。

③ 利用计算机、工业控制、软件算法等先进技术实现电机车的精确定位。

④ 根据现场情况可实现电机车速度自主控制、故障自诊断等全自动运行。

⑤ 搭建先进的“信集闭”系统，可实现无人驾驶电机车运行线路自动规划、车辆自主调配，达到防碰撞、防追尾、防冒进等安全运行要求。

⑥ 利用先进的数据库，创建生产运行管控平台，实现生产智能决策、设备线上管控。

(2) 安全与可靠性

① 保证系统软件稳定、可靠、高效，满足企业级安全等级标准。

② 提供灵活、完善的授权管理机制，可根据需要自主设定各种类型的用户，并可对用户提供不同的操作权限，对操作者的操作进行跟踪并记录，形成相应的

系统日志和操作记录。

③ 5G无线通信网络具备极强的稳定性和抗干扰特性，采用工业级5G无线网络“切片技术”实现安全防护功能。

④ 对系统应用及其数据存储、备份、容灾有完整的方案，实现数据的安全。

⑤ 计算机网络系统、服务器、调度等安装防病毒软件，具备抗病毒、抗攻击、防篡改以及安全审计功能。

(3) 扩充与开放性

① 系统硬件配置能够满足未来的硬件扩容要求。

② 系统运行阶段，如因工艺变化新增装卸矿点或新增加设备，用户可根据需求自行操作。

③ 软件系统采用开放式数据源，支持数据源的开放式连接。

④ 配置相应的开发工具，用户可以根据实际需求自主进行各种二次开发。

⑤ 系统可通过互联网实现远程协助功能，如分析故障、系统升级、定期维护、应急处理等，保证系统处于正常运行状态。

(4) 集成性与稳定性

① 系统具有多种信息化接口工具，如MES、ERP、设备管理系统等。

② 系统提供明确的系统接口(数据、服务)格式和方法，具有多种系统融合扩展信号接口。

③ 系统和设备在满足功能要求的基础上，选择可靠性高、已定型，并有一定运行经验的设备。

④ 在具备系统功能要求的前提下，在组网合理、维护方便的基础上，系统可靠性和实用性为首要考虑因素。

(5) 规范化和标准化

① 通用硬件设备能与现场工艺仪表和控制执行机构形成规范化、标准接口，满足标准化、互换性要求。

② 设备选型采用通过安全认证的设备和技术产品，使系统建设满足《金属非金属矿山安全规程》的相关规定。

③ 系统建设在满足国标和行标基础上，应结合实际情况，达到符合实际的相关规范要求。

3.4 建设目标

项目针对矿山有轨运输系统现场环境的实际情况，自主设计多种检测、执行元件，用于匹配现场环境，实现各系统全工艺流程无人化、智能化、自动化，有效保障系统长周期安全稳定运行。

系统建设在已有成功案例应用技术的基础上，吸纳智能物流、智能仓储、轨道交通监控系统等多个行业成熟技术，充分借鉴国内外同类行业的先进技术和经验，规避了部分矿山在系统设计实施过程中的不足之处。结合传统矿山轨道运输系统效率低、环境受限等实际情况，采用先进的工业控制技术创建核心操作系统，所有现场子系统都与核心控制单元关联，并通过控制系统完成所有设备的操作和维护，形成统一调度、操作、协调、指挥的综合控制单元。

结合国内外地下矿山的实际情况进行创新实践，系统建设目标为：国内领先、国际一流的井下有轨运输无人驾驶系统。

① 有轨运输系统实现了现场无人值守，能够安全高效地完成生产任务。

② 在地面控制室，操作人员能够全面监视电机车的实时位置、运行状态和参数，并可根据情况进行实时调度控制。

③ 电机车能够全流程全自动无人驾驶运行，实现控制室内一人同时操控井下电机车和放矿机，取消放矿岗位工，提高作业效率。

④ 系统能够自动记录井下运输的各项数据，并统计形成生产报表，辅助生产系统调度决策，为设备管理提供数据支撑。

⑤ 有轨运输无人驾驶系统基于公开成熟的 TCP/IP 接口，能够与其他自动化系统进行集成，并在地下开采应用环境下成功应用。

⑥ 设备选用工业化的、先进的、成熟的和性能稳定的、高质量标准的通用产品，需方购买备件市场渠道多，避免定制设备受制于厂家的唯一性。

⑦ 采用独特的高精度电机车定位方法，实现了电机车定位误差不大于0.5 m。

⑧ 具有完备的安全保护功能，如车辆间距保护、道岔故障保护、防冒进保护、通信中断保护、电源中断保护等，确保系统安全稳定运行。

⑨ 系统实时对现场设备运行状态进行监测、判断、分析，对出现的预警、故障等信息进行报警和自动保护，保证了电机车等现场设备的安全高效运行。

⑩ 将人员的工作位置由井下移至地面，并将多工种合并为一人操控，最大限度地降低人工成本和职业病的发生。

⑪ 系统具备上、下游信息的采集和联控功能，实现上游溜井、下游卸载架或溜井料位检测显示，并根据溜井料位与系统运行进行联锁管控。

⑫ 系统可实现各种记录及查询功能，并能生产特定曲线，具备数据分析总结功能。

3.5 主要建设内容

主要建设内容按系统构成分为7个单元,如图3-4所示。但为了便于说明,下面按照12项内容进行详述。

图3-4　系统构成

(1) 构建网络系统

搭建光纤环网主干网络及5G无线网络系统,主干网络及5G无线网络均全面覆盖所有运输巷道,5G无线网络在集控室接入主干网络,轨旁固定设备通过光纤环网通信,电机车通过5G无线通信传输车载视频、控制及状态信号。

(2) 开发机车控制系统

根据无人驾驶技术需求对电机车进行改造,电机车新增控制单元,实现本地控制和远程控制功能;新增保护单元,具备电机车运行状态信息实时采集及故障自诊断;开发5G通信终端,实现通信协议的转换和车辆的5G通信;升级改造制动系统,实现机车的远程或本地模式的高效制动;升级改造气动系统,满足多路复用的气路需求;升级改造受电单元,满足动力电源的远程控制。

(3) 建设道岔控制系统

根据工艺设定，对车辆运行过程中需要排道的道岔安装转辙机，并配套红绿灯，通过监测转辙机驱动行程，辅助现场视频画面，判定道岔状态，现场配置控制单元，实现道岔的自动、远程手动和就地控制。

(4) 升级远程放矿系统

根据远程控制技术需求，对原有振动放矿控制系统进行升级改造，新增放矿系统控制单元和通信单元，利用原放矿动力单元实现放矿系统远程、本地操作功能，并实时采集振动放矿机电流、电压等运行状态参数，实现故障自诊断和停机保护。

(5) 开发自动装矿系统

在远程放矿基础上，基于图像识别技术，结合电机车无人驾驶系统，配套自动对车、装满度识别、大块杂物识别等功能，实现电机车的自动装矿。

(6) 构建工业视频监视系统

重点包括现场关键点固定视频和电机车移动视频。固定点视频包括放矿点、道岔、弯道、卸载架、门禁等区域，视频信号通过现场光纤通信网络传输；移动视频主要载体是电机车，在电机车前、后各安装一个摄像头，重点对行进前方和受电弓状态进行视频监视确认，视频信号通过 5G 无线通信系统传输。

(7) 建立集中控制中心

集中控制中心是核心控制单元、核心通信单元的安装点，汇集现场所有信息，也是设备监控和远程操控中心，配置调度台、操作台、监控大屏等；调度台依托上位可实现指令下达、车辆调度、门禁管控等功能；操作台分布了电机车控制手柄、紧急停车、升降弓、模式选择等多个主令开关，依托上位配置远程放矿操作或自动装矿控制的控制开关；监控大屏实时展示现场情况，辅助现场管控；集控室可实现指令下达、车辆调度、模式选择、远程干预控制、系统预警保护等功能。

(8) 开发上位控制系统

该系统分为生产调度软件系统、无人驾驶软件系统、数据存储。

(9) 建立数据库

依托集控中心信息汇集优势建立数据库，将现场生产信息全部汇集存储，充分发挥数据价值，为后期数据的应用奠定基础。

(10) 开发智能生产管控平台

基于数据库，全方位展示系统生产运行情况，具备数据统计和分析功能，按不同岗位需求提供所需数据资源，并为生产调度智能决策提供依据，为设备预维护提供数据支撑。

(11) 开发毛石无人翻运系统

升级改造翻毛设备,将翻毛设备改造为液压驱动、齿轮传动的翻车机,配套对中检测、笼体内车辆检测、传动检测等功能,实现翻车机的远程控制;设计三角形轨道,优化车辆运行工艺,实现单机牵引拉毛电机车的自动转向;开发毛石翻运上位系统,基于无人驾驶电机车和远程控制翻车机,实现毛石的无人拉运和翻倒。

(12) 构建安全防护子系统

① 5G语音对讲系统:基于无人驾驶系统搭建的5G无线通信网络,配置手持式对讲机,实现检修、巡检人员与机车集控室的语音对讲,提高信息指令传达的高效性。

② 建立上、下游溜井料位检测系统,实现溜井料位的自动检测,并将料位信号与生产调度指令、放矿机运行状态联锁,防止满仓、空井等引发生产故障。

③ 建立门禁可视对讲系统。基于现场封闭环境,在出入口配置可视对讲终端,集控室调度台配置门禁控制系统,实现现场无人化和封闭管理。

④ 构建现场封闭环境。地表运输区域全部用围栏封闭,井下现场人员通道处全部加装门禁,实现现场的封闭管理。

⑤ 新增牵引直流电控制系统,将整流系统各项数据参数采集、控制功能纳入运输系统智能管理系统中,实现直流电的数据检测,并参与系统保护性通断控制。

第 4 章　环境与装备保障

智慧矿山的建设需要新技术的大量应用，但不是所有的问题均需要新技术来解决，而是新技术和应用载体相辅相成，只有在良好的矿山环境条件和装备保障下，智慧矿山建设的新技术才能成功地应用。因此，本章重点对新技术应用的载体——矿山有轨运输系统环境和装备保障方面进行说明。

4.1　运输环境要求

矿山有轨运输系统一般具有区域广、线路长、面积大等特点。在传统本地驾驶有轨运输系统中，现场环境为开放或半开放式，人车分流管理较为松散，流动人员的随意性和电机车司机操作的差异性极易造成人车交叉混行，甚至发生安全事故，对系统安全生产带来极大挑战，因此，电机车无人驾驶既是安全管理的现实需求，也是现代矿山可持续发展的必然趋势。

无人驾驶的本质是现场无人化，当电机车实现无人驾驶时，还需要具备无人化的现场环境，以确保有轨运输系统完全无人的本质化安全要求，即“现场无人化”是无人驾驶电机车技术应用对环境的最基本保障要求。

4.1.1　运输区域全域封闭

矿山有轨运输系统与采矿系统、基建返修系统交叉点较多，人员流动较大，实现电机车无人驾驶智能管控的必要条件是运输现场的全域封闭管理，而实现运输现场的全域封闭管理必须以物理层面的隔离为基础、以管理层面的措施为辅助。

4.1.1.1　地表有轨运输区域封闭

有轨运输系统按环境不同可分为地表有轨运输和井下有轨运输，地表有轨运输系统又包括了露天和平硐两种环境。运输线路的封闭主要是防止外来人员误入运输区域，因此，最有效的方式就是用护栏隔离。

露天区域如要全线路封闭，需要线路两侧全部加装护栏；平硐一般只有平硐口单独出口，且又处于露天线路封闭环境中，无须再增加其他封闭措施；如平硐内部存在其他出口或通道，应按照封闭原则加装护栏或门禁。

地表区域封闭不能影响其他区域功能属性，如一些平交路口、人行通道等。因有轨运输系统处于连续作业过程中，对人行平交通道而言，一般采用人行天桥的方式较为适宜，既不影响人员正常通行，还能保证车辆的顺畅运行。对车辆交叉运行的平交路口，应采取尽量避免交叉的原则，如能改变线路则改变线路运行；如不能改变线路，应采用护栏结构的远程控制门禁系统，并分时段运行，既防止车辆交叉混行，又能确保人员通过平交路口时不会误入现场。

4.1.1.2 井下有轨运输区域封闭

井下运输巷道本具备封闭性，只有提升副井井口通道、斜坡道等区域属于固有的人员流动线路，如需实现现场无人化，在以上区域做好防护即可。井下人行通道封闭要确保人员的正常出入，且要在异常情况时扮演应急通道的角色，因此，井下人员通道封闭采用单向门禁的形式，即由外入内需条件准入、由内向外可一键开启通行。

4.1.1.3 封闭防护栏杆

(1) 设计规范

防护栏杆设计应严格按照标准执行，根据《固定式钢梯及平台安全要求 第3部分：工业防护栏杆及钢平台》(GB 4053.3—2009)的规定，防护栏杆应具备以下条件：

① 在离地高度小于 20 m 的平台通道及作业场所的防护栏杆高度不得低于 1 000 mm。

② 栏杆的全部构件采用性能不低于 Q235-AF 的钢材制造。

③ 栏杆的结构宜采用焊接，焊接要求应符合 GB 50205—2020 的技术规定。

④ 立柱宜采用不小于 50 mm×50 mm×4 mm 的角钢或 ϕ33.5～ϕ50 mm 钢管。

⑤ 横杆采用不小于 25 mm×4 mm 的扁钢或 ϕ16 mm 的钢管。

⑥ 栏杆端部必须设置立柱或与建筑物牢固连接。

⑦ 所有结构表面应光滑无毛刺，安装后不应有歪斜、扭曲、变形及其他缺陷。

⑧ 栏杆表面必须认真除锈，并做防腐涂装。

(2) 防护栏杆设计方案

总体设计方案参照防护栏杆设计规范，同时应根据矿山现场实际环境及有轨运输系统运行工艺进行设计。

①《中国居民营养与慢性病报告》显示，中国 18～44 岁男性平均身高为 169.7 cm，为防止人员头部有意或无意伸入车辆运行区域，且参照现行标准，防护栏杆高度应设为 1 800 mm。

② 栏杆的全部构件采用性能不低于 Q235-AF 的钢材制造。

③ 栏杆的结构采用焊接，焊接符合 GB 50205—2020 的技术规定。

④ 栏杆立柱采用 ϕ33.5～ϕ50 mm 的钢管，连杆连接立柱采用 ϕ60 mm 的钢管。

⑤ 横杆采用 ϕ48 mm 的钢管。

⑥ 栏杆端部与建筑物牢固连接。

⑦ 所有结构表面光滑无毛刺，安装后无歪斜、扭曲、变形及其他缺陷。

⑧ 栏杆表面以油漆做防腐涂装，根据《安全色》(GB 2893—2008)的规定，红、蓝、黄、绿四种颜色为安全色，黄色为传递注意、警告的信息，应作为防护栏杆主色。安全色与对比色搭配使用时，应符合表 4-1 的规定。

表 4-1　安全色搭配表

安全色	红色	蓝色	黄色	绿色
对比色	白色	白色	黑色	白色

⑨ 根据《金属非金属矿山安全规程》(GB 16423—2020)的规定，滑触线悬挂点的间距：在直线段内不超过 5 m，在曲线段内不超过 3 m；同时为确保防护栏杆的强度，如图 4-1 所示，栏杆应以 2.5 m 为一个单元，两个单元为一组，通过 60 mm 钢管作为立柱相连接，每组之间再通过照明灯杆连接。

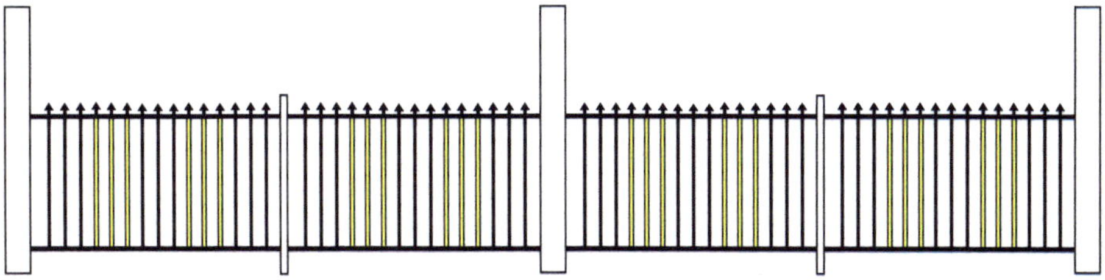

图 4-1　防护栏杆示意图

(3) 防护栏杆安装位置

根据“矿车与建筑物、巷道或防护栏杆的安全间距要求大于等于 800 mm”的运行要求，地表护栏加装位置应在最大车辆尺寸的基础上保留间距最小 800 mm，但应根据现场实际环境坚持预留较大的空间为原则。

如图 4-2 所示，以龙首矿为例，有轨运输最大车辆为 6 m^3 底卸式矿车，其尺寸为：5 500 mm×1 800 mm×1 800 mm，与其配套的轨道为 38 kg/m(轨头截面宽度为68 mm)、轨距为 762 mm，因此，防护栏杆与轨道外侧的最小间距为：

1 800÷2−762÷2−68+800=1 251 (mm)。

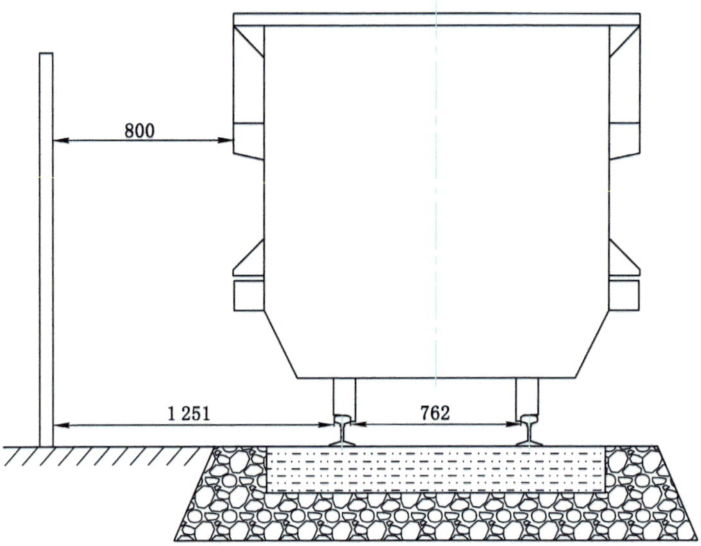

图 4-2　防护栏杆安装尺寸

(4) 应用实例

龙首矿地表 1703 水平具有平硐及露天两种运行环境,除平硐口外其余区域均处于封闭状态,因此无须隔离;而露天环境人员流动较大,是隔离的重点。防护栏杆安装地点为露天运输线路两侧,安装区域为平硐口至矿石、废石卸载区域,具体如图 4-3 所示,图例中红色线体即为防护栏杆。

4.1.1.4　安全防护门

实现有轨运输区域全域封闭后,为保障地表及井下人员的正常通行,需在人员进入地表运输区域的通行路口及井下提升副井与运输区域交叉巷道口、斜坡道口设安全防护门。

(1) 安全防护门设计

如图 4-4 所示,安全防护门严格按照相关技术规范设计。

① 安全防护门总体结构设计需满足《固定式钢梯及平台安全要求 第 3 部分:工业防护栏杆及钢平台》(GB 4053.3—2009)的规定,同时应根据地表、井下不同运输现场实际环境及有轨运输系统运行工艺进行设计。

② 安全防护门的结构采用焊接,焊接符合 GB 50205—2010 的技术规定。

③ 安全防护门表面以油漆做防腐涂装,根据《安全色》(GB 2893—2008)的规定,红、蓝、黄、绿四种颜色为安全色,红色为传递禁止、停止、危险的信息,应作

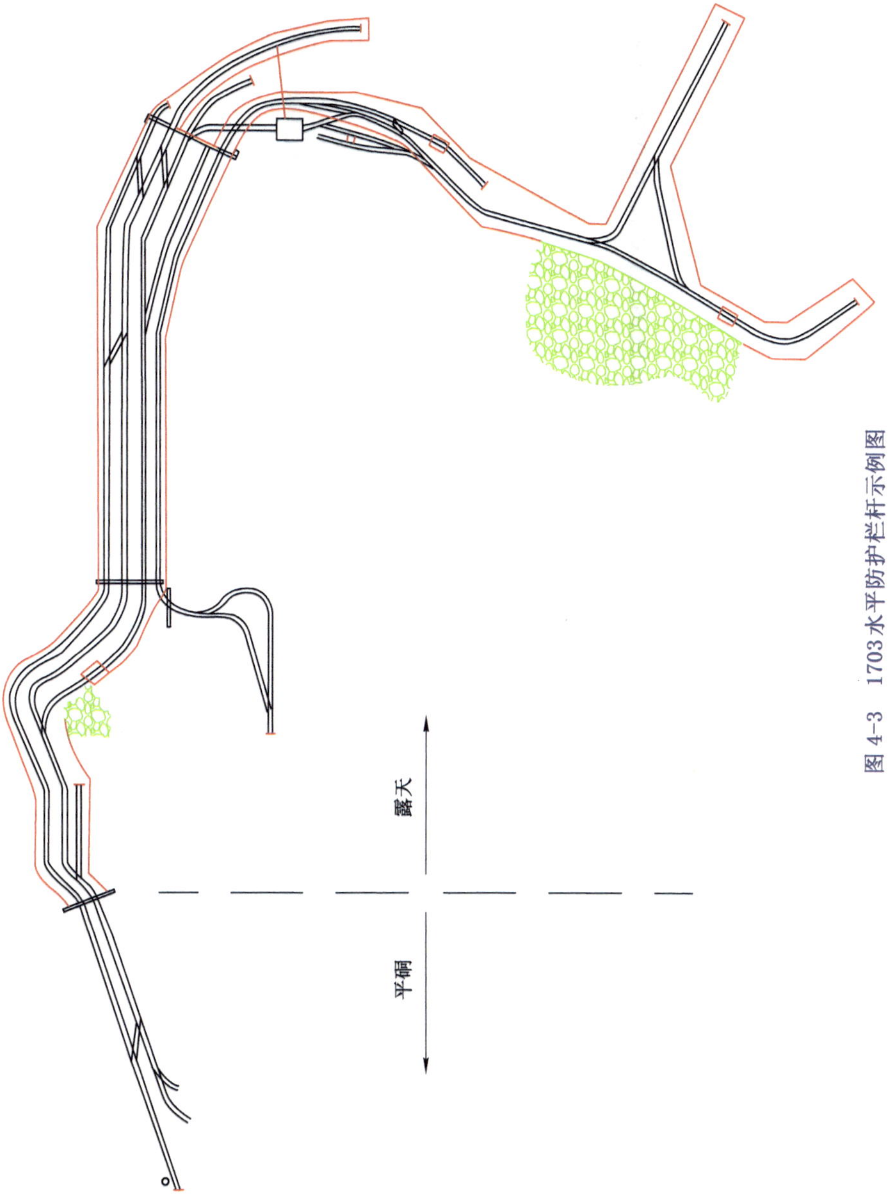

图 4-3　1703 水平防护栏杆示例图

为安全防护门主色。

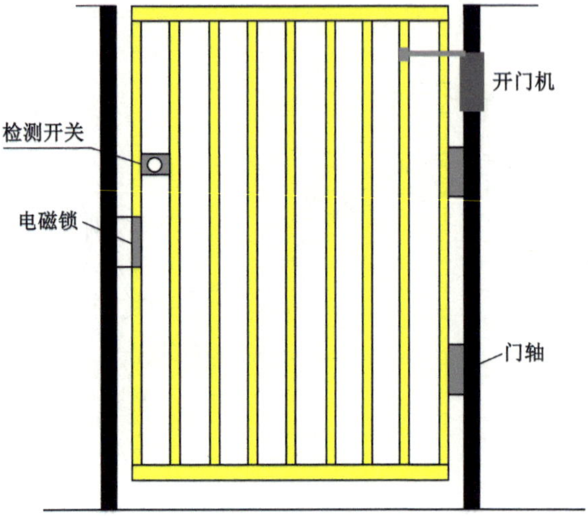

图 4-4　安全防护门结构设计图

(2) 安全防护门远程控制及应用

为确保安全防护门的可控性、及时性、准确性，所有封闭门应具有远程电动开闭功能，实现集控室远程控制，封闭门处安装摄像头及门禁对讲系统，人员进、出无人驾驶区域时，须与集控室取得联系，由调度员确认，并在对应区域车辆全部停止运行后方可开启门禁，实现人员进入区域全程可控。

门禁远程控制装置主要由电磁锁、开门机、对讲系统、开启按钮、检测开关等组成。门禁开门机安装于安全防护门转轴上，门禁电磁锁及请求开门按钮安装于安全门活动一侧，当门禁开启时，集控室可检测到并控制车辆停车。图 4-5 所示为安全防护门现场实际应用情况。

门禁系统属无人驾驶项目重要的安全保障，现场应用具体详见“门禁及对讲系统”章节。

如图 4-6 所示，以龙首矿井下 1340 水平有轨运输中段为例，该水平涉及的人员通行点有提升副井至运输区域交叉点、斜坡道口与运输区域交叉点、火药库与运输区域交叉点，因此，在以上三个点位分别设计加装安全门，即可保障人员的正常通行与人员的有效管控，从而实现运输作业现场无人化要求。

(3) 行人天桥

露天地表有轨运输区域在传统环境中存在人车平交路口，如需实现独立运行，需建立独立的通道，最实用、有效的方式就是架设立交天桥。

图 4-5　安全防护门现场实际应用图

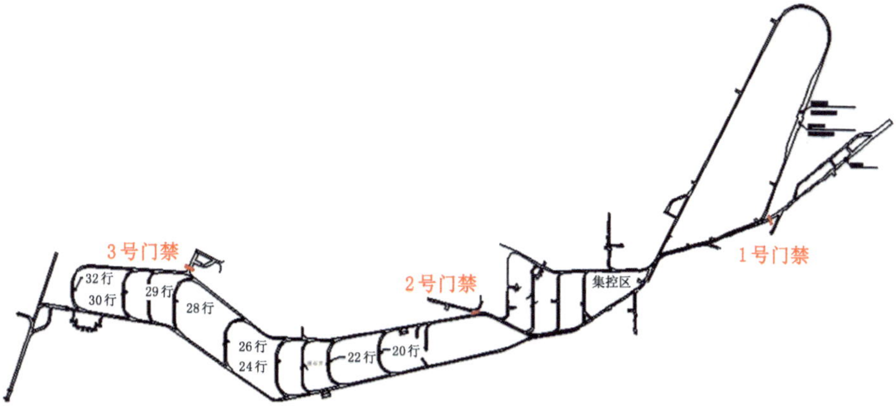

图 4-6　1340 水平安全防护门示例图

以现场为例，龙首矿地表 1703 有轨运输水平是中东西一采区矿石运输末端，是产量任务完成的关键所在，同时也是人流量最多的有轨运输水平，但在实现有轨运输区域全域封闭后，1703 水平存在两个区段的管控难点：一是 1703 水平至 1729 水平通道需跨越轨道，且人流量较大；二是运输辅助作业区域在跨越运输线路分布两侧，穿越轨道人员数量及频次较多。为保障无人驾驶车辆正常通行，以上问题必须解决。

为达到本质化安全要求，人员和运输线路不再平面交叉通行，即可达到安全要求，因此，在新 2 号平硐旁 1729 通道处与运输辅助作业区域分别建立跨越轨道天桥，满足人员在车辆运行过程中的通行条件，避免人机交叉。如图 4-7 所示，因该处跨度大，所以采用上拱形结构设计，保证了天桥的安全。

图 4-7　1703 水平至 1729 水平天桥通道

4.1.2　巷道环境

矿山的特殊性主要表现为井下环境的不稳定性，而井下巷道稳定是生产正常组织和设备稳定运行的充分条件。传统有轨运输系统属于人员现场操作，会根据现场异常情况随时做出调整，不易因一些细小误差酿成大的生产事故。但无人驾驶电机车均按照程序设定运行，对于环境的稳定要求较高，如架线高度、轨道平整度等，均要长时间保持稳定状态，良好的巷道环境就是其保持稳定最基本的保障。

在井下运输巷道中，首先要根据运输需求，保证合理的断面尺寸，在此基础上需要对布设在巷道内的风水管、线缆、水沟等进行规范安装，给行车线路以所需安全空间要求，也对现场轨道、架线等设施提供长期稳定的现场环境。

4.1.2.1　巷道断面要求

有轨运输系统巷道按所处位置可分为沿脉道与穿脉道，按轨道布设不同可分为单轨道线路与双轨道线路。

一般情况下，沿脉道存在单轨道或双轨道两种情况，而穿脉道只涉及单轨道。在沿脉道中，单轨道运行区域需考虑车辆通过时车辆本体的宽度、高度、与巷道设施的安全间距及行人通道的安全间距；双轨道运行区域除考虑以上因素外，还需考虑两列车并行时车辆之间的安全间距。在穿脉道中，需考虑车辆经过穿脉口弯道处与巷道的安全间距以及放矿机区域车辆与巷道的安全间距。需要说明的是，以上各种情况需结合不同车辆型号来确定具体的巷道宽度及高度。

(1) 巷道宽度

金属矿山有轨运输巷道大部分设计为拱形，本书以拱形运输巷道为例。如图 4-8 所示，单轨道巷道断面宽度应为 $B=a+A+c$；如图 4-9 所示，双轨道巷道断面宽度应为 $B=a+2A+c+t$。以下具体以沿脉道双轨道巷道断面为例进行模拟计算。

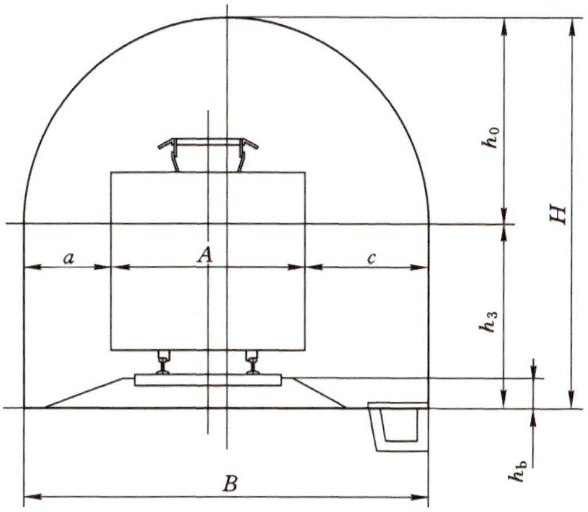

图 4-8　单轨道断面规格示意图

根据 2.3 节内容可知，龙首矿有轨运输系统中，拉运矿石的电机车主要有 CJY14/7GP 和 CJY10/7GP 两种型号，矿石拉运的矿车为 4 m^3 侧卸式和 6 m^3 底卸式，其中 CJY14/7GP 型电机车可满足以上两种矿车的牵引能力要求，但 CJY10/7GP 型电机车只满足 4 m^3 侧卸式矿车的牵引能力要求。以上车辆的外形尺寸分别为 CJY14/7GP：5 060 mm×1 800 mm×1 700 mm(长×宽×高)；CJY10/7GP：4 470 mm×1 250 mm×1 600 mm；4 m^3 侧卸式矿车：3 900 mm×1 500 mm×1 650 mm；6 m^3 底卸式矿车：5 140 mm×1 800 mm×1 640 mm。因此，在确定 A 的具体数值时，应有以下三种情况：

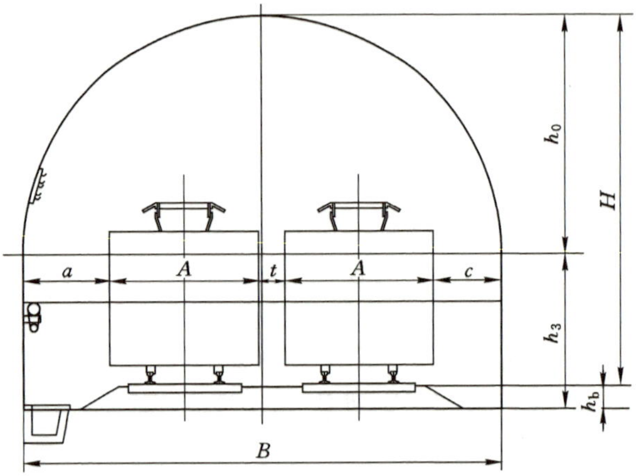

图 4-9　双轨道断面规格示意图

① CJY14/7GP 型电机车牵引 4 m^3 侧卸式矿车时，以 CJY14/7GP 型电机车宽度为准，A =1 800 mm。

② CJY14/7GP 型电机车牵引 6 m^3 底卸式矿车时，以 CJY14/7GP 型电机车宽度为准，A =1 800 mm。

③ CJY10/7GP 型电机车牵引 4 m^3 侧卸式矿车时，以 4 m^3 侧卸式矿车宽度为准，A =1 500 mm。

根据《金属非金属矿山安全规程》(GB 16423—2020)的规定，行人的有轨运输巷道应设高度不小于 1.9 m 的人行道，人行道宽度不小于 0.8 m；机车、车辆高度超过 1.7 m 时，人行道宽度不小于 1.0 m；在水平巷道、斜井和斜坡道中，运输设备之间、运输设备与巷道壁或者巷道内设施之间的间隙，应符合下列规定：有轨运输不小于 0.3 m，即 $c \geqslant 0.8$ m，$t \geqslant 0.3$ m。

井下运输巷道风管普遍采用 DN150 无缝焊管，水管采用 DN100 无缝焊管，风管安装于水管之上，安装时风管垂直方向投影包含水管垂直方向投影，因此计算风、水管安装位置时，只需考虑风管外径切线平面的最大位置，一般要求风、水管与巷道侧帮间距不小于 100 mm，而 DN150 无缝焊管外径为 ϕ159 mm，故风管外径切线平面与巷道侧帮之间间距不小于 159+100=259 (mm)。另外，风、水管安装于巷道侧帮时，上方管道最高点距离巷道底板间距不小于 1 300 mm，下方管道最低点与巷道底板间距不小于 300 mm。

在确认非人行道侧宽度 a 时，总体上要以最大可能的掉道情况来计算。龙首矿有轨运输系统矿石拉运线路所对应的轨道轨距均为 762 mm，其直道轨距最宽处要求不超过 772 mm、弯道轨距最宽处要求不超过 782 mm，故最严重的掉道情况是：一侧车轮掉道于轨道外侧，在掉道后列车的惯性力作用下，车辆继续向前行驶，导致另一侧车轮与另一侧轨道内侧接触，即车辆整体偏移量最大为 782 mm，在其最大偏移量下，车体与风、水管间距最好留有 100 mm 的安全间距，故非人行道侧宽度 a 的最小尺寸为 $782+100+259=1\ 141$ (mm)，按照只进不舍原则，取整数 $a=1\ 150$ mm。

因此，不同型号运输车辆在双轨道区域行驶时所对应的巷道断面宽度为：

① CJY14/7GP 型电机车牵引 6 m^3 底卸式矿车时，双轨道区域巷道断面尺寸应为 $B=a+2A+c+t=1\ 150+2\times1\ 800+800+300=5\ 850$ (mm)。

② CJY14/7GP 型电机车牵引 4 m^3 侧卸式矿车时，双轨道区域巷道断面尺寸应为 $B=a+2A+c+t=1\ 150+2\times1\ 800+800+300=5\ 850$ (mm)。

③ CJY10/7GP 型电机车牵引 4 m^3 侧卸式矿车时，双轨道区域巷道断面尺寸应为 $B=a+2A+c+t=1\ 150+2\times1\ 500+800+300=5\ 250$ (mm)。

进一步可计算出不同型号运输车辆在单轨道区域行驶时所对应的巷道断面宽度为：

① CJY14/7GP 型电机车牵引 6 m^3 底卸式矿车时，单轨道区域巷道断面尺寸应为 $B=a+A+c=1\ 150+1\ 800+800=3\ 750$ (mm)。

② CJY14/7GP 型电机车牵引 4 m^3 侧卸式矿车时，单轨道区域巷道断面尺寸应为 $B=a+A+c=1\ 150+1\ 800+800=3\ 750$ (mm)。

③ CJY10/7GP 型电机车牵引 4 m^3 侧卸式矿车时，单轨道区域巷道断面尺寸应为 $B=a+A+c=1\ 150+1\ 500+800=3\ 450$ (mm)。

另需说明的是，为确保在处理溜井堵塞、分拣铁器杂物等非常规作业时作业人员有充足的活动空间，如图 4-10 所示，放矿机区域车辆与巷道的安全间距 $c\geqslant 1\ 000$ mm；为确保放矿机放矿时矿石可均匀分布于矿车车厢内，不至于矿车左、右两侧载重不均，根据放矿机安装高度及装满度要求，有轨运输系统巷道中心线与放矿机台板前沿间距一般在 $A/9\leqslant T\leqslant A/6$（$A$ 为矿车宽度，T 为轨道中心和放矿机台板边沿间距）范围内。

(2) 巷道高度

如图 4-9 所示，巷道高度 $H=h_0+h_3-h_b$，双轨道巷道与单轨道巷道算法一致。其中，h_0 为拱高，半圆拱 $h_0=B/2$，金属矿山有轨运输中段多为半圆拱，以半圆拱计算。h_3 为墙高，计算数值按只进不舍原则确定，并按 0.1 m 进级。一般情况下，墙高 h_3 应满足巷道内电机车架线、管道铺设、行人高度、行人宽度、运输设备上边缘距拱壁安全间隙要求。

对于架线式电机车运输的巷道，一般按其中架线电机车受电弓、管道装设高

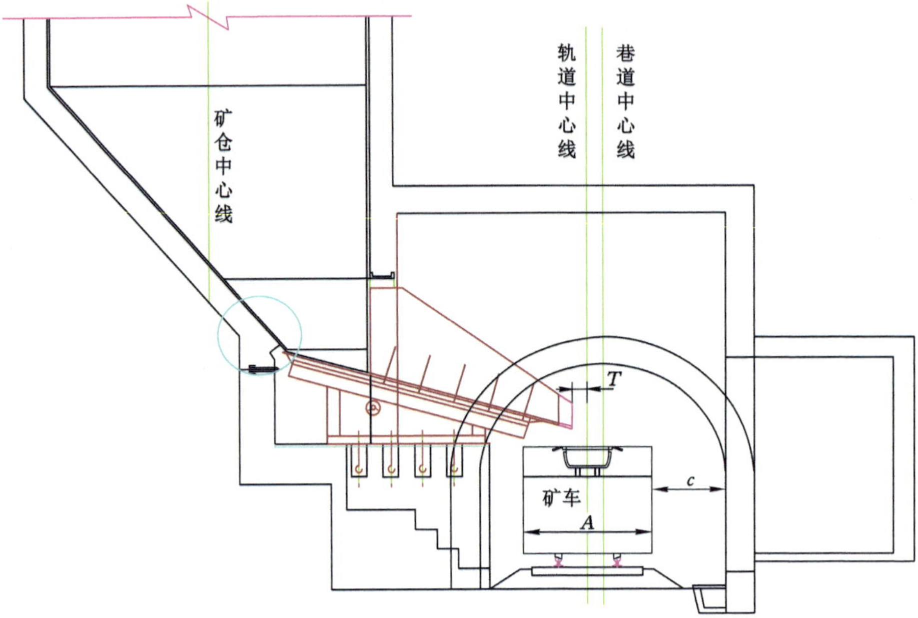

图 4-10　放矿点巷道断面示意图

度要求及行人高度要求计算即能满足安全运行要求，有轨运输巷道管道均安装于非人行道侧，且平行安装于电缆下方，因此只需计算架线电机车受电弓和行人所需高度要求即可。

① 按架线电机车受电弓要求计算：电机车受电弓外缘与巷道拱壁的间距 $n \geqslant 200$ mm，一般取 $n=300$ mm，K 为受电弓宽度的一半。计算公式为：

$$h_3 \geqslant h_4 + h_c - \sqrt{(R-n)^2-(K+b_1)^2}$$

式中　h_4——轨道表面至电机车滑触线高度，根据《金属非金属矿山安全规程》(GB 16423—2020)的规定，取主运输巷道 $h_4=2\ 000$ mm；

h_c——道床总高度，根据 38 kg/m 钢轨，查询标准后得 $h_c=410$ mm，道砟高度 $h_b=220$ mm；

n——受电弓距拱壁安全距离，取 $n=300$ mm；

K——受电弓宽度的一半，无人驾驶电机车受电弓总体宽度为 990 mm，$K=990/2=445$ (mm)，K 取 450 mm；

b_1——轨道中线与巷道中线间距，$b_1=B/2-a_1$，可分别计算出双轨道、单轨道以及不同运输车辆轨道中线与巷道中线的间距。

以上数值确定后，可分别计算出双轨道、单轨道以及不同运输车辆的墙

高 h_3。

② 按行人高度要求计算：根据《金属非金属矿山安全规程》(GB 16423—2020)的规定，行人的有轨运输巷道应设高度不小于 1.9 m 的人行道，人行道宽度不小于 0.8 m，因此距拱壁 j 处的巷道有效高度不小于 1 900 mm，$j \geqslant 100$ mm，一般取 $j=200$ mm。计算公式为：

$$h_3 \geqslant 1\,900 + h_b - \sqrt{R^2 - (R-j)^2}$$

针对双轨道、单轨道以及不同运输车辆巷道拱径不同，可计算出不同情况下的行人高度要求对应的墙高 h_3。

③ 综上计算并考虑一定的安全裕量后，可确定最终的墙高 h_3，进而可计算出双轨道、单轨道以及不同运输车辆对应的巷道高度 H。

图 4-11 为单轨道运输巷道断面尺寸示意图。

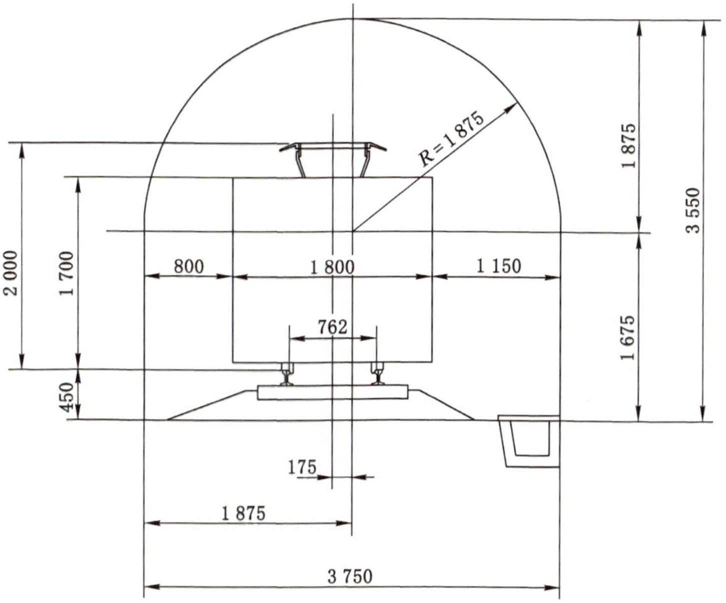

图 4-11　巷道断面尺寸示意图

要达到无人驾驶安全运行条件，不仅要满足有轨运输设备通过性的要求，也要满足车辆掉道后不会与巷道内悬挂的设施产生碰撞，因此必须根据巷道断面宽度及高度要求对巷道侧帮及顶板进行刷大返修，从而达到现场车辆安全稳定运行的目的。

(3) 管线布置

无人驾驶电机车运行时对巷道悬挂设施的基本要求：水平巷道内悬挂的电缆及风、水管路，在矿车、机车掉道时不应受到撞击；电缆坠落时不会落在车辆正常运行的通道上。

在金属矿山有轨运输巷道，电缆与风、水管均在巷道一侧平行挂置，其敷设规范符合《金属非金属矿山安全规程》(GB 16423—2020)的规定，电缆与风、水管路平行敷设时，应敷设在管路上方300 mm以上，如图4-12所示。

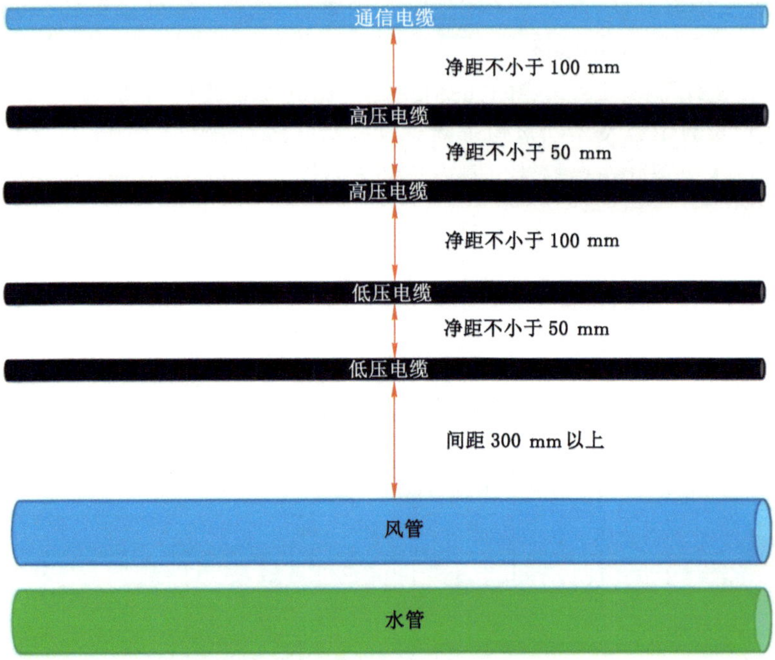

图4-12　电缆悬挂标准图

4.1.2.2　巷道环境优化措施

影响井下运输巷道环境主要有两方面因素：一是排水不畅，二是现场照明不佳。传统有轨运输巷道设计中，排水沟和轨道并行，因水沟淤泥、变形等因素，常出现积水淹没轨道渗透道基致使翻浆，造成轨道变形，另外还存在顶板渗水等情况，也易造成积水等问题，对车辆安全运行形成极大隐患。在此环境下，车辆掉道等异常概率大幅增加，对无人驾驶电机车而言，最大的保障就是避免掉道，因此，巷道空间排水问题必须满足无人驾驶电机车运行要求。

电机车无人驾驶技术应用加大了对现场设备保障的依赖，传统的现场荧光灯照明既浪费电能，照明效果又不好，远程摄像头图像质量大打折扣，易影响设备设施的点检维护成效，因此，良好的现场照明也是保障电机车无人驾驶系统长期稳定运行的重要条件。

(1) 排水系统优化

轨道基础的稳固是保障车辆平稳运行的必要因素之一，也是实现无人驾驶运行的先决条件，而巷道的干燥、无积水是保障轨道基础稳固的重要条件。

矿井水主要由伴随矿井开采而产生的渗透水、岩石孔隙水、矿坑水、地下含水层的疏放水，以及井下生产防尘、灌浆、充填、返修及工程建设所产生的污水。通常，矿井水 pH 值在 7～8 之间，属弱碱性，但是含硫的矿井水，其 SO_4^{2-} 离子较多，大都是酸性水。在含硫矿井中，由于矿石或围岩及含硫矿石中含有硫化矿物，这些矿物经氧化、分解并溶解在矿井水中，形成酸性水。龙首矿镍矿属于硫化铜伴生镍矿，开采过程中多伴有酸性水的产生，一旦出现巷道积水过多的情况，将会对长期浸泡在水里的轨道、枕木及其附属配件造成严重的腐蚀，也就进一步导致车辆的安全运行无法保障。

在有轨运输巷道设计之初，污水多采用排水沟的方式进行排泄，如图 4-13 所示，排水沟将各个地方的污水集中汇集到沉淀池或蓄水池，通过泄水钻孔流入下一水平集中回收，或通过水泵抽送至地表废水回收站进行处理后二次利用。

但排水沟在实际应用中有诸多因素影响其功能，如由于井下地压变化所引起的排水沟变形开裂、同一运输水平高差反向不协调导致逆流或杂物堵塞造成淤积等因素，均是导致有轨运输巷道底板积水过多的原因。

为解决排水沟功能性缺失的问题，避免井下污水对运输轨道基础的损坏，为无人驾驶车辆提供稳定、良好的运行环境，将排水系统由明沟改为暗管是最佳的解决方案。

将同一运输水平污水排泄系统由排水明沟改造为排水暗管，如图 4-14 所示，蓄水池以潜污泵作为动力源，在每一处潜污泵安装地点搭建安装支架，水泵出水管通过变径接头与排水管接通，排水管路采用 4 英寸流体管，每 6 m 使用法兰连接，在巷道内风、水管下方平行铺设，同时与巷道底板间距不小于 300 mm，每 3 m 做梁支撑，梁支撑采用槽钢与螺纹钢，槽钢通过钢板和膨胀螺栓固定于巷道侧帮；潜水泵采用“本地”和“远程”两种控制方式，水仓同时加装浮球开关，达到既定水位时水泵自动停止工作，保障水泵不会空负荷运行。

(2) 巷道顶板渗水治理

巷道顶板渗水也是造成路面积水、影响轨道安全运行的因素之一，一般情况下，渗水较多的点位往往是固定的，缺点是集中渗水点处轨道基础会出现频繁软化松动，但好的一方面是可以集中治理。

如图 4-15 所示，在巷道顶板渗水处加装密闭小水箱，水箱下方开口接导流

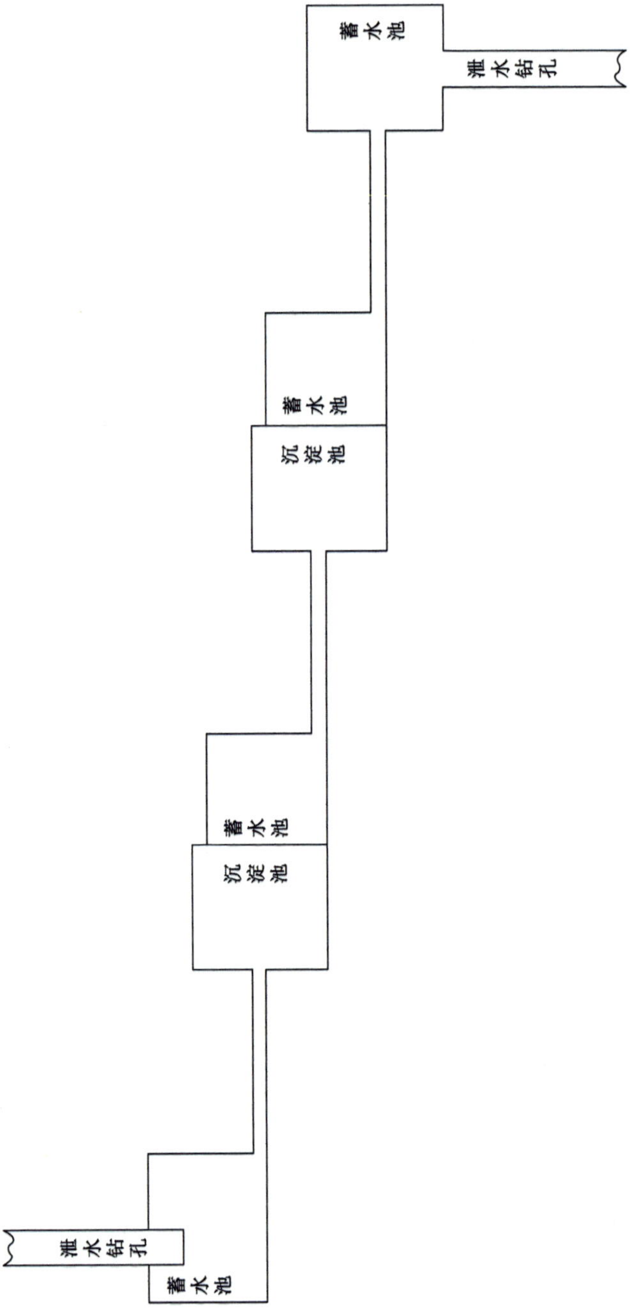

图 4-13　巷道排水系统结构示意图

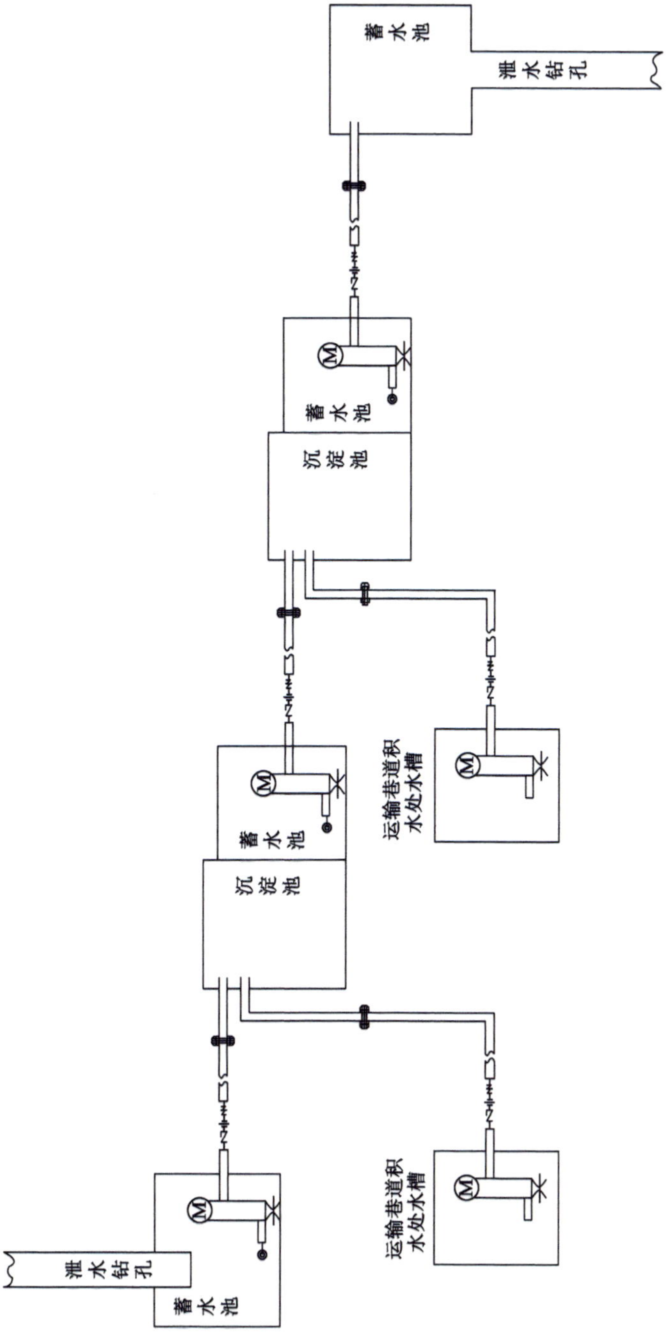

图 4-14　巷道暗管排水系统结构图

管，导流管采用耐腐蚀性能良好的聚四氟乙烯软管，聚四氟乙烯软管出水端搭接至排水管中，与污水集中排放至沉淀池或蓄水池内。

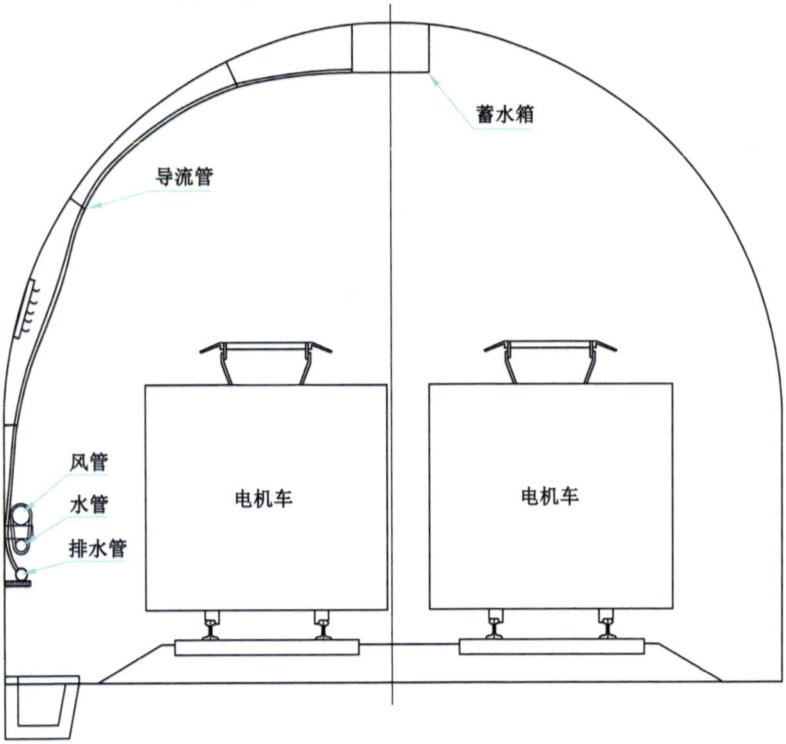

图 4-15　巷道顶板渗水问题解决方案示意图

(3) 巷道照明优化

良好的照明条件既是车辆运输安全的重要保障，又是行人安全的重要保障。大部分金属矿属于老矿山，建矿时间久，运输巷道照明也随着时代的进步、科技的发展逐渐更新，从最原始的钨丝灯到目前的普通日光灯，但普通日光灯从能耗性、稳定性、光源亮度各方面也已不满足照明要求。

同时，在无人驾驶运行工艺的要求下，现场车辆行驶线路、车辆运行动态、道岔状态、远程放矿操作、异常状况判断等均需视频监控，若现场照明条件不充足，则会大大影响远程操作人员对现场环境的判断，轻者误操作影响生产组织，重者则会发生设备事故，造成较大的经济损失。

如以上所述，现代矿山安全生产的保障极大程度上依赖设备设施的完好性，良好的照明恰恰是岗位人员在检、维、修作业过程中的质量保证，因此，井下巷道良好的照明也是现场保障设备设施稳定运行重要基础条件。

同时，新的运输工艺也应匹配高标准的现场运输环境。自矿山发展以来，矿山企业给社会大众的第一印象是现场作业环境恶劣，因而改变这种潜在观念也是现代矿山所承担的社会责任，明亮的作业环境则是最直接、最有效的做法之一，在媒体的大力宣传下，不仅可以转变大众对矿山企业的固有印象，也可以实实在在改善岗位职工的作业环境，进一步提高现场环境标准。

综上所述，照明条件优化是实现有轨运输系统无人驾驶智能化管控的必要条件之一。根据市场调研，LED 隧道灯在各方面均有着良好的表现，LED 隧道灯具有以下优势：

① 节约电能。与日光灯相比，LED 灯在同样的亮度下可以节能 80%以上，所散发的光照也更加明亮。

② 使用寿命长。目前 T8 型号的普通日光灯寿命为 8 000 h，LED 灯的理论寿命长达 5 万～8 万 h。

③ 环保。长时间点亮，其光谱中没有紫外光和红外光，既无光污染，也没有光辐射，可减少二氧化碳、二氧化硫及其他有害物质化学成分的排放。

④ 安装方便。可在普通的日光灯支架上直接安装。

改造方案：将井下有轨运输巷道普通日光灯统一更换为 LED 隧道灯，两灯安装间距不大于 10 m，弯道处间距为 5 m。

4.2　轨道运输线路

轨道是有轨运输系统最关键的基础设施，轨道线路由下部建筑、上部建筑两部分组成。如图 4-16 所示，下部建筑是主要巷道底板和水沟，上部建筑是钢轨、连接零件、轨枕和道床。

在下部建筑中，地壳活动、季节变换、温度变化等因素容易造成巷道底板鼓包、变形等问题，这在井下有轨运输水平尤其是深部水平几乎是不可避免的。一般情况下，可通过巷道返修、拉底降道等方式解决。水沟则存在着变形、开裂、堵塞等问题，一方面可通过修缮解决，另一方面在 4.1 节中已经提出了相对长久的解决方案，即对排水系统进行暗管优化改造。总体来说，下部建筑中不利于车辆安全稳定的因素多属于外部不可抗拒因素。

在上部建筑中，轨枕和道床是轨道铺设的基础，而轨道及其连接件的规范铺设及配合是车辆平稳运行的保障，上部建筑中任何一个环节不达标都有可能造成车辆掉道。具体表现在轨枕及道床的铺设要求、轨距、轨道线路坡度、轨道曲线半径、曲线段轨道加宽、曲线段轨道外轨抬高、道岔及转辙机等方面。

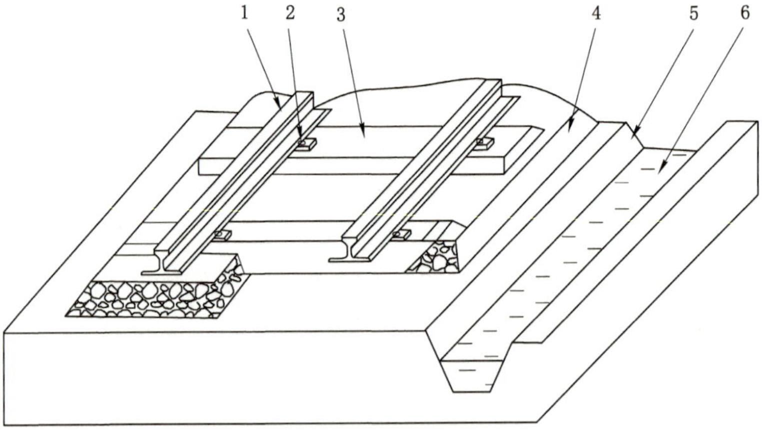

1—钢轨；2—道钉；3—轨枕；4—道床；5—底板；6—水沟。

图 4-16　轨道结构图

4.2.1　轨枕及道床

4.2.1.1　道床

道床是轨道重要的支撑，也是车辆稳定运行的保障，如图 4-17 所示，道床主要由道砟石、道木等组成。

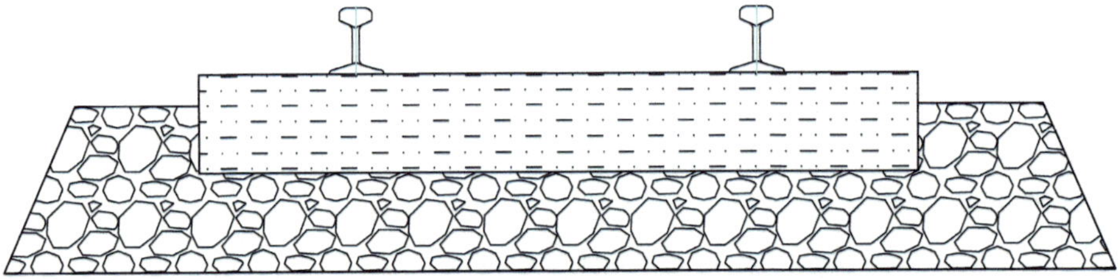

图 4-17　轨道基础断面图

(1) 道砟(道床)的作用

① 分散压力：将轨枕下的压力分散并传于路基，使路基面的应力均匀并小于其允许强度。

② 约束轨道框架：提供道床阻力以约束轨道框架，保持轨道的方向、高低等几何位置。

③ 增弹减振：提供轨道所需要的弹性和阻尼，衰减列车通过时产生的振动，避免过大的动作用力传到路基等下部结构上。

④ 排水：道床所使用的透水性材料可提供良好的排水性能，对提高路基的承载能力有着重要的作用。

⑤ 方便维修养护：轨道在行车过程中产生的不平顺及方向不良可以通过调整枕下碎石加以完善。

（2）铺设要求

① 道床材料必须质地坚韧，吸水度低，不易风化，不易破碎。最好的道床料是碎石，不应混有软岩、泥土或杂物。

② 为便于日常人工处理，碎石料粒度选为 20～40 mm。

③ 道床应铺平砸实，无浮枕。

④ 道床应有适当厚度，轨枕埋入道砟深度应不少于轨枕厚度的 2/3，轨枕底面下的道砟厚度不应小于 100 mm，以使路基面受力均匀且基面应力小于其允许限度。

4.2.1.2　枕木

（1）枕木的作用

① 承受钢轨传来的载荷，并将它传递到大面积的道砟上。

② 固定钢轨，缓冲车辆运行时的振动，保证车辆平稳而安全地运行。

（2）枕木的分类

枕木按材质可分为木制枕木、钢筋混凝土枕木及钢制枕木。

木制枕木弹性好，质量轻，制作简单，绝缘性能好，扣件与木枕连接简单，铺设和养护维修、运输方便，木枕与碎石道砟之间有较大的摩擦系数；但其使用年限较短，消耗木材量大。为有效延长使用寿命，木制枕木一般经过注油防腐后使用。龙首矿有轨运输线路采用的即是经过防腐处理的木制枕木，经实践使用证明，其使用寿命基本达到预期。

（3）枕木的要求

① 轨枕间距偏差不应超过±100 mm，中间枕距为 600～700 mm，过渡枕距为 500～600 mm，接头枕距为 400～500 mm。

② 轨枕中心线与轨道中心线宜一致，其偏差不应超过±300 mm。

4.2.1.3　轨距

轨距是指直线轨道上，两根钢轨轨头内缘在垂直于中心线方向的距离，用 S_g 表示。我国金属矿常用的标准轨距有 600 mm、762 mm、900 mm 等。

为使车辆的轮对在沿着钢轨滚动时不会被楔住，轨顶内侧垂直平面与车轮轮缘之间必须留有一定的间隙（图 4-18 中游隙 X），间隙一般不超过 10 mm，避免轨距过大造成车辆掉道。同时为保持直道处的轨距，应最少每隔 20 m 加装一道轨距拉杆。

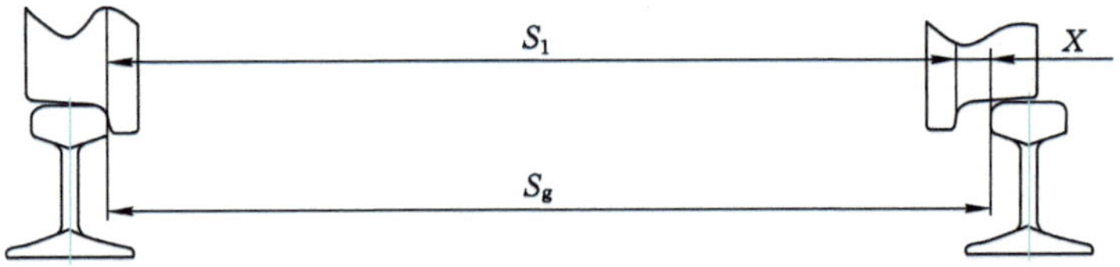

S_1—轮缘距；S_g—轨距；X—游隙。

图 4-18 轨道基础断面图

4.2.2 轨道线路坡度

轨道线路的坡度是指线路纵断面上相邻两点的高度差与这两点之间水平距离之比，通常用 i 表示。轨道线路的坡度主要是由井下排水的需要决定的，一般为 3‰～10‰。如果坡度小于 3‰，巷道排水比较困难；坡度过大，电机车难以牵引矿车上坡运行，且制动困难，存在较大的安全隐患，轨道与车辆轮缘磨损严重。

坡度计算公式如下：

$$i=\frac{1\ 000(H_2-H_1)}{L}$$

式中 H_1——一条线路的起点标高；

H_2——一条线路的终点标高；

L——两点间的水平距离；

i——两点之间的坡度。

以龙首矿 1703 水平有轨运输线路为例，选取混合井平硐口一点标高为 1 702.1 m(即 H_1)，混合井放矿机处海拔约为 1 705.5 m(即 H_2)，混合井平硐口与混合井放矿机之间水平距离约为 960 m(即 L)，代入公式计算得 3.54‰，因此混合井平硐口至混合井放矿机处的坡度为 3.54‰，符合轨道线路坡度要求。

4.2.3 轨道曲线半径

车辆在弯道上运行时，离心力的作用使轮缘与轨道之间的阻力增加，而离心力和弯道阻力的大小与车辆运行速度、弯道半径和车辆轴距等因素有关。因此，最小弯道半径应根据车辆运行速度和轴距大小来确定。

根据《金属非金属矿山安全规程》(GB 16423—2020)的规定，运输线路曲线半径应符合下列规定：

① 行驶速度不大于 1.5 m/s 时，不小于车辆最大轴距的 7 倍。

② 行驶速度大于 1.5 m/s 时，不小于车辆最大轴距的 10 倍。

③ 线路转弯大于 90°时，不小于车辆最大轴距的 10 倍。

④ 采用 6 m^3 以上大型车辆运输时，不小于车辆固定轴距的 20 倍。

⑤ 采用无人驾驶电机车运输时，不小于车辆固定轴距的 20 倍。

综上，为满足无人驾驶车辆安全运行需求，应保证轨道曲线半径不小于车辆固定轴距的 20 倍。

进一步可验证出具体弯道处所需的最小弧长及切线长度是否满足安全运行要求，如图 4-19 所示。

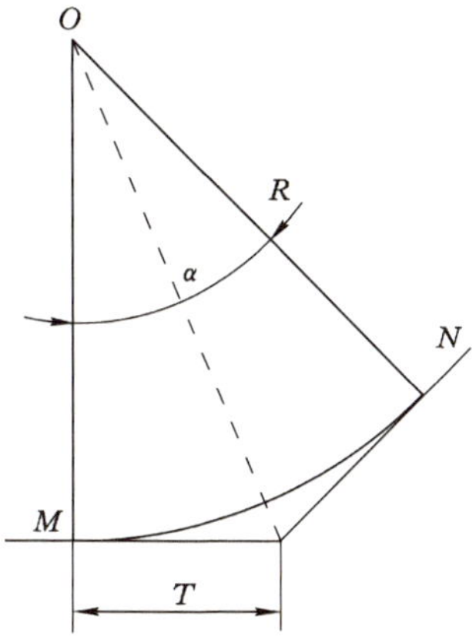

图 4-19　轨道曲线半径示意图

弧长：
$$L=\frac{\pi\alpha R}{180^\circ}$$

切线长度：
$$T=R\tan\frac{\alpha}{2}$$

式中　α——中心角，(°)；

R——曲线半径，m。

同时，为保持弯道处的轨距，必须每隔 1.5～3 m 加设一道轨距拉杆，并安设同轨型的护轨，护轨长度不得小于 3 m，并高出主轨 15～20 mm。

4.2.4　曲线段轨道轨距加宽

列车行经曲线段时，由于机车车辆走行部的轴距是固定的，固定轴距间的轮缘呈直线进入曲线，这样车轮的轮缘将与轨道相互接触。如果轨距不变，将会出现车辆的前后、内外轮的轮缘都将与轨道内侧相接触，车轮与钢轨要产生很大的摩擦力，大大增加运行阻力，甚至车轮出现被楔住的现象。为了防止车轮与钢轨之间产生楔位内接现象，减小轮与轨之间摩擦力及横向作用力，曲线轨距要加宽。

加宽轨距时，外轨不动，只将内轨向弯道曲线中心方向移动规定的距离。

轨距的加宽是在与曲线段两端相衔接的直线段逐渐进行的，到曲线段与直线段的切点上，轨距就加宽到规定数值，在整个曲线段内应保持规定的加宽值。从直线段开始加宽轨距点起到直线段与曲线段的切点止的线路长度，称为轨距加宽递减距离。轨距加宽递减距离一般按轨距加宽值的 100～300 倍计算。

机车车辆车架或转向架通过曲线轨道时，所占有的位置由轮轨间相互作用力的平衡条件和游隙大小确定。应当指出，机车车辆以斜接条件通过曲线轨道时，会引起过大的蛇行运动，而以楔接条件(楔形内接)通过曲线轨道时，又会增加列车的行车阻力和钢轨的侧面磨耗，因而都是不可取的。毫无疑问，自由内接是机车车辆通过曲线轨道的最有利方式，但机车和车辆的固定轴距长短不一，不能实现全部自由内接通过。为此，确定轨距加宽必须满足如下原则：

① 保证占列车大多数的车辆能以自由内接形式通过曲线。

② 保证固定轴距较长的机车通过曲线时，不出现楔形内接，但允许以正常强制内接形式通过。

③ 保证车轮不掉道，即最大轨距不超过允许限度。

如图 4-20 所示，车辆以自由内接形式通过曲线时，前轴外轮轮缘与外轨的作用边接触，后轴占据曲线垂直半径的位置，则自由内接形式所需最小轨距为：

$$S_f = q_{max} + f_0$$

式中 S_f——自由内接所需轨距，mm；

q_{max}——车辆最大轮缘距，mm；

f_0——外矢距，其值为 $f_0 = \frac{L^2}{2R} \times 1\,000$，其中 L 为车辆固定轴距(mm)，R 为曲线半径(m)。

则
$$S_f = q_{max} + \frac{L^2}{2R} \times 1\,000$$

曲线轨距加宽值参考表 4-2。

表 4-2　曲线轨距加宽值

轴距/mm	内轨加宽值/mm									
	5	10	15	20	25	30	40	50	5～100	10～200
	曲线半径/m									
500～1 100	10	10	10	5	5	5	10	10	10	5
1 100 以上	15	15	15	15	15	10	10	10	10	5

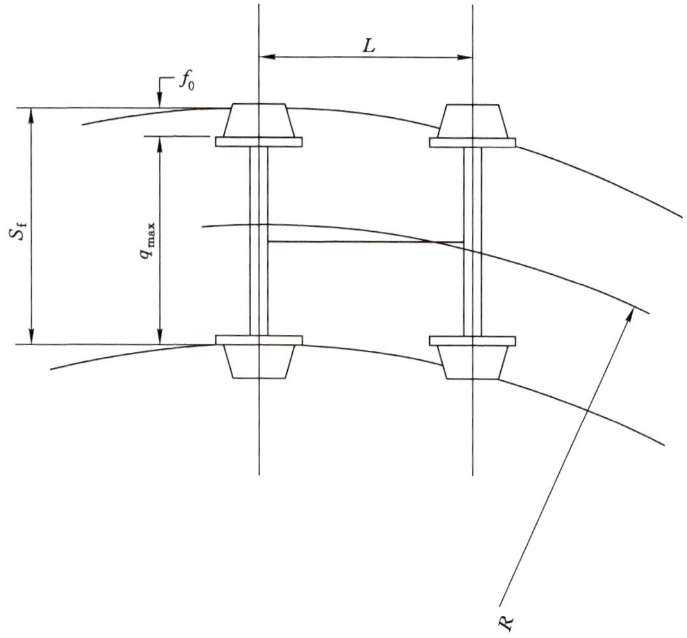

图 4-20　轨道曲线段模型示意图

以龙首矿在用 4 m^3 侧卸式矿车为例，矿车轴距为 1 300 mm，即 $L=1\ 300$ mm，无人驾驶要求其曲线半径不小于车辆固定轴距的 20 倍，取 $R=40$ m，电机车最大轮缘距 $q_{max}=762$ mm，将数据代入 $S_f=q+\frac{L^2}{2R}\times 1\ 000$ 中得：

$$S_f=762+\frac{1.3^2}{2\times 40}\times 1\ 000=783.1\ (\text{mm})$$

故在无人驾驶安全运行要求下，4 m^3 矿车在曲线段行驶时所要求的最小轨距为 783.1 mm，取整为 785 mm。

4.2.5　曲线段轨道外轨抬高

列车在曲线段运行时，将产生作用于车辆重心的离心力，使车轮轮缘挤压外轨或内轨，导致轮缘和钢轨的磨损更加严重，运行阻力增大，严重时发生脱轨甚至翻车事故。为消除离心力的影响，应将外轨抬高，借助车体内倾的向心力来平衡车辆运行时产生的离心力，使内、外钢轨所承受的压力相等，以保证车辆平稳运行，如图 4-21 所示。

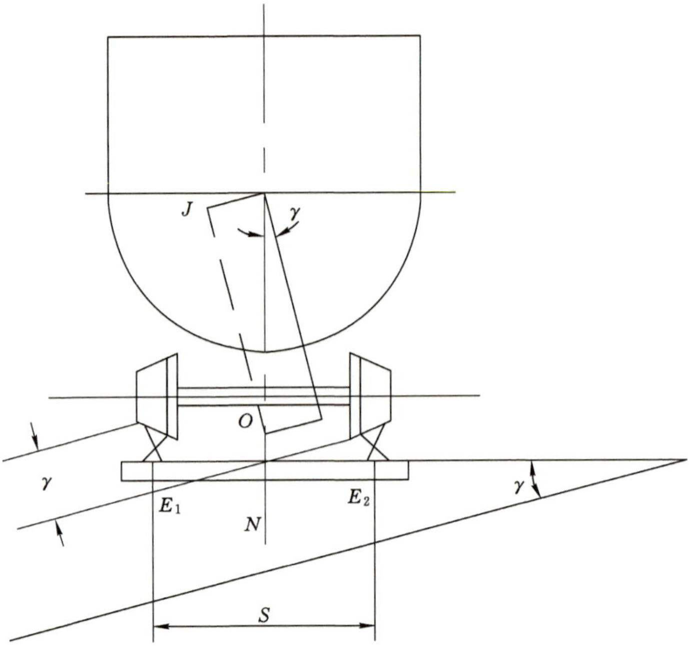

图 4-21　曲线外轨抬高示意图

如图 4-21 所示，列车运行在曲线段时，离心力计算公式如下：

$$J=\frac{Gv^2}{gR}$$

式中　J——离心力，kg；

G——车辆质量，kg；

v——行车速度，m/s；

g——重力加速度，取 9.81 m/s^2；

R——曲线半径，m。

$$\tan r=\frac{J}{G}=\frac{h}{S}$$

由上式变换为：

$$h=\frac{SJ}{G}=\frac{S}{G}\cdot\frac{Gv^2}{gR}=\frac{Sv^2}{gR}$$

式中 S——已经加宽的轨道轨距，mm；

h——轨道抬高距离，mm。

其中 g 取 10 m/s^2 时，$h=\dfrac{100Sv^2}{R}$（mm）。

以龙首矿 1703 水平为例，轨道轨距为 762 mm，有一弯道处轨距加宽后为 785 mm，即 $S=785$ mm，车辆运行最高速度为 3.33 m/s，即 $v=3.33$ m/s，曲线半径 $R=40$ m，将数据代入公式得：

$$h=\frac{100Sv^2}{R}=\frac{100\times 7\ 825\times 3.3^2}{40\times 1\ 000}=21.37\ (\text{mm})$$

取整 $h=22$ mm。

故此弯道处外轨抬高 22 mm 才能满足安全运行的基本要求。

4.2.6 道岔及转辙机

道岔是引导单个矿车或列车从一条线路驶向另一条线路的转向装置，轨道线路通常由若干直线段和若干曲线段连接而成，线路的连接通常用道岔。在金属矿山有轨运输系统中，如图 4-22 所示，用到的道岔有单开道岔（左开和右开）、对称道岔、渡线道岔和菱形道岔。

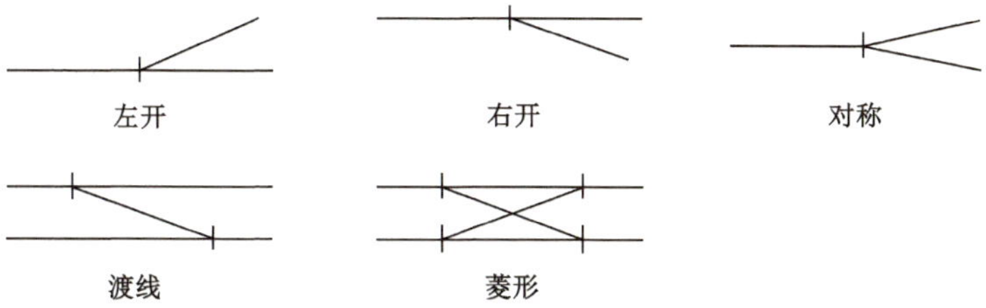

图 4-22 道岔类别示意图

4.2.6.1 道岔的选择

选择道岔时应考虑：

① 与行驶车辆的类别相适应。多数标准道岔都能行驶电机车和矿车，少数标准道岔由于曲线半径过小或岔心角过大，只能允许行驶矿车。

② 与车辆的行驶速度相适应。有的道岔允许行驶速度可在 1.5～3.5 m/s 之间，而有的道岔则限制在 1.5 m/s 以下；一般曲线半径越小，岔心角越大，允许车辆行驶的速度就越小，具体可参照表 4-3。

表 4-3　道岔标准数值对照表

机车质量/t	机车车辆最小转弯半径/m	平均运行速度/(m/s)	轨距/mm		
			600	762	900
			道岔型号		
>2.5	5	0.6～2.0	1/3	1/3	
3～4	5.7～7	1.2～2.3	1/4	1/4	
6.5～8.5	7～8	2.9～3.5	1/4	1/4	
10～12	10	3.0～3.5	1/4	1/4	1/4
14～16	10～15	3.5～3.9	1/5	1/5	1/5
16～20	10～15	3.5～3.9	1/5	1/5	1/5

4.2.6.2　道岔和曲线间的连接计算

(1) 单开道岔非平行线路计算

如图 4-23 所示，单开道岔非平行线路尺寸可通过计算获得。

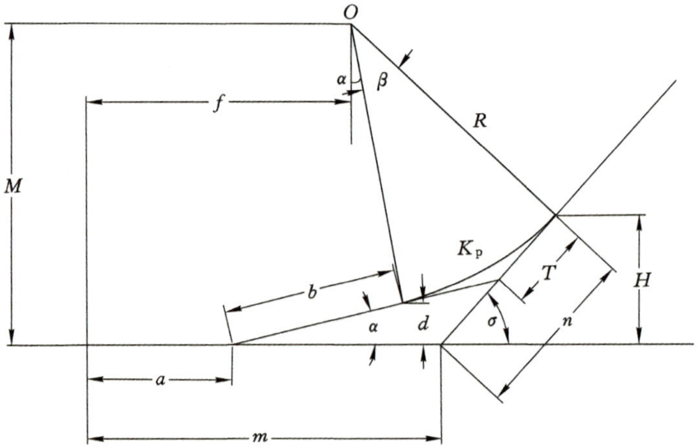

图 4-23　单开道岔非平行线路尺寸联系图

$$\beta = \delta - \alpha$$

$$T = R\tan\frac{\beta}{2}$$

$$m = a + (b + T)\frac{\sin\beta}{\sin\delta}$$

$$d = b\sin\alpha$$

$$M = d = R\cos\alpha$$

$$H = M - R\cos\delta$$

$$n = \frac{H}{\sin\delta}$$

$$f = a + b\cos\alpha - R\sin\alpha$$

式中　δ——侧线中心线与直线中心线的夹角；

β——道岔侧线中心线与侧线中心线连接曲线的转向角；

α——辙叉角；

T——连接曲线的曲线长；

R——曲线半径；

m——道岔前端至侧线中心线与支线中心线交点的距离；

a——道岔前长；

b——道岔后长；

d——道岔前端与两线中心线的垂直距离；

M——道岔直线中心线至连接曲线圆心点的垂直距离；

H——连接曲线的终点至直线中心的垂直距离；

n——连接曲线终点至侧线中心线与直线中心交点的距离；

f——道岔前端至连接曲线圆心点平行道岔直股的直线距离。

(2) 单开道岔平行线路计算

如图 4-24 所示，单开道岔平行线路尺寸可通过图示计算获得。

$$B = S\cot\alpha$$

$$m = \frac{S}{\sin\alpha}$$

$$T = R\tan\frac{\alpha}{2}$$

$$c = n - b$$

$$L = a + B + T$$

式中　B——道岔中心点至连接曲线切线交点垂直于直交轨道的直线距离；

m——道岔中心点至连接曲线切线交点的距离；

n——道岔中心点至连接曲线切线始点的距离；

c——道岔侧线尾端至连接曲线始点的距离；

S——两平行线路间的垂直距离；

L——道岔前端至连接曲线终点垂直于直股轨道的直线距离。

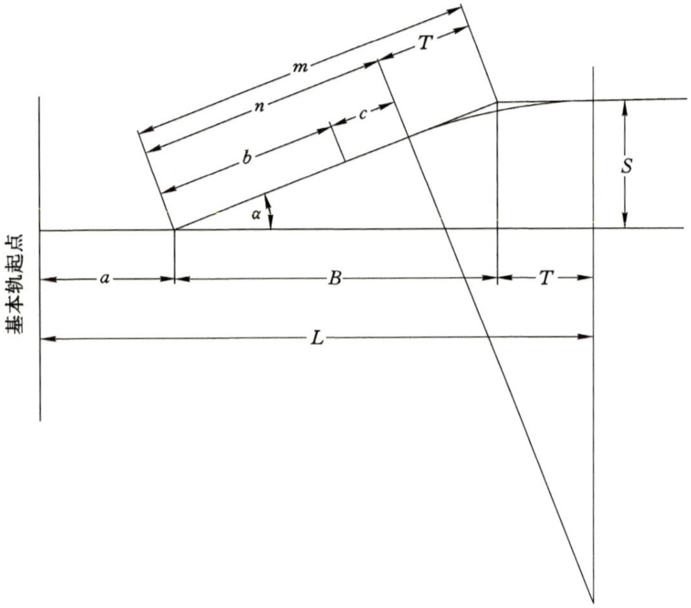

图 4-24　单开道岔平行线路尺寸联系图

(3) 渡线道岔线路计算

如图 4-25 所示,渡线道岔线路尺寸可通过计算获得。

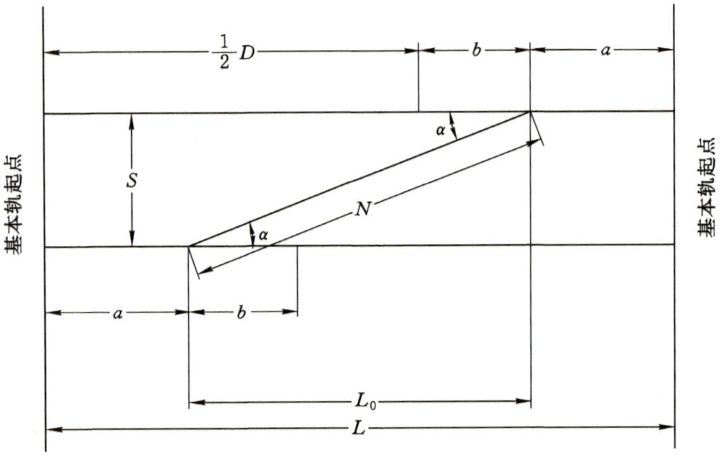

图 4-25　渡线道岔线路尺寸联系图

$$L_0 = \frac{S}{\tan \alpha}$$

$$L = 2a + L_0$$

$$D = 2(L - a - b)$$

$$N = \frac{S}{\sin \alpha}$$

式中　L_0——两组渡线道岔中心点平行于直股轨道的直线距离；

L——两组渡线道岔前端平行于直股轨道的直线距离；

L——两组渡线道岔中心点的斜线距离。

(4) 单开道岔垂直三角道岔线路计算

如图 4-26 所示，单开道岔垂直三角道岔线路尺寸可通过计算获得。

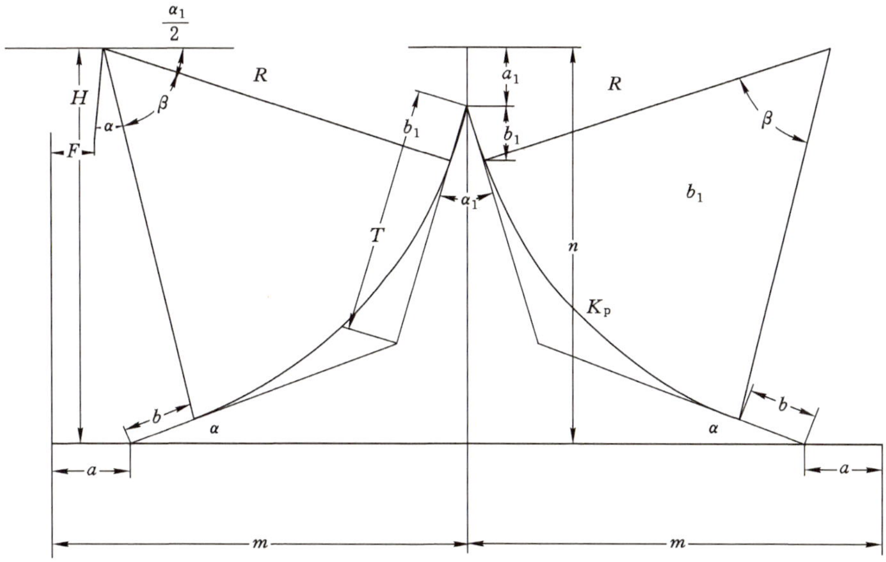

图 4-26　单开道岔垂直三角道岔线路尺寸联系图

$$b_1 = \frac{b_1}{\cos \frac{\alpha_1}{2}}$$

$$H = R\cos \alpha + b\sin \alpha$$

$$F = a + b\cos \alpha - R\sin \alpha$$

$$T = R\tan \frac{\beta}{2}$$

$$\beta = 90° - \left(\alpha + \frac{\alpha}{2}\right)$$

$$m = a + (b + T)\cos\alpha + (b_1 + T)\sin\frac{\alpha_1}{2}$$

$$n = a_1 + (b_1 + T)\cos\frac{\alpha_1}{2} + (b + T)\sin\alpha$$

式中 b_1——对称道岔后部侧线长度；

H——直线中心线至对称道岔连接曲线圆心点的垂直距离；

F——道岔前端至连接曲线圆心点平行于直股轨道的距离；

m——道岔前端至对称中心线的距离；

n——对称道岔前端至直线线路中心线的距离。

4.2.6.3 转辙机

在传统有轨运输系统中，通常以扳道器来改变道岔开通方向，但人工现场操作的方式已然不满足无人驾驶模式下道岔自动切换方向的需求，因此，以电动转辙机来替代扳道器是最佳选择，也是时代发展、科技进步的应有之义。

转辙机是可靠的转换道岔位置、改变道岔开通方向、锁闭道岔尖轨、反映道岔位置的重要信号基础设备，如图4-27所示，它可以很好地保证行车安全，提高运输效率，改善行车人员的劳动强度。

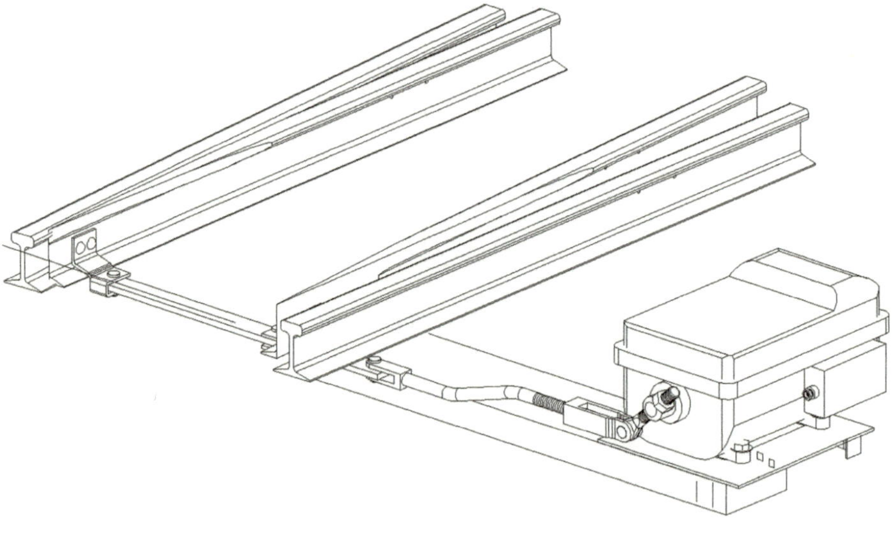

图4-27 道岔转辙机安装示意图

转辙机直接关系到有轨运输的安全，因此，转辙机的功能与质量必须满足以下基本要求：

① 转辙机应有足够大的转换力，在解锁状态下，能带动道岔尖轨转换位置；当尖轨受阻不能转换到底时，在操作员的操纵下能随时使道岔尖轨回到原位。

② 当道岔尖轨与基本轨之间没有达到规定的密贴程度时，不应进行锁闭；一旦锁闭，应保证道岔不因列车通过时的振动而解锁移位。

③ 转辙机要能正确反映道岔的位置，只有当道岔尖轨与基本轨之间达到规定的密贴程度并锁闭道岔后，才能发出道岔相应位置的信号。

④ 道岔被挤后，应有挤岔信号，转辙机不经人工恢复，不能再转换道岔。

⑤ 为保障转辙机基础稳固，安装时应以混凝土作为基础，以螺栓进行连接。

4.2.6.4　双轨距轨道对称式自由切换道岔

该型道岔属特例，主要针对龙首矿 1340 水平中段设计，其原型或其变形可推广应用，故本节做详细介绍，供大家参考。

在龙首矿有轨运输系统井下 1340 水平中段，同一运输水平需要承担两种不同物料的转运，所对应的转运设备及线路均不同，其中就轨道线路而言，包含 762 mm 轨距和 600 mm 轨距两种轨道线路，这两种轨道线路一般而言是分开独立铺设的，但在巷道空间不足的有轨运输水平，同一断面铺设两种轨距轨道线路无法实现，因此只能通过研究同一轨道线路来实现两种轨距的车辆运输。

在直线、曲线段，只需要两根钢轨组成 600 mm 轨距，再由一根钢轨与第一根 600 mm 轨距钢轨组成 762 mm 轨距即可。但是在经过两个对称的单开道岔时，第三根钢轨只能安装在道芯对面轨道外侧，不能在道芯一侧通过，需要在第三根钢轨经过道岔前改变轨道位置，这样才能使车辆正常通过道芯。

通过研究发现，在两组对称的单开道岔中间安装一组活动岔尖可实现两组单开道岔的铺设需求及换向需求，从而满足在有限空间内通过同一轨道线路实现两种轨距车辆运输的需求。

如图 4-28 所示，当活动岔尖与基本轨道分离时，762 mm 轨距轨道运输线路处于可运行状态；当活动岔尖与基本轨道贴合时，600 mm 轨距基本轨道实现换向，运输线路处于可运行状态。

4.2.6.5　道尖限位装置

车辆通过道岔时，存在以下两个可能造成车辆掉道的因素：

① 由于转辙机或扳道器与道尖连接的连杆活动较频繁，紧固件容易出现松动，车辆在通过道岔时，道尖开程出现变化，从而道尖与基本轨间隙较大，不能有效贴合，容易造成车辆掉道。

② 在车辆通过道岔时，车辆作用于道尖的纵向作用力使道尖出现“抬头”现象，导致后面车轮与道尖产生正面冲击，从而使车辆掉道。

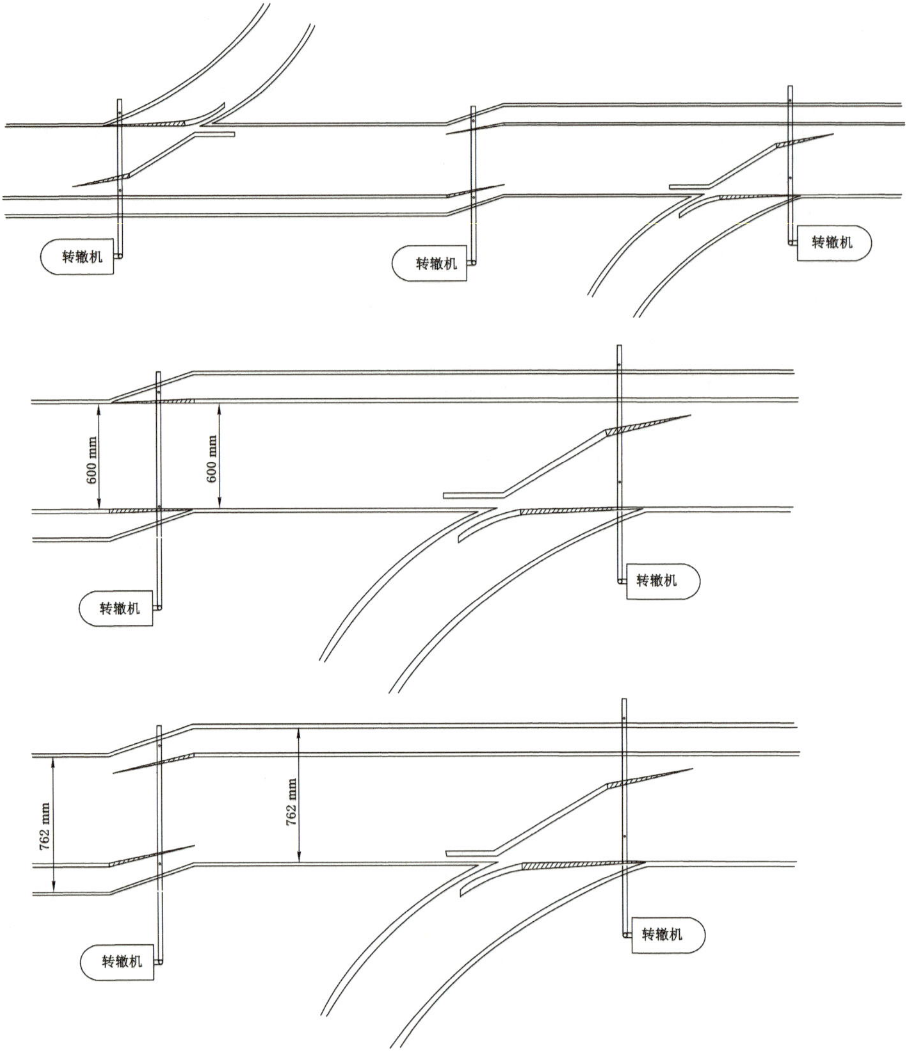

图 4-28　对称道岔结构示意图

如图 4-29 所示，道尖限位装置主要由定位槽钢、固定螺栓组成。定位槽钢对道尖的开程以及纵向的活动起到横向及纵向的限位作用；固定螺栓将定位槽钢与岔尖固定连接在一起，成为一个整体，起到加固并增强稳定性的作用。

4.2.7　轨道线路优化

运行工艺是有轨运输系统安全生产的基础，传统有轨运输系统需人员现场

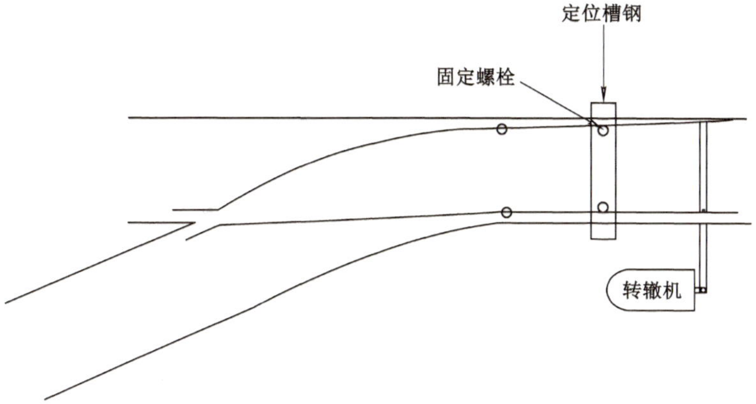

图 4-29　道尖限位装置结构示意图

操作。运行工艺除受现场环境和生产需求的限制外，还要受制于人员操作方面的影响，即轨道线路满足车辆基本运行要求外，还需要满足人员操作便利的要求。所以，传统有轨运输系统道岔重复布置、线路交叉等情况较多，在带来便利性的同时，也给线路增加了道岔交叉等风险点。

电机车无人驾驶最大的特点就是现场无人操作，因此，可完全避免人员操作带来的安全风险。电机车无人驾驶技术应用后，运行工艺除受现场设备设施的限制外，更多的工艺来自软件系统的设定，在硬件、软件匹配化工艺条件下，工艺的改变不仅仅受硬件的约束，对硬件和软件的固化要求更高。

综上所述，新技术对运行工艺的要求，摒弃了有人驾驶工艺潜在的"方便"规则，充分满足了无人驾驶工艺"简化"和"固化"的要求。通过轨道线路优化、道路权限分配等方式，简化和固化了车辆运行线路，提高系统运行效率的同时规避了运行工艺差异带来的系统安全风险。

全面简化和固化系统工艺、减少线路交叉点是提高无人驾驶系统运行稳定性的重要保障。如图 4-30 所示，在 1703 水平运输工艺中发现，传统轨道线路为了倒车方便，长度为 2.2 km 轨道间布置了 6 个渡线道岔、1 个菱形道岔，道岔设置较多，车辆交叉频繁，造成的结果就是在方便系统备用的同时增加了隐患点，系统故障率增大，走入"备用"和"故障"相互交织的窘境，在 1100 水平运输工艺中发现，传统轨道线路为了倒车及车辆临时存放方便，在主干线上设置有 500 m 长的备用车道，备用车道同时兼有空车道属性，造成主要运行车道与巷道侧帮安全间距过小，无人驾驶电机车受电弓间距得不到可靠保障。

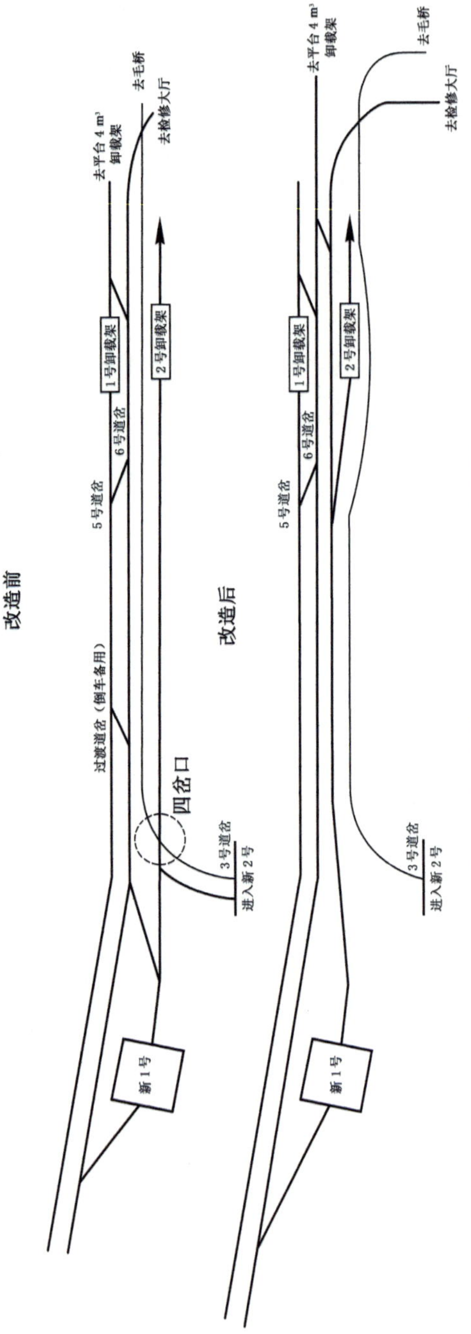

备注：1. 粗实线为 762 mm 轨距，550 V 直流架线；
2. 粗实线为 600 mm 轨距，250 V 直流架线。

图 4-30　1703 水平轨道线路改造示意图

采取的措施：在 1703 水平运输工艺中，保留 4 个渡线道岔，取消 2 个渡线道岔及 1 个菱形道岔，矿石拉运双线交叉并行改为空、重车单线循环运行，原来 16 个道岔改为 10 个；在 1100 水平运输工艺中，将双股道线路整合为一条轨道线路并放置于巷道中心，取消前后 2 个道岔，在无人驾驶系统设定的加持下，列车不仅满足运行中的置换需求，且满足单点卸载的工艺需求。

工艺简化后，车辆运行安全风险点大大减少，运行更加平稳顺畅，软硬件匹配保证了长周期的稳定，确保了系统的稳定性。图 4-31 为 1703 水平轨道改造后现场图。

图 4-31　1703 水平轨道改造后现场图

4.3　电机车滑触线

滑触线（架线）是电机车运行所需电流由牵引变电所输入的重要介质。目前，龙首矿有轨运输系统在用 FGLC-195/85 型号的钢铝合金电车滑触线，导电性能与耐磨性能均较好。

4.3.1 滑触线架设要求

滑触线在安装时涉及的零部件有钢铝合金电车滑线、吊线器、绝缘瓷瓶、花篮螺丝、抱箍、镀锌铁丝、分区绝缘器、分区开关等。井下滑触线安装如图4-32所示，地表滑触线安装如图4-33所示。滑触线在架设时应符合《金属非金属矿山安全规程》(GB 16423—2020)的相关规定。

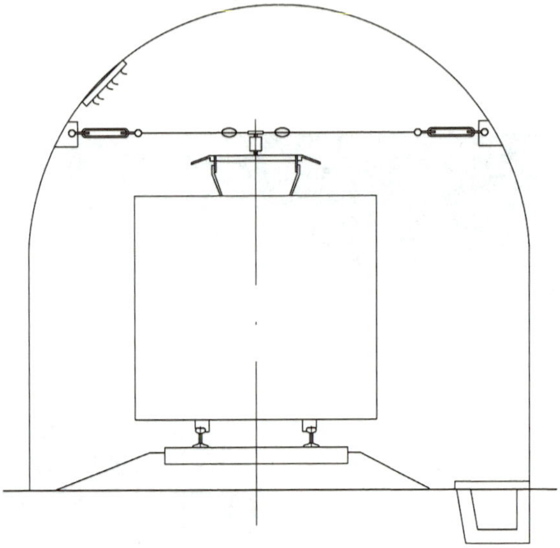

图4-32 井下滑触线安装结构示意图

① 架线式电机车的滑触线架设高度应符合下列规定：

a. 主要运输巷道，线路电压低于500 V时，不低于1.8 m；线路电压高于500 V时，不低于2.0 m。

b. 井下调车场、轨道与人行道交叉点，线路电压低于500 V时，不低于2.0 m；线路电压高于500 V时，不低于2.2 m。

c. 井底车场，不低于2.2 m。

d. 地表架线高度不低于2.4 m。

② 电机车滑触线架设应符合下列规定：

a. 滑触线悬挂点的间距，在直线段内不超过5 m，在曲线段内不超过3 m。

b. 滑触线线夹两侧的横拉线应用瓷瓶绝缘，线夹与瓷瓶的距离不超过0.2 m，线夹与巷道顶板或支架横梁间的距离不小于0.2 m。

c. 滑触线与管线外缘的距离不小于0.2 m。

d. 滑触线与金属管线交叉处应用绝缘物隔开。

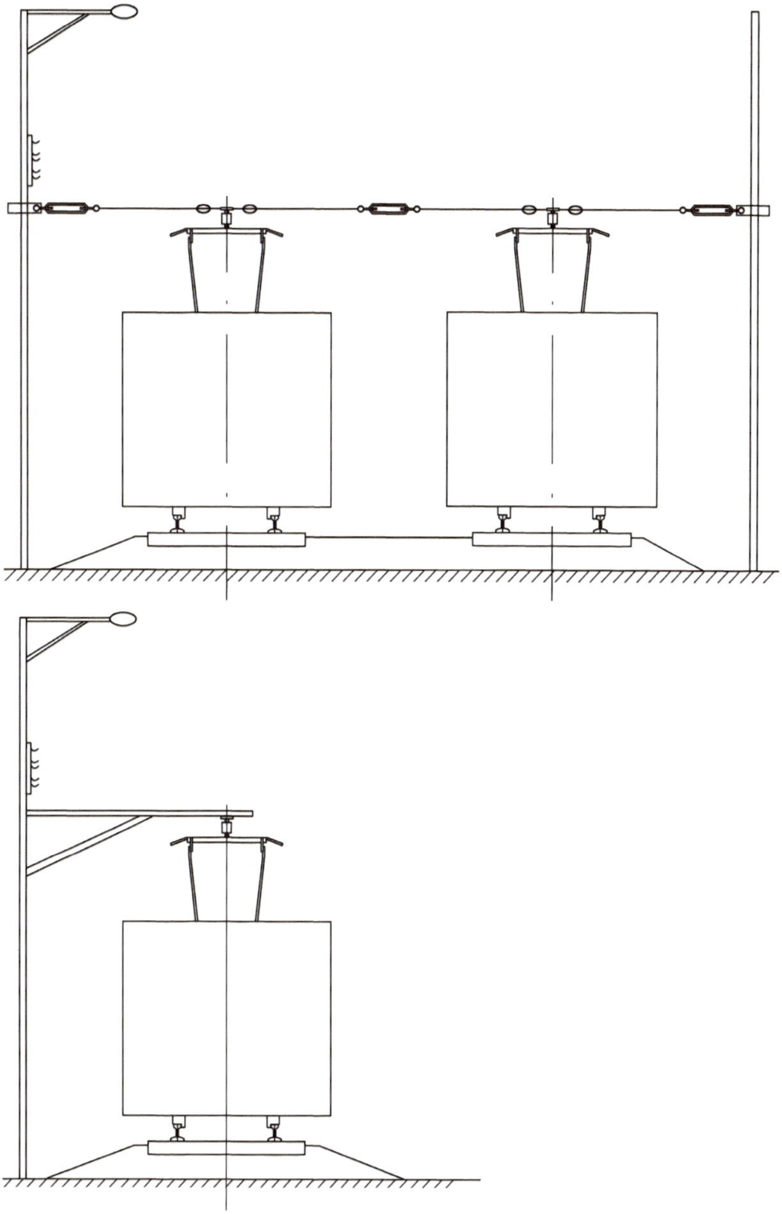

图 4-33　地表滑触线安装结构示意图

③ 电机车滑触线应设分段开关，每段距离不超过 500 m，每一条支线也应设分段开关。上下班时间，距井筒 50 m 以内的滑触线应切断电源。

4.3.2 Y 形滑触线横向硬连接固定装置

在有轨运输系统运行过程中，滑触线与轨道并行，在遇到道岔时，两路滑触线变为一路滑触线，形成一个 Y 形滑触线。

传统 Y 形滑触线没有相互间的稳定装置，在车辆运行至 Y 形滑触线交叉区域时，受电弓向上的张力致使直接接触滑触线向上位移，和另一根交叉滑触线间形成上下交错岔口，受电弓端部易钻入滑触线岔口，造成刮断滑触线或损坏受电弓的情况。

如图 4-34 所示，通过设计 Y 形滑触线横向硬连接固定装置解决了以上问题。装置由架体、限位板、拉线、吊线线夹、弹簧板、连接杆、卡柱、固定块、套筒、滑动柱、导向杆、L 形杆、橡胶垫、绝缘子等组成。

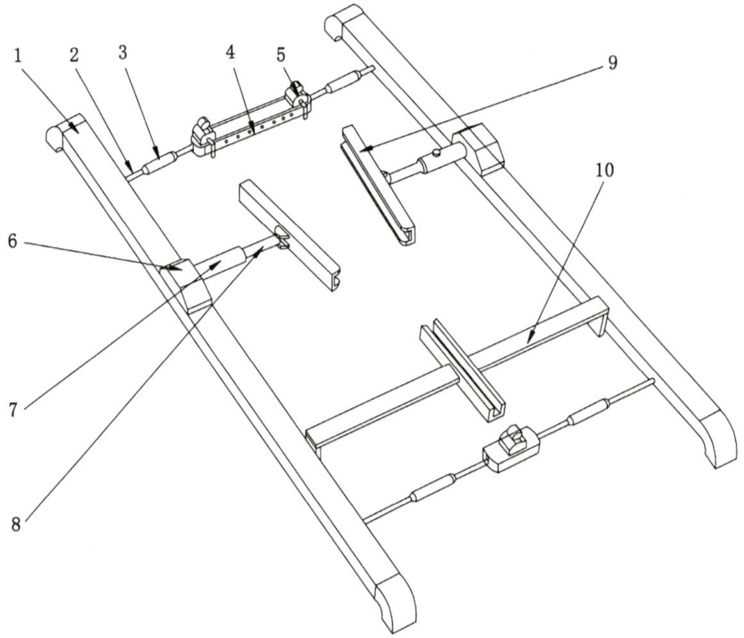

1—架体；2—拉线；3—绝缘子；4—限位板；5—吊线线夹；6—固定块；7—套筒；
8—滑动柱；9—导向杆；10—L 形杆。

图 4-34 Y 形滑触线横向硬连接固定装置

使用时，首先，拉动吊线线夹在限位板上滑动，对着刻度条调节两个吊线线夹之间的距离，并在弹簧杆的作用下使得卡柱卡进卡孔，从而对两个吊线线夹之间的距离进行固定，限制两条滑触线之间的间距并使两条滑触线之间变为硬连接。其次，将 Y 形滑触线分别从两个吊线线夹内穿过，再调节滑动柱插进套筒中的长度，从而调节两个导向杆之间的距离，以便适应两条滑触线之间的间距，并通过固定螺杆进行固定。再次，Y 形滑触线分别从两个导向杆内穿过，起到辅助固定的作用，拉线对限位板吊线线夹起到辅助横向稳定的作用，使限位板和吊线线夹能够与道岔位置高度配合，绝缘子起到防止接地的保护作用。

4.3.3　平滑式滑触线分区绝缘器

常规使用的分区绝缘器中间存在一定距离的空隙，且绝缘板下方有凸起，虽可以形成很好的分区绝缘，但架线式电机车受电弓在通过分区绝缘器时，存在绝缘板凸起冲击磨损问题，在高速运行情况下易出现受电弓损坏的情况。

一种平滑式滑触线分区绝缘器可以有效对架线式电机车滑触线的分区处进行绝缘，一方面可以保证架线式电机车受电弓在“升弓”状态下具有良好的通过性，减少架线式电机车受电弓的磨损，减少材料备件的消耗用量，降低工人劳动强度，另一方面可以达到良好的绝缘效果，以使在分区断电区段的检修、施工作业安全得到保障。

如图 4-35，所示，平滑式滑触线分区绝缘器由滑触线终端夹板、绝缘连接夹板两大部分组成，配套设施有定位螺母、连接螺母、吊线器、悬挂线等。

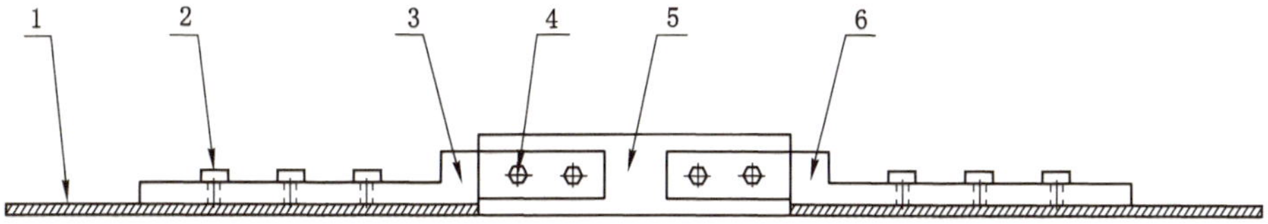

1—滑触线；2—定位螺母；3—第一滑触线终端夹板；4—连接螺栓；
5—绝缘连接夹板；6—第二滑触线终端夹板。

图 4-35　平滑式滑触线分区绝缘器

滑触线分区绝缘器终端夹板使用金属材料制成，绝缘连接夹板采用纤维强化塑料材质制作而成，将架线式电机车滑触线两端头插入架线安装卡槽，并使用定位螺母进行紧固定位，使滑触线与终端夹板相连接，两滑触线终端夹板之间采用绝缘连接夹板进行连接，并使用连接螺栓进行限位固定，从而在使用时达到分区供电的目的。绝缘连接夹板底侧与滑触线底侧保持在同一平面内，从而使架线式电机车受电弓可以平滑通过滑触线，使用纤维强化塑料材质制作的绝缘连接夹板具有绝缘性强、重量轻、实用性强的特点，便于推广使用。

4.4 振动放矿机

振动放矿机是矿石由采场倒运至运输系统、由运输系统倒运至提升破碎系统的关键设备，是矿石在转运流程工艺中的重要“咽喉点”。

目前，国内振动放矿机定型产品主要有ZZF、DZF、FZC三大系列，根据安装方式分为座式和悬吊式振动放矿机，根据台板形式分为单台板、双台板并联振动放矿机。

在龙首矿有轨运输系统中，按其在系统中的作用属性不同可分为穿脉溜井放矿机和主系统溜井放矿机，其中绝大多数属于FZC座式单台板振动放矿机，其安装、维修、拆迁较为方便。在1703水平中，由于产能的需要，混合井主系统溜井放矿机选用的是双台板并联振动放矿机。双台板并联使用，台面宽度增加一倍，两台面之间留有20 mm间隙，用橡胶垫、压块密封；双台板结构提升了放矿能力，放矿机受力更加均衡，运行的可靠性较高。

4.4.1 放矿机参数计算

振动放矿机参数主要包括埋设参数、几何参数、动力参数和生产能力。

振动放矿机埋设参数主要包括眉线高度、眉线角和埋设深度，其在溜井设计之初已确定；几何参数包括台板倾角、台面长度、台面宽度，这几个参数根据眉线高度、眉线角和埋设深度和设计标准确定。目前，龙首矿有轨运输系统振动放矿机的台板倾角在17°～20°之间，台板长度与宽度则分别有2.5 m×1.4 m、3.1 m×1.4 m、4 m×1.6 m等；动力参数主要包括振动电机激振力、振动频率和振幅。一般来说，用振动电机功率表示振动电机大小，常用的有5.5 kW、7.5 kW、10 kW。

4.4.2 振动放矿机安装注意事项

① 安装前检查振动电机：将偏心块转动后，要求主轴能在偏心块重力力矩的作用下摆动自如，同时用手将偏心块回转一周，要求没有卡阻现象；检查振动台板及机架焊接质量，发现焊接问题要及时补焊加固。

② 安装时必须保证埋设参数符合设计要求，必须保证振动电机的转轴水平度，用水平仪检测和校准，避免振动时产生轴向力。

③ 振动放矿机安装到位后，振动台板与迎门框之间的间隙应设置密封设施，一般采用在迎门立柱上焊接角钢的方法，当侧板振动时，矿石被密封角钢所阻，不会从侧板与立柱的间隙中漏出。

4.4.3　放矿机结构优化

在龙首矿有轨运输系统使用的振动放矿设备中，多为振源附着式振动放矿机，其侧板与振动台板是焊接在一起的，这种结构存在一定的弊端：体积大，不便于井下巷道运输及安装；当放矿机台板振动时，侧板也参与一起振动，消耗功率大、噪声大、振动放料不平稳、台板受力较大等。

如图 4-36 所示，通过将侧板与振动台板进行分离，使放矿机在工作时侧板不参与振动，降低了消耗功率、减小了噪声、提高了振动放矿机工作时的平顺性、减小了台板受力、延长了使用寿命，同时也便于设备的安装与拆卸。

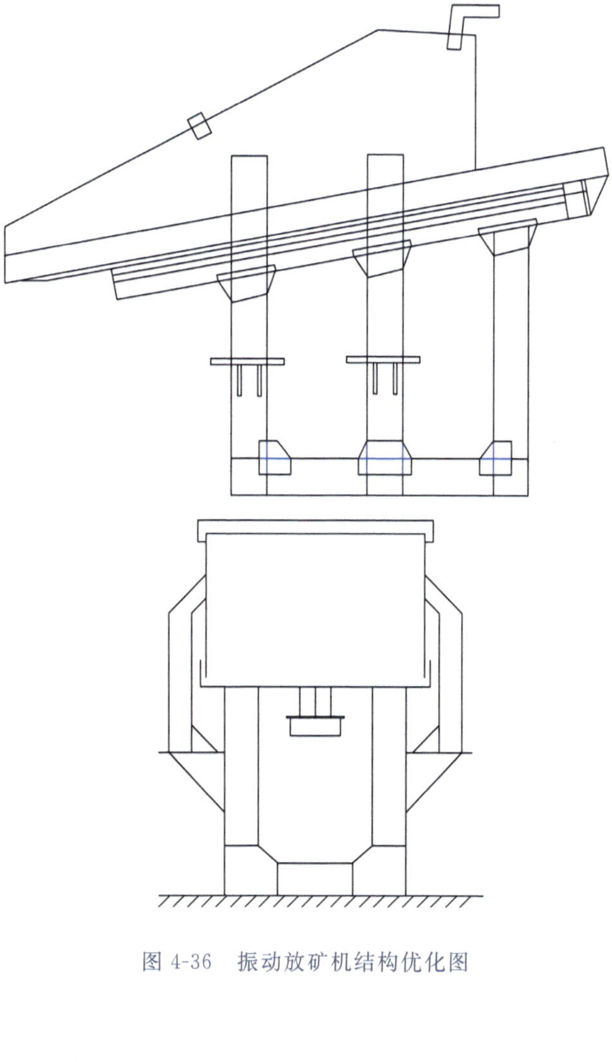

图 4-36　振动放矿机结构优化图

放矿机加工时，在台板两侧焊接 100 mm 高的钢板，侧板整体不参与焊接。安装时，侧板与台板在高度方向上留有 30～80 mm 的间隙，在宽度方向上与 100 mm 高的钢板留有 10～30 mm 的间隙，并安装于钢板内侧。两侧板通过槽钢、钢板、筋板组成的支撑结构与立柱连接，形成纵向定位；两侧板之间通过角钢或钢板进行连接，形成横向定位；两侧板后端连接件与迎门梁进行连接，形成台板方向定位。

4.5 卸载架

卸载架是有轨运输系统终端设施，当装载矿石的列车行驶至卸载架区域时，在电机车的牵引下，矿车逐个通过卸载架，并通过矿车与卸载架配合完成矿石卸载。

4.5.1 卸载工艺简介

根据前文所述，龙首矿有轨运输系统拉运矿石的矿车有两种型号，分别是 4 m^3 侧卸式矿车与 6 m^3 底侧卸式矿车，故两种不同型号的矿车分别匹配着不同的卸载架，同时也匹配着不同的卸载工艺。卸矿时，矿车和卸载架之间通过机械结构配合，将矿车的直线运动转化为车厢或底侧车门的回转运动，实现自动卸矿。

4 m^3 侧卸式矿车卸载工艺：电机车牵引矿车进入卸载架，由引轨上车器引导矿车卸载臂前端卸载轮进入卸载架，随着卸载轮在卸载架踏面的导向运行，支撑卸载臂将矿车车厢侧向翻转顶起，矿车车门钩也由重力作用自动打开，完成矿石的卸载。矿车出卸载架时，卸载轮由卸载架引导将车厢拉回复位，矿车恢复运行状态。现场卸载架如图 4-37 所示。

6 m^3 底侧卸式矿车卸载工艺：电机车牵引矿车进入卸载架，车辆翼板随之进入水平托辊上，随着车辆运行，矿车轮逐步悬空，车辆靠翼板支撑在水平托辊上滚动滑行，此时卸载轮沿卸载曲轨进入卸载站，底板靠卸载轮支撑滑行，当车辆逐步向前运行时，卸载轮沿卸载曲轨下沉，矿车底部随卸载曲轨缓慢开启，矿石在重力作用下自由下落，完成卸矿后车辆驶出卸载站；卸矿完成后，出车端和进车端流程相反，以此类推，完成卸矿出车。现场卸载架如图 4-38 所示。

4.5.2 安全运行需求

(1) 4 m^3 卸载架

① 首要确保卸载设施本体结构的完好性，各机械部位无断裂、开焊，基础无下沉、无鼓包、保证水平度。

图 4-37　4 m^3 矿车侧卸式卸载架

图 4-38　6 m^3 矿车底侧卸式卸载架

② 如图4-39所示，确保卸载设施各部位基本尺寸、轨道与卸载设施配合尺寸符合要求，从而确保矿车平稳通过卸载设施完成卸载流程。

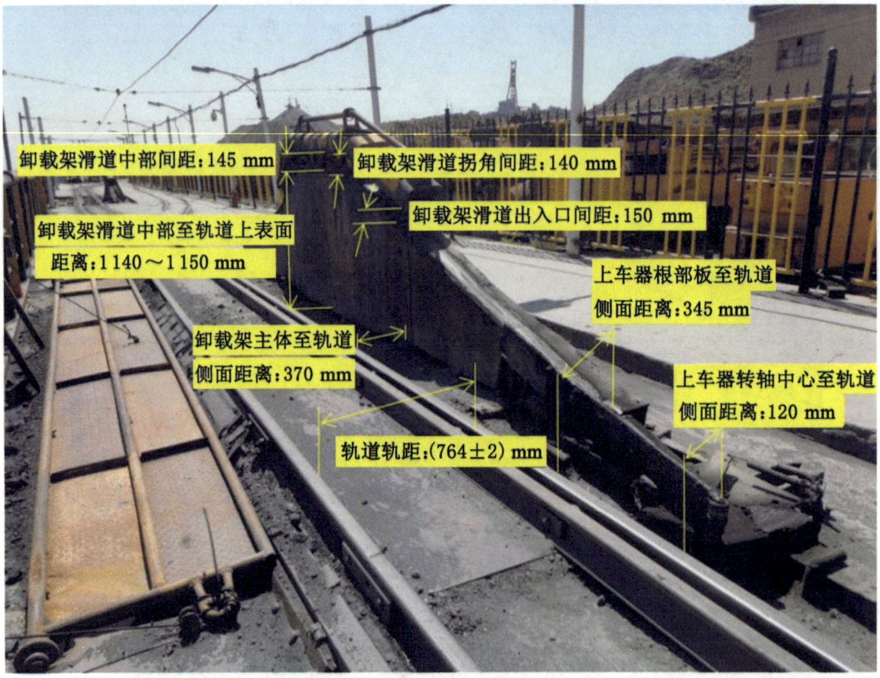

图4-39　4 m^3 矿车卸载架尺寸联系图

③ 由生产工艺决定，有轨运输系统将矿石由矿车卸载架翻倒至矿石溜井，进入下一个工艺环节。因卸载区溜井存在坠井安全风险，该区域作为安全管控最高级别"红区"进行管控；为避免人员坠井等安全事故，卸载架卸矿口安装常闭防护网，当卸矿时，防护网打开，完成卸矿工作，当不卸矿时，防护网闭合，确保溜井口防护安全有效，因此，在卸载作业前，必须确保防护网的有效开启及关闭。

④ 4 m^3 卸载架通过自动上车器引导卸载臂进入卸载滑道，电机车通过卸载架时，自动上车器前端处于电机车外形内侧，通过机车前侧的三角导向板与上车器前端转轴配合，在经过导向板引导作用后，上车器转轴与电机车侧面处于紧密贴合状态，当电机车完全驶过上车器后，上车器自动复位，从而配合矿车进行卸载作业，因此，在卸载作业前，必须确保自动上车器的有效复位。同时，同一运输水平一般配备两套卸载架，一用一备，且两套卸载架间距小于一列车总体长度，因此，备用卸载架自动上车器必须处于"收紧"状态，否则矿车在通过备用卸

载架时，将自动进行卸矿流程，作业安全无法保障。

(2) 6 m^3 卸载架

① 首先要确保卸载设施本体结构的完好性，各组合托辊处于同一水平且地脚螺栓无缺失、无松动，同时应确保卸载曲轨磨损正常，无开焊、开裂。

② 如图 4-40 所示，确保卸载设施各部位基本尺寸，轨道与卸载曲轨、托辊之间的配合尺寸符合要求，从而确保矿车平稳通过卸载设施完成卸载流程。

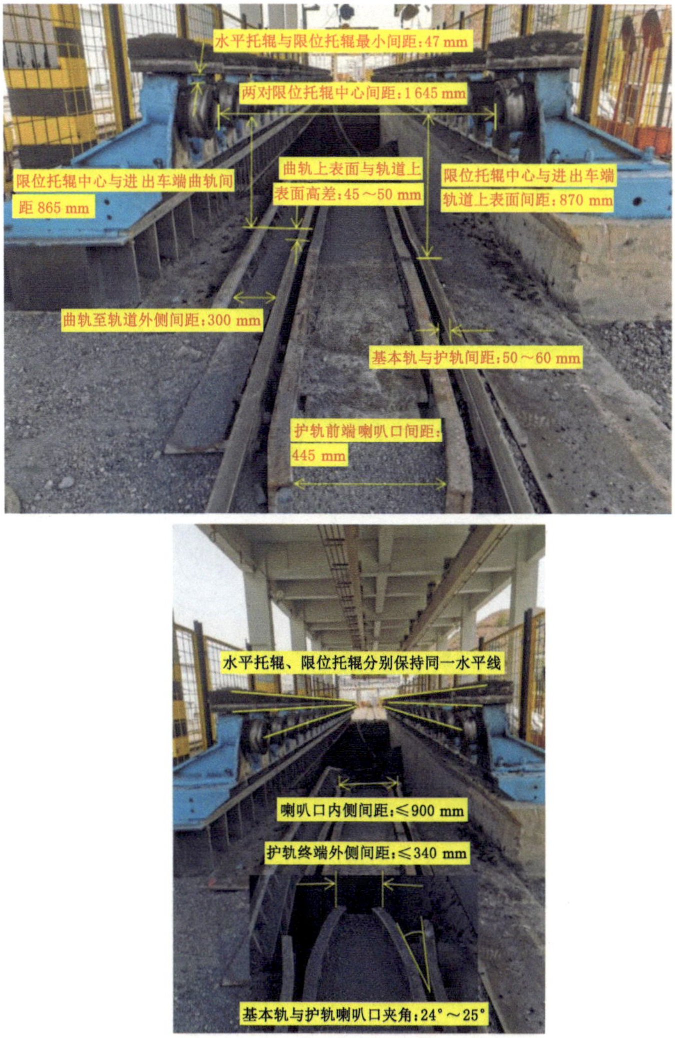

图 4-40　6 m^3 卸载架尺寸联系图

③ 同4 m^3 卸载架，6 m^3 卸载区域作为安全管控最高级别“红区”进行管控，为避免人员坠井等安全事故，卸载架两侧以防护帘进行安全管控，当卸矿时，防护帘升起，完成卸矿工作，当不卸矿时，防护帘降落，确保溜井口防护安全有效，因此，在卸载作业前，必须确保防护帘的有效升起及降落。

4.6 电机车

电机车作为矿山有轨运输系统最主要也是最关键的设备，其本体设备的完好及运行时的稳定是生产保障的重要基础。电机车要实现无人驾驶就必须对其进行匹配功能的改造，改造详情后文会详细介绍，本节重点针对其基础功能的保障做重点阐述。

4.6.1 电机车性能要求

4.6.1.1 结构组成

如图4-41所示，架线式电机车主要由机械和电气两大部分组成。

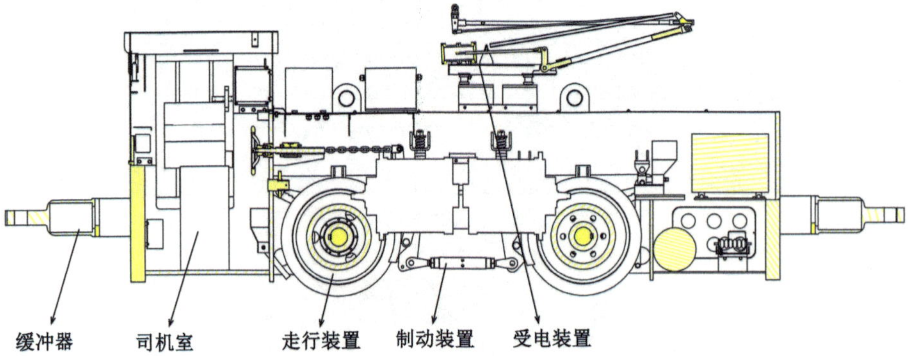

图4-41 电机车结构简图

(1) 机械部分

电机车机械部分由车架、走行装置、弹簧托架、制动装置、缓冲器、司机室等组成。其中，走行装置又包括轮对、牵引电机、减速箱、弹性吊杆(部分型号电机车电机安装方式为底座式，因此无弹性吊杆)；弹簧托架按车型种类不同分为板弹簧和橡胶弹簧两种；制动装置按制动方式不同分为手轮基础制动、空气制动、电气制动，一般情况下，以上三种制动方式每台电机车均具备。

(2) 电气部分

电气部分由受电装置自动开关、变频器、牵引电机、电阻器、照明灯以及连接导线等构成。其中，变频器是将固定电压、固定频率的交流电变换为可变电压、可变频率交流电的装置，主要由滤波、逆变、制动单元、驱动单元、检测单元、微处理单元等组成，而变频器靠内部 IGBT 的开断来调整输出电源的电压和频率，根据电机车的实际需要来提供其所需要的电源电压，进而达到节能、调速的目的。另外，变频器还具有过流、过压、过载等保护功能，是机车控制的核心部件。

4.6.1.2　性能要求

无人驾驶电机车需具备良好的本体性能，在此基础上方可实现安全高效的无人驾驶运行。根据现场需求及案例应用，无人驾驶电机车本体性能要求如下：

① 供电电压：DC 550±30% V。

② 机车速度：速度最高 25 km/h；无级调速或挡位调速，挡位调速应设置不少于 14 挡调速范围；具备按钮点动功能，点动速度 1 km/h。

③ 通信要求：机车集中控制单元应支持以太网等常规通信功能，并无条件开放；变频单元应支持 CAN 通信协议，并无条件开放。

④ 故障检测系统：机车应具备运作状态信息的采集功能，并集成于机车控制系统，包括电压、电流、受电弓升降、制动压力等。

⑤ 机车气路系统：气路应集成控制、电磁控制，气路控制系统接入机车控制系统，可实现气路的远程控制，具备受电弓电控升降（气压可调）、制动系统的电控介入、气/电喇叭等其他气路控制功能。

⑥ 机身机构：变频控制器安装位置设置检修孔，机械仓关键点设置点检孔。

⑦ 防护要求：电机车应在防潮防湿的环境中工作，电气设备及变频器应具备 IP6/5 防护等级，严禁进水。

⑧ 机车信息：驾驶室配置速度仪表、车辆状态显示屏等，实时显示车辆状态，包括电压、电流、速度、报警或故障代码等，配置空压机压力指示表。

⑨ 辅助设备：机车应配置有 LED 照明系统、车头红色警示灯、车门打开声音报警系统、喇叭警示系统等，它是电机车安全运行的基本保证。

⑩ 制动系统：机车应配置有机械制动（基础制动）、电气制动、空气制动和撒砂装置，能有效地保证设备的使用安全。

⑪ 车门联锁：机车应配置车门联（闭）锁装置（车门打开时，蜂鸣器报警，车辆不能运行），保证司机及机车安全运行。

4.6.2　电机车关键点保障

电机车在生产运行过程中，最关键的点位是走行装置部分牵引电机的弹性吊杆和减速器固定座、受电装置以及变频器内核心元件 IGBT，其余部件在正常维护保养的条件下完全可以满足正常生产需求。

4.6.2.1 走行装置

电机弹性吊杆或减速器固定座任何一处一旦发生断裂，随之而来的是走行部失去平衡，若未及时发现，则非常有可能造成电机或减速器的损伤和损坏，增加了成本，更严重的是当其中一处发生断裂时，其余部位也会在极短的时间内发生断裂，造成的后果是走行部整体脱离机车而掉落，轻则掉落至有轨运输线路上，重则掉落到溜井内部，引发的后果不堪设想。对于此类部位最好的办法是每班点检确认，发现问题及时处理，将隐患扼杀在摇篮中。

4.6.2.2 受电装置

受电装置是机车获取动力源的重要部件，经常出现的问题是：受电弓铝棒磨损严重、铝棒与支架间隙较大卡死架线等，但这些问题均是可以通过班前点检与车载摄像头（无人驾驶）发现的，因此一般情况下不会影响生产运行。但难点在于，由于原厂电机车受电装置结构设计因素，铝棒及导电触角磨损较快，频繁地更换会间接影响运行效率，同时增加成本，因此对其结构进行优化也是应有之义。

原结构：受电铝棒安装于两侧导电触角之间的固定轴上，导电触角通过固定铁片及螺栓连接于弓架上，由于轴与导电触角无固定部件，因此铝棒在转动时轴也会随之转动，加快了导电触角的磨损；同时，铝棒两端内侧安装有铜套，铝棒与铜套为过盈配合，而铜套相对于轴的转动阻尼较大，导致车辆运行时铝棒的滚动效果不尽如人意，进而导致了铝棒单点磨损较快。

优化方案：如图 4-42 所示，首先，将导电触角与弓架连接处螺孔改为通孔，通孔内安装螺栓以对固定轴进行定位，规避了铝棒转动时固定轴也随之转动，降低导电触角的损耗；其次，去除受电铝棒两端的铜套，在原固定轴上加装一根套管，套管相对于原固定轴能实现一个周向的转动，而套管作为轴与受电铝棒又能实现一个周向的转动，可有效避免受电铝棒单点磨损，延长使用寿命。

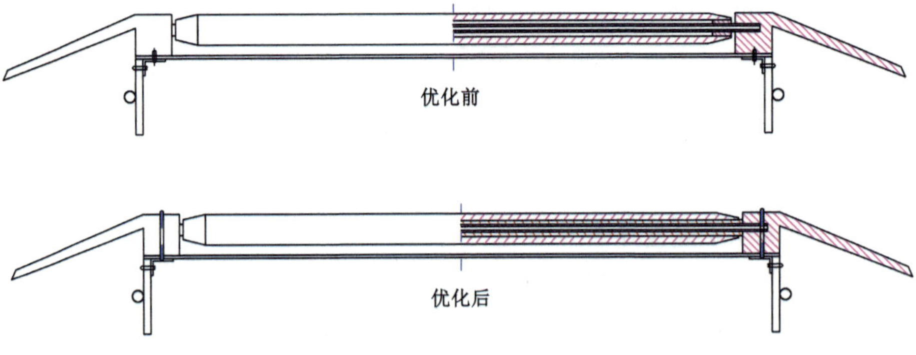

图 4-42 受电弓结构优化示意图

4.7 矿车

在金属矿山有轨运输系统中，矿车是其核心装载设备，龙首矿有轨运输系统拉运矿石的矿车有两种型号，分别是4 m^3 侧卸式矿车与6 m^3 底侧卸式矿车。

矿车在运行过程中影响无人驾驶系统流畅性的最大问题有两个：撒矿和掉道。撒矿后要进行清理，放矿区域车辆需停止运行，影响生产运行时间；车辆掉道后要进行复轨，所有车辆需停止运行，不仅影响生产运行时间，且非常规作业存在较大安全风险。本节重点针对以上两个问题展开分析并提出解决方案。

4.7.1 防撒矿装置

撒矿现象通常发生在装矿作业过程中，由于4 m^3 侧卸式矿车与6 m^3 底侧卸式矿车在结构上有着显著差异，6 m^3 底侧卸式矿车车厢一端设有导矿板，两车之间无缝衔接，在放矿时，未投入车厢内部的矿石会通过导矿板流入车厢内，因此撒矿基本忽略不计。

如图4-43所示，4 m^3 侧卸式矿车两端无导矿板，两车连接处间隙较大，在放矿作业时，对车信息不准确会造成对车位置产生偏差，从而导致放矿机运行时，车辆连接间隙局部或全部出现在放矿机出矿口下方，矿石没有完全落入车厢内而造成撒矿；同时，由于4 m^3 侧卸式矿车整车高度较低，在放矿作业时，会造成矿石从车体侧面飞出的现象。

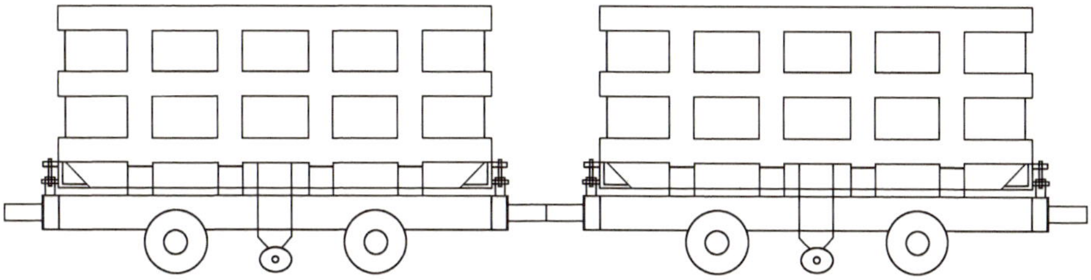

图4-43 4 m^3 侧卸式矿车运行连接简图

解决方案：根据4 m^3 侧卸式矿车车体结构及撒矿原因分析，借鉴6 m^3 底侧卸式矿车导矿板装置，如图4-44所示，在车体一端加装弓形导矿板，以角钢焊接支撑于车厢，使矿石从导矿板滑入车厢，达到在装矿环节时防止因对车信息不准确而造成矿石没有完全落入车厢内或放矿机停止后矿石在惯性力作用下流落至车辆连接间隙的情况。

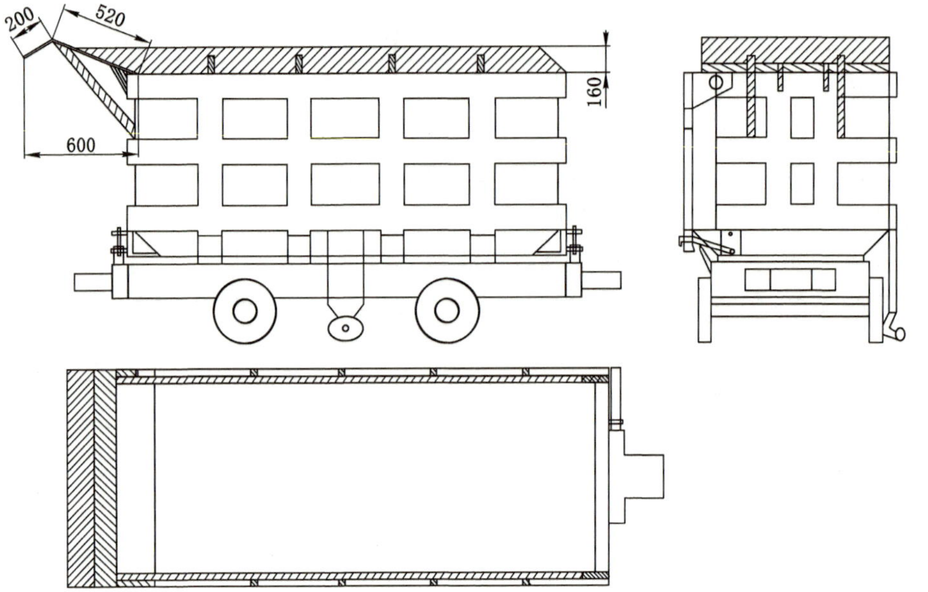

图 4-44　4 m^3 矿车防撒矿结构改造示意图

同时，用钢板对车体两侧进行加高，所加钢板高度为 160 mm，用筋板对所加焊钢板进行固定，可有效减少放矿时因车体高度与放矿漏斗不能很好地匹配而产生的撒矿现象。图 4-45 为 4 m^3 矿车防撒矿结构改造后的实物图。

改造后的管理要求：如图 4-46 所示，对矿车改造后，相应的车厢容积也随之增大，为防止因过载而对车体造成结构伤害、加快矿车的磨损、减少矿车使用寿命等情况，制定严格的放矿制度以规定矿车载满度，避免因车厢改造而带来的负面因素。

4.7.2　防掉道措施

对有轨运输系统而言，车辆掉道是长期存在且难以解决的问题，也是影响无人驾驶车辆安全平稳运行、生产有序开展的重要因素。

造成车辆掉道的因素较多，总体包括车辆本体故障、轨道故障、人员误操作三个方面，而每个大的方面又包含具体的掉道因素，本小节重点针对车辆本体故障因素进行分析，并提出解决方案。

图 4-45　4 m^3 矿车防撒矿结构改造后的实物图

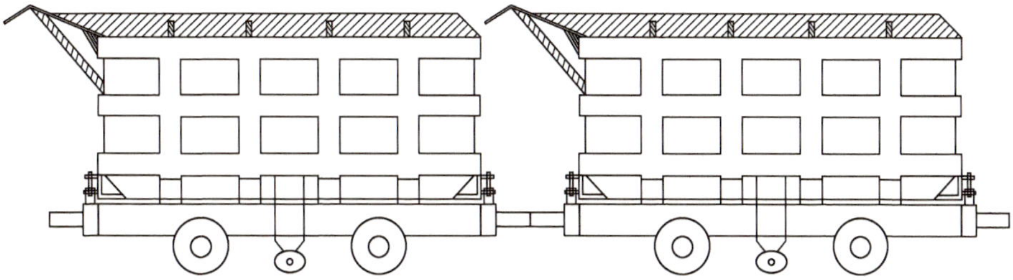

图 4-46　防撒矿改造后 4 m^3 矿车连接示意图

对于车辆本体结构而言，造成车辆掉道的主要部件是行走部和连接缓冲器。

(1) 行走部

行走部方面，4 m^3 侧卸式矿车与 6 m^3 底侧卸式矿车有着不同的构造。

4 m^3 侧卸式矿车为独立的两组轮对，每组轮对由两个车轮、一根轮轴、轴承、轴承箱、端盖、轴承挡板等组成，结构较为简单。而 6 m^3 底侧卸式矿车为组合的两套转向架，每套转向架由两组轮对、上心盘、下心盘、心轴、轴向连接板、缓冲弹簧等组成，轮对组成与 4 m^3 侧卸式矿车一致。

根据实际经验总结，由于行走部故障而造成车辆掉道的因素主要是轮对故障，而轮对故障主要出现在车轮磨损严重而导致轮缘厚度不符合要求或破损和轴承损坏两个方面。而轴承为标准件，车轮不论从材质或结构方面均已无优化空间，因此只能以管理手段来降低由于轮对故障而造成车辆掉道的频次。一方面，规定车轮更换标准，具体标准为当轮缘厚度小于原厚度的 1/3 时，必须进行更换，同时以每班岗位点检确认、每周专业点检确认、每半年车辆必须进厂全面维保一次作为强制性要求来保障车轮的完好性；另一方面，对轴承润滑工作进行精细化管理，从润滑周期、润滑标准、油脂牌号、润滑要求等方面进行明确规定，确保轴承的使用寿命，降低轴承损坏率，从而减少车辆掉道频次。

(2) 连接缓冲器

连接缓冲器方面，4 m^3 侧卸式矿车与 6 m^3 底侧卸式矿车也有着不同的构造。4 m^3 侧卸式矿车缓冲器由碰头、连接杆、弹簧等组成，结构较为简单，一般碰头故障不会造成车辆掉道。6 m^3 底侧卸式矿车缓冲器主体为詹式车钩，通过连接杆、钢板、支座、销轴、缓冲橡胶弹簧与车辆进行连接，结构较为复杂。

詹式车钩有着稳定性高、咬合力大、车辆之间自动连接等优点，但由于车辆启动或制动时会产生较大的惯性力，惯性力作用于车钩内置的连接杆从而分解为剪切力，剪切力作用于连接杆时容易出现断裂，尤其入冬以后气温较低，机械零件较脆，连接杆断裂频次较高，而连接杆断裂后导致车钩下坠，当车钩掉落在轨道表面上或周边时，非常容易造成掉道、翻车等安全事故，给生产组织带来较大的难题。

解决方案：由于詹式车钩结构限制，无法从内部对连接杆部位的结构进行优化，因此只能从外部限制连接断裂后车钩不会掉落，从而避免车辆掉道。

如图 4-47 所示，詹式车钩防坠落装置由圆柱销、铁链、连接环、连接锁扣等组成。将铁链一端焊接于原有挂钩圆柱销上，在另一矿车车钩圆柱销上焊接连接环，用连接锁扣将铁链另一端与连接环连接固定，即可构成挂钩防坠落装置。两车要分离时只需将连接锁扣打开，使铁链与连接环分离即可。

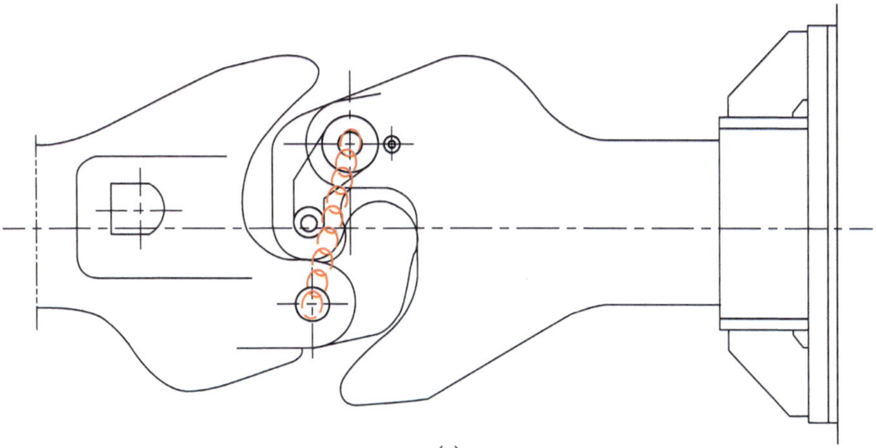

(a)

(b)

图 4-47　詹式车钩防坠落装置改造示意与实体图

第5章 通信系统

5.1 系统概述

5.1.1 通信系统基本概念及构成

通信是将信源产生的消息传送到目的地的信宿。通信系统是用以完成信息传输过程的技术系统的总称。现代通信系统主要借助电磁波在自由空间的传播或在导引媒体中的传输机理来实现,前者称为无线通信系统,后者称为有线通信系统。

通信的核心是数据传输。数据指对数字、字母以及其组合意义的一种表达,工业数据一般指与生产过程密切相关的数值、状态、指令等。数据通信是计算机技术和通信技术相结合的产物,主要应用在两点或多点之间信息交换的场合。信息是以二进制的形式表达的,传输过程需要借助传输介质。

如图5-1所示,数据通信系统由数据信息的发送设备、接收设备、传输介质、传输报文、通信协议等几部分组成。

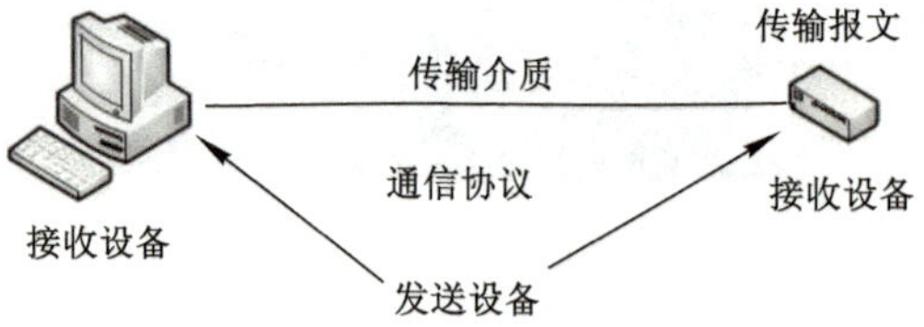

图5-1 数据通信系统结构

5.1.2 通信原理

数据通信通常采用二进制的传输方式,二进制数字是由两个码元“1”和“0”组成,通常以8位一个字节代表一组信息。采用二进制对应判断的电路最简单,只有高、低两种电平,通常以一定幅度的高电平信号脉冲代表“1”,以电路中低电平即无信号代表“0”,这样一系列的二进制数字信号就变成一长串电脉冲信号。

接收端检测各码元"取样信号"的电平值时，通常采用一种检测电路定时检测，采用"像谁就是谁"的简单判断：凡取样值接近代表"1"的电平值就判为高电平"1"，凡取样值接近代表"0"的电平值就判为低电平"0"。非"1"即"0"，即使传输过程中由于干扰而失真，在一定距离内也达不到"1"与"0"颠倒的程度，通过这样正确地判读，就能排除干扰。长途传输时，为不使干扰逐步积累，可在一定距离范围内设置中继站，正确判读后再重新发送，所以数字传输没有距离限制。

5.1.3　数据通信的工作方式

数据通信有三种基本工作方式，分别为单工方式、半双工方式和全双工方式，主要是按照信息传送的方向和时间进行分类的。

单工方式只能向一个方向传送数据；终端在采集数据后，按既定程序自动地传送给指挥中心，而不能接收指挥端的指令，就属于单工方式；串行传输式的单工通信只需要一对传输线。半双工方式是指信息流可在两个方向上传输，但同一时刻只限于一个方向传输；只要一对传输线，可互为发、收端，采用切换方式分时交替进行。全双工方式是指信息流可在两个方向上同时传输，实现信息收发的双向通信；该传输方式需要两对传输线，且两端都具备发送和接收数据的功能。

5.1.4　数据的传输方式

串行通信是指数据的二进制代码在一条物理信道上以"位"为单位，按时间顺序逐位传输的方式，如图 5-2(a)所示。串行传输时，发送端和接收端都是逐位进行工作的，且要对相互接受的字符进行收发确认，所以收发双方采用同步传输方式。串行传输相对并行传输而言，传输速度慢，但只需一条物理信道，线路投资小，易于实现，特别适合远距离传输。串行传输是目前数据传输的主要方式，本书所说光纤通信均为串行通信方式。

并行传输是指多个数据位同时在多个物理信道上传输，所有数据传输无时间差，如图 5-2(b)所示。例如，一个字符由若干个二进制数组成，8 位二进制数组成的 ASCII 码在进行并行传输时，就需要 8 个物理信道，实现 8 位二进制数同时传输。并行传输时，一次可以传一个字符，收发双方不存在同步的问题，而且速度快、控制方式简单，但是并行传输需要多个物理通道，所以并行传输只适合于短距离、要求传输速度快的场合使用。

5.1.5　数据通信的技术指标

模拟通信中，通信信道传输能力的强弱用"带宽"来表示，数据信号对载波的调制速率用"波特率"来描述；数字通信中，数据信号传输速率的大小用"比特率"来表示，数据信号传输质量的好坏用"误码率"来描述。

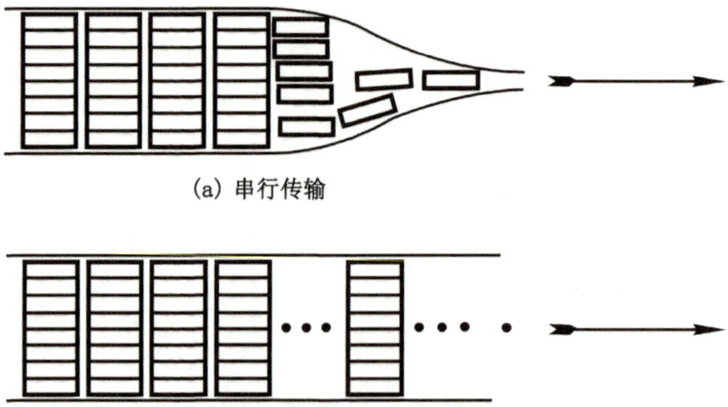

(a) 串行传输

(b) 并行传输

图 5-2　数据串(并)行传输方式示意图

带宽:是模拟信道中传输信息能力的技术指标,用传输信号极限频率之差的绝对值表示,模拟信道的带宽和传输速率成正比,信道的带宽越大,极限传输速率也越高。值得注意的是,带宽被广泛地借用在数字通信中,用来描述网络或线路理论上传输数据的最高速率,这并不是它的学术定义,而是被引申使用了。

波特率:信号大小、方向变化的一个波形称为波特,波特率是指每秒传输信号波形变化的次数,即每秒传输信号的个数,单位为波特。

比特率:用来表示数字信道中数字信号的传输速率,即二进制代码在单位时间内传输的有效位(bit)数,单位为每秒比特数(bit/s)。

误码率:是数据传输中准确度的指标,即数据传输中的错误率,通常要求数字信号误码率低于 10^{-6}。

5.1.6　拓扑结构

(1) 总线拓扑结构

总线拓扑由一条主干电缆和多个网络节点组成,网络节点通过分支和总线相连。

连接在总线上的节点之间相互连通,总线上的数据信息所有节点共享。传输介质只有一条主干电缆,因此,在某一时刻只允许一个节点发送信息,下一个发送信息权限的节点由总线拓扑的介质存取访问控制方式来决定,节点识别靠分配的固定地址,信息的存取也是靠节点地址。图 5-3 为总线拓扑结构示意图。

(2) 星形拓扑结构

星形拓扑由中央节点和分支节点构成;分支节点由点对点的方式和中央节点相连,中央节点参与任何两个点之间的信息交换。在传送信息之前,分支节点向中央节点发出和目的节点连接的请求,中央节点同意建立连接后,信息交换才

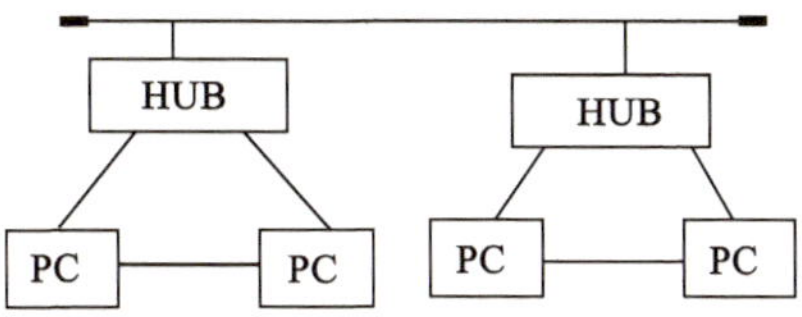

图 5-3 总线拓扑结构示意图

可以完成。星形拓扑信息存取控制采取集中式通信控制策略，中央节点控制所有信息交换，必须建立和维持大量的数据通路。星形拓扑大部分工作量由中央节点承担，所以中央节点结构非常复杂，分支节点信息处理量少。图 5-4 为星形拓扑结构示意图。

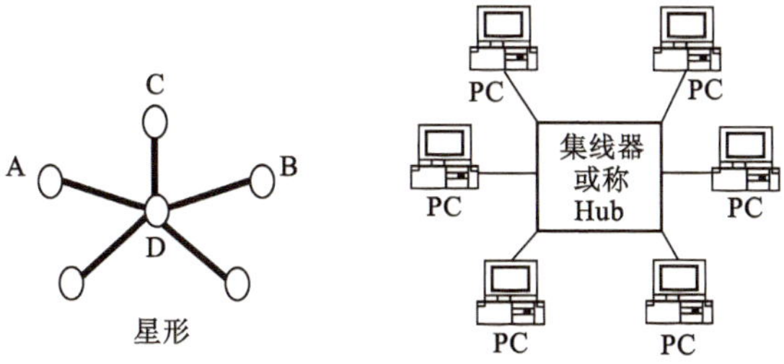

图 5-4 星形拓扑结构示意图

(3) 环形拓扑结构

环形拓扑由网络节点之间点对点链路连接形成的闭合环路构成。信息只能通过环路单向传输，通过逐个链路设备，直到传输目的设备为止。设备与设备的连接需要逻辑或空间上和它连接，每一个节点设备配套一个中继器，起信息传递的作用。图 5-5 为环形拓扑结构示意图。

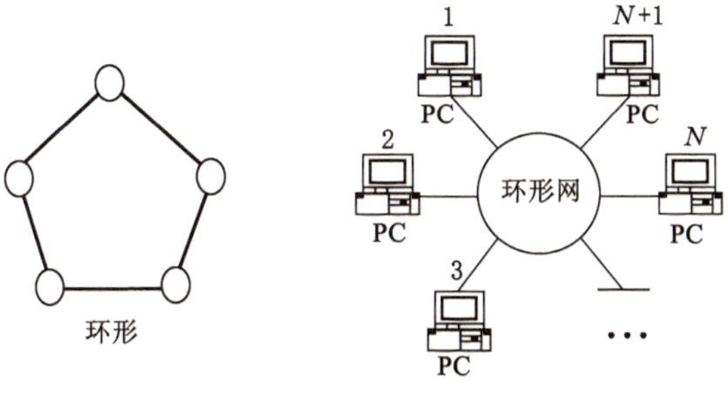

图 5-5 环形拓扑结构示意图

(4) 树形拓扑结构

树形拓扑的结构形式类似于星形拓扑,信息传送方式类似于总线拓扑。树形拓扑由非封闭的分支电缆作为传输介质,信息可以共享,一个分站发送信息,其他分站都可以接收,常用于多点广播式通信。图5-6为树形拓扑结构示意图。

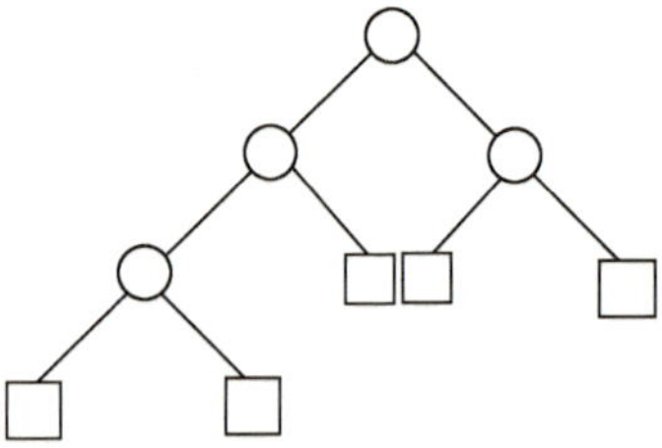

图5-6 树形拓扑结构示意图

5.2 通信需求

通信网络是工业控制系统的基础,也是项目实施的技术难点。项目通信需求根据应用场景、通信对象、通信要求等的不同,包括内容较多。从数据类型看,包括了数字量通信和模拟量通信;从通信内容看,包括了工业控制数据通信和数字化视频通信;从通信终端载体看,包括了固定通信点有线通信和移动电机车无线通信;从通信要求看,包括了大数据量和低延时的通信指标;从应用场景分类,又有地表、平硐、井下等通信环境。总之,通信网络的构建是该项目成功的重要技术内容,具有结构复杂、数据类型多、应用场景多、质量要求高等特点,需进一步深入分析。

5.2.1 通信点统计

龙首矿5G+有轨运输智能管控系统包括三个中段,分别为地表1703水平、井下1340中段和1100中段。固定通信点主要有放矿点、轨旁设备、卸载站等,移动通信点为车载通信单元。下面就各中段通信点需求进行统计。

根据通信点统计情况(表5-1),1703水平有轨运输系统移动通信点最多,井下1100中段固定通信点最多,下面以不同通信点最大通信需求为例进行分析。

表 5-1　通信点统计表

地点	固定通信点			移动通信点		
	小计	工业控制通信数量	视频通信数量	小计	工业控制通信数量	视频通信数量
1703	77	28	49	50	16	34
1340	90	34	56	18	6	12
1100	94	34	60	18	6	12

5.2.2　通信质量要求分析

5.2.2.1　固定通信点

主要是控制系统通信和视频通信。

(1) 控制系统通信带宽需求分析

控制系统通信重点为 PLC 通信数据交换，现场 PLC 主要为 S7-300 或 SMART200 系列，其通信拓扑结构如图 5-7 所示。

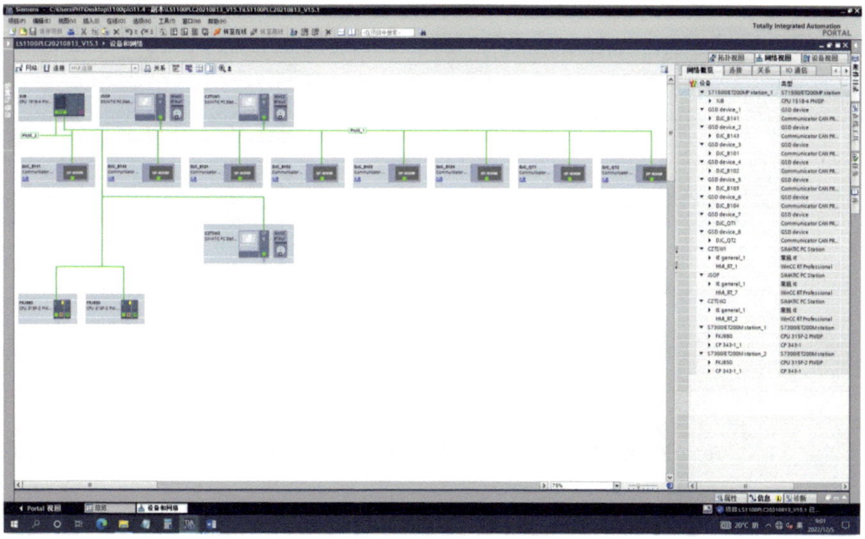

图 5-7　控制系统通信拓扑结构示意图

在以上通信拓扑结构基础上设置通信参数，具体如图 5-8 所示。

以 1100 中段无人驾驶通信为例，总共读写 30 个分站，触发信号均为 10 Hz 脉冲信号 M0.0，读写的数据量见表 5-2。

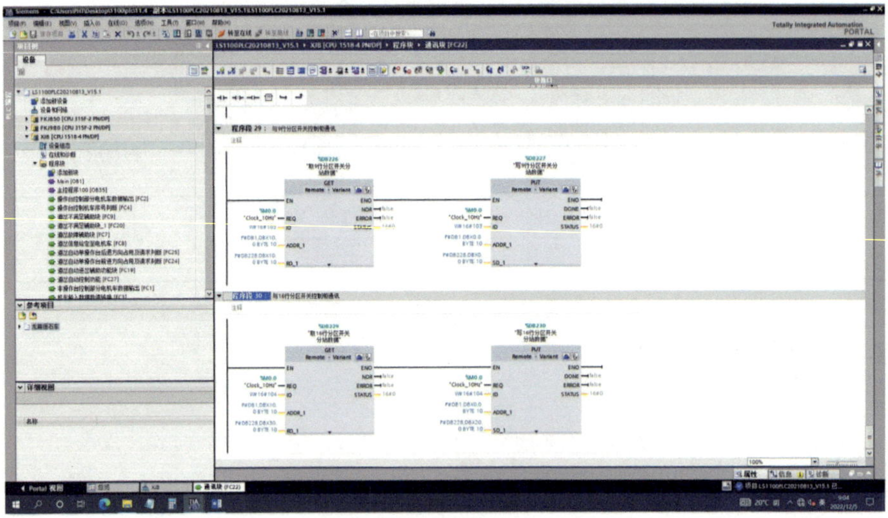

图 5-8　控制系统通信参数设置

表 5-2　通信数据量统计表

单位:B

序号	读取	写入
1	20	4
2	20	4
3	4	4
4	4	4
5	4	4
6	4	4
7	4	4
8	4	4
9	4	4
10	4	4
11	4	4
12	4	4
13	4	4
14	4	4
15	4	4
16	16	4

表 5-2(续)

序号	读取	写入
17	16	4
18	16	4
19	16	4
20	16	4
21	16	4
22	16	4
23	16	4
24	16	4
25	12	4
26	4	4
27	4	4
28	4	4
29	10	10
30	10	10
合计	280	132

每次主站和分站数据交换数据量为读取 280 B、写入 132 B,总共为 412 B,触发信号为 10 Hz,每秒执行 10 次,产生数据量为 4 120 B,即通信速率为 4 120 b/s。

以光纤为核心的传输线路和千兆网络终端完全可以满足控制系统数据量通信需求。

(2) 视频系统通信带宽需求分析

视频摄像机为海康威视 400 万像素红外球形摄像机,型号为:DS-2DE6420IW-A,其设置如图 5-9 所示。

① 码流类型为主码流时,分辨率为 1 920×1 080;码率类型为定码率;视频帧率为 25 f/s;码率上限为 4 096 kb/s;视频编码通道为 H.264。

按照以上参数设置及算法,如实现摄像机画面的流畅传输,每个摄像头所需传输量约为 6 Mb/s;以光纤为核心的传输线路和千兆网络终端完全可以满足控制系统数据量通信需求。

5.2.2.2 移动通信点

主要是电机车控制系统通信和车载视频通信。

(1) 电机车控制系统通信带宽需求分析

重点为运动控制器通信数据交换,运动控制器通过 CAN 通信和网关连接,

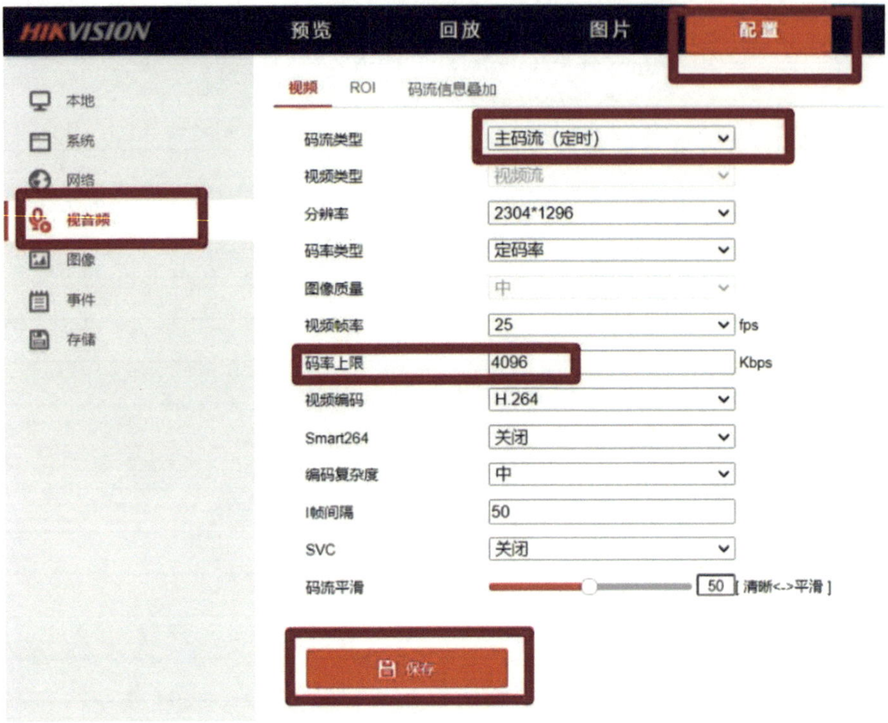

图 5-9　视频摄像机参数设置

网关通过以太网接入系统通信网络中。因 CAN 通信不影响系统网络，本节仅限以网关为终端的以太网结构。

根据电机车控制系统需要，选择 32IN/OUT 模块，与网关数据区的输入输出字节数相映射一致。网关的配置是通过专用配置软件 Anybus Configuration Manager 进行，根据所连接的串行子网及其设备的协议进行设置，并将串行子网的数据映射至网关数据区。

由传输字节数决定其千兆网络完全可满足控制系统数据量通信需求。

(2) 视频系统通信带宽需求分析

视频摄像机为海康威视半球机，型号为：DS-IPC-T14H-LFA，参数按照固定摄像头配置，出矿车辆每台车需要安装 2 个摄像头，电机车需安装 3 个摄像头，因此，按最大通信需求计算，如实现摄像机画面的流畅传输，每台电机车所需无线通信传输量不小于 18 Mb/s。

5.2.2.3 通信时延分析

有线通信为光纤通信，延时问题重点为无线通信。

电机车运行最大速度为 15 km/h，电机车运行控制精度误差不小于 0.5 m，按照以上参数计算所需最小时延为：

$$T = L / v_{\max}$$

式中，T 为最大精度误差距离所需时间；L 为精度误差最大距离；$v_{\max}$ 为最大速度。

由以上公式得出误差允许时延为 0.12 s，即 120 ms。

综上，电机车控制延时最大为 120 ms，即无线通信延时不大于 120 ms。

5.3 通信网络架构

5.3.1 主要思路

矿山智能有轨运输通信系统依据矿山通信现状及固有特点而设计，集成数据通信、视频监控一体化的网络系统，包括常规的固定点通信场景和具有典型移动设备的无线通信场景。基于当前先进通信技术的应用，系统通信网络采用统一标准的工业以太网网络架构以及 5G 无线通信相结合的技术方案，有线基础网络架构基于 1 000 Mb/s 光纤以太网而构建，无线网络架构则基于最先进的 5G 技术，为矿山有轨运输系统设备的数据传输提供了一个透明的公用平台。

5.3.2 设计原则

（1）网络结构设计原则

① 先进性原则。对网络建设进行高起点规划，充分采用先进成熟的网络技术，满足系统各种业务实时数据、非实时数据传输需要，形成统一先进的通信系统。

② 安全性原则。由于矿区环境的特殊性，网络设计过程中从网络技术、骨干路由、电路保护、传输设备到项目人员组织、施工和运维环节等多方面考虑项目的安全保证。

③ 可靠性原则。提供 7×24 h 的服务保障，从技术和服务两方面保证该项目的可用性达到要求。主干通信网络具备电信级 7×24 h 不间断运行的特性，其骨干网络设备关键部件和中继线路为全冗余配置，不会因单点故障影响平台运行。

④ 经济性原则。通过技术经济比较、性能价格比较，选择优化的网络结构

和网络技术，尽可能利用和保护现有设备和投资，做到从实际出发，制订经济、合理的方案，在满足各类通信需要并具备必要的网络性能的前提下，最大限度地降低用户端设备投资和网络通信费用。

⑤ 可扩充性原则。考虑到未来矿山智能化的发展，网络承载的信息流量不断增加，通信网的设计中须考虑未来带宽扩容、电路提速的需要，从网络和设备的配置上都要保留一定的扩充余地，便于融入随着新技术发展带来的新功能。

(2) 通信协议选择原则

在选择通信协议时一般应遵循以下原则：

① 所选协议要与网络结构和功能相一致。

② 除特殊情况外，一个网络尽量只选择一种通信协议。

③ 协议的一致性。

5.3.3 通信协议

组建网络时，必须选择一种网络通信协议，使通信终端之间能够相互进行“交流”。协议是网络设备用来通信的一套规则，这套规则可以理解为一种彼此都能听得懂的通用语言。

网络协议分为内部协议和外部协议两类。

1978 年，国际标准化组织(ISO)为网络通信制定了一个标准模式，称为 OSI/RM(Open System INTerconnect/Reference Model，开放系统互连参考模型)体系结构，该结构共分 7 层，从低到高分别是物理层、数据链路层、网络层、传输层、会话层、表示层和应用层。其中，任何一个网络设备的上下层之间都有其特定的协议形式，这种上下层之间和同层之间的协议全部定义为内部协议。

外部协议即组网时必须选择的协议。由于它直接负责服务器之间的相互通信，所以通常称为网络通信协议。服务器开发商为了满足自己的网络通信开发了属于自己的通信协议，但随着网络应用的普及，不同网络之间进行互联的要求越来越迫切，因此通信协议就成为解决网络之间互联的关键技术。目前，局域网中常用的通信协议(外部协议)主要有 NetBEUI、IPX/SPX 及其兼容协议和 TCP/IP 三类。

(1) NetBEUI 协议

NetBEUI(NetBIOS Extended User IXPerface，用户扩展接口)是一种体积小、效率高、速度快的通信协议。但它不具有跨网段工作的功能，不同的局域网之间将无法进行通信。

(2) IPX/SPX 及其兼容协议

IPX/SPX(Internetwork Packet eXchange/Sequences Packet eXchange,网际包交换/顺序包交换)是 Novell 公司的通信协议集。与 NetBEUI 的明显区别是,IPX/SPX 显得比较庞大,在复杂环境下具有很强的适应性。

在 IPX/SPX 协议中,IPX 是 NetWare 最底层的协议,它只负责数据在网络中的移动,并不保证数据是否传输成功,也不提供纠错服务。SPX 在整个协议中负责对所传输的数据进行无差错处理,所以我们将 IPX/SPX 也称为 Novell 的协议集。

(3) TCP/IP 协议

TCP/IP(Transmission Control Protocol/Internet Protocol,传输控制协议/网际协议)是目前最常用到的一种通信协议,是计算机世界里的一个通用协议。在局域网中,TCP/IP 最早出现在 Unix 系统中,现在几乎所有的厂商和操作系统都支持它。同时,TCP/IP 也是 Internet 的基础协议。

TCP/IP 协议具有很高的灵活性,支持任意规模的网络,几乎可连接所有的服务器和工作站。但其灵活性也为其使用带来了许多不便,在使用 NetBEUI 和 IPX/SPX 及其兼容协议时都不需要进行配置,而 TCP/IP 协议在使用时首先要进行复杂的设置。每个节点至少需要一个"IP 地址"、一个"子网掩码"、一个"默认网关"和一个"主机名"。

IPX/SPX 和 TCP/IP 兼容协议一致,是一种可路由的协议,但两者存在着一些差别。TCP/IP 的地址是分级的,这使它很容易确定并找到网上的用户,同时也提高了网络带宽的利用率;IPX/SPX 协议中的 IPX 使用的是一种广播协议,它经常出现广播包堵塞,所以无法获得最佳的网络带宽。

综上所述,根据通信网络高效率、可互联性和可扩展性的需求及构架要求,项目通信网络选择 TCP/IP 通信协议。

5.3.4 网络架构

网络系统由三层网络结构组成,即传输子系统(单模光纤接入网)、5G 无线子系统(巷道无线接入网)及车载子系统(机车 100 M 以太网),如图 5-10 所示。机车通过 5G 无线客户端接入 5G 网络,5G 网络信号传输至集控室 5G 解调终端路由器,5G 通信经解调后通过 1 000 M 以太网接入控制中心核心交换机。

地表采用定向基站的方式实现 5G 网络的覆盖,井下采用泄漏电缆+室分系统的结构实现不规则巷道内 5G 信号的全覆盖。车载网络子系统采用专用工业无线设备,便于适应车载振动以及无多余散热空间等严苛的环境,确保电机车与控制中心保持稳定的高质量传输。

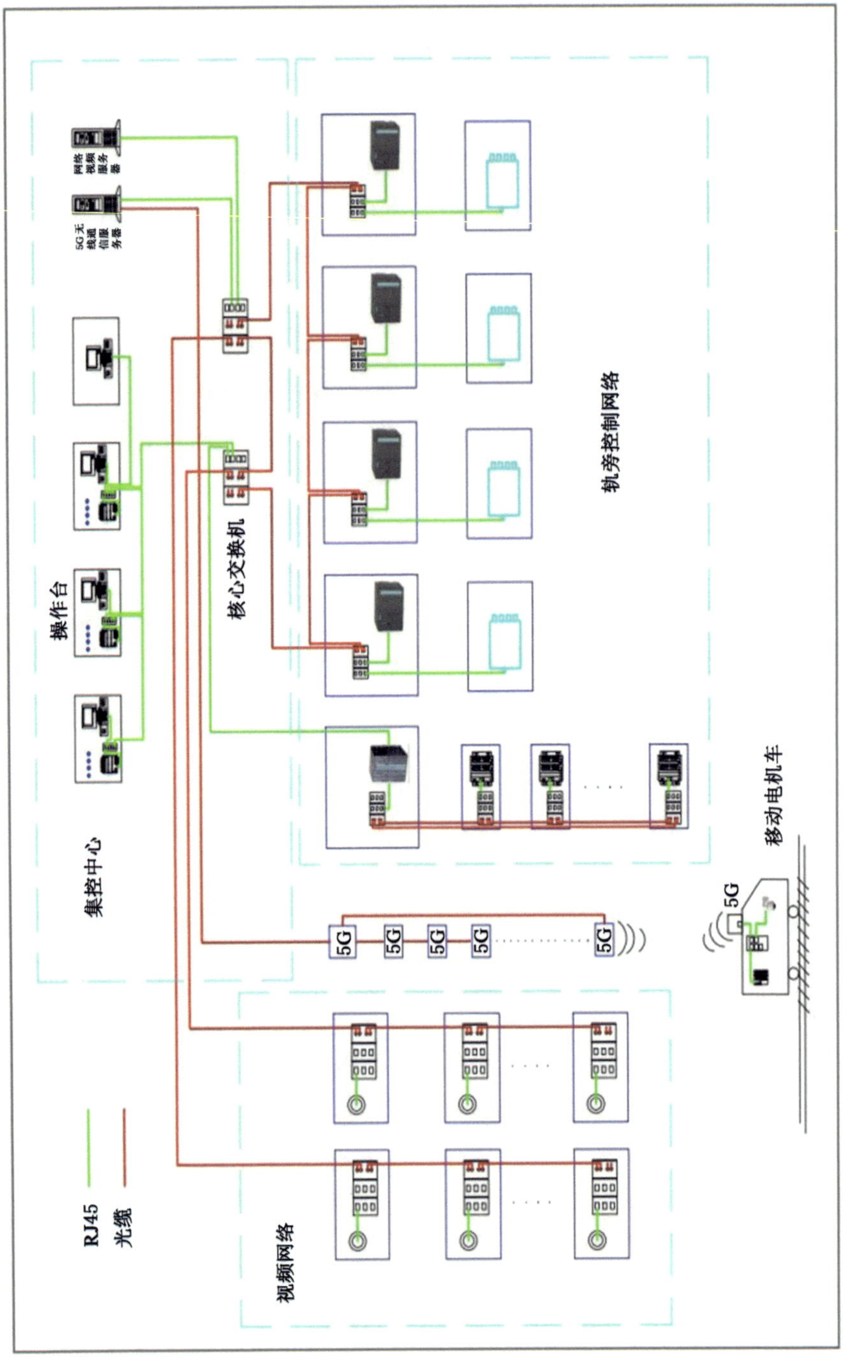
网络视频服务器
5G无线通信服务器
操作台
核心交换机
集控中心
轨旁控制网络
5G
移动电机车
RJ45
光缆
视频网络

图 5-10　总体网络架构

5.4 有线通信网络

有线通信是工业数据通信的基础，也是固定通信点通信的最基本方式。矿山有轨运输无人驾驶系统需要大量的轨旁设备支撑，均为固定通信点，按照常规操作方式，全部采用有线通信的方式进行。

5.4.1 有线通信技术类型

① 双绞线常用点到点连接，也可用于多点连接。可以用于传输模拟或数字信号，与其他传输介质相比，双绞线在传输距离、信道宽度和数据传输速度等方面均受到一定限制，但价格较为低廉。常作短程传输介质。

② 同轴电缆可用于点到点连接或多点连接。同轴电缆有基带同轴电缆和宽带同轴电缆两种基本类型。基带同轴电缆用来传输数字信号，宽带同轴电缆可以传输模拟或数字信号。常用于500 m以上的设备间传输。

③ 光纤传输的光信号中携带用户数据。光纤具有光信号衰减小、带宽高和抗干扰能力强等优点。常用于500 m以上的设备间传输，是当前主流的通信类型。

本项目通信主干网用光纤通信，终端处短程用双绞线通信，模拟量信号采用同轴电缆通信。

5.4.2 光纤通信

(1) 光纤组成

光纤有玻璃和塑料两种材质，因石英玻璃纤维制作的光纤传输损耗很低，通常使用的光纤采用玻璃材质。这种玻璃丝是通过复杂的工艺拉制纯石英制成。把折射率较高的单根光纤用折射率较低的材质包裹起来，就可构成一条光纤通道。如图5-11所示，光纤由纤芯、包层、涂敷层和护套四部分组成。多条光纤组成一束，就构成光缆。

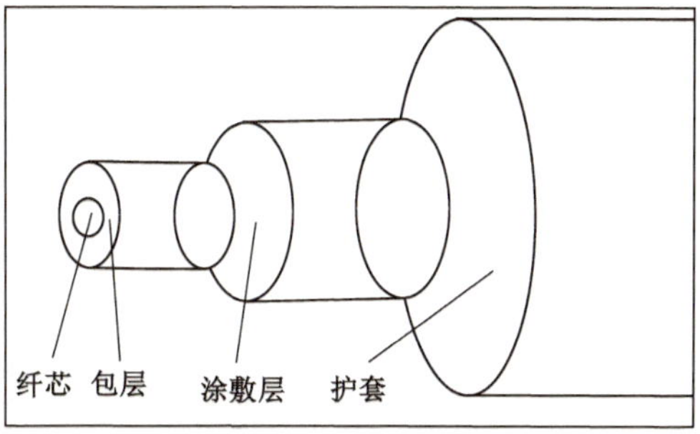

图5-11 光纤结构示意图

(2) 光纤工作原理

光纤传光利用了全反射原理，当光的注入角满足一定的条件时，光便能在光纤内形成全反射，从而达到长距离传输的目的。光在光纤内的全反射是在纤芯和包层界面上完成的，所以光纤内的光只在纤芯内传输。光纤中有子午光线和斜射光线两种光线。位于子午面上的光线称为子午光线，简称内光线；不经过光纤轴线传输的光线称为斜射光线。

如图5-12所示，纤芯折射率和包层折射率分别为n_1、n_2，且$n_1>n_2$，空气折射率为n_0。当纤芯与包层分界面的入射角大于θ_c时，光线才能在纤芯内产生多次反射，实现传输。但是，光线从空气进入纤芯中所产生的折射角θ_2决定内光线的入射角大小，因此，空气和纤芯界面上入射光的入射角θ_i就限定了光能否在光纤中以全反射形式传输，与内光线入射角的临界角θ_c相对应，光纤入射光的入射角θ_i有一个最大值θ_{max}。

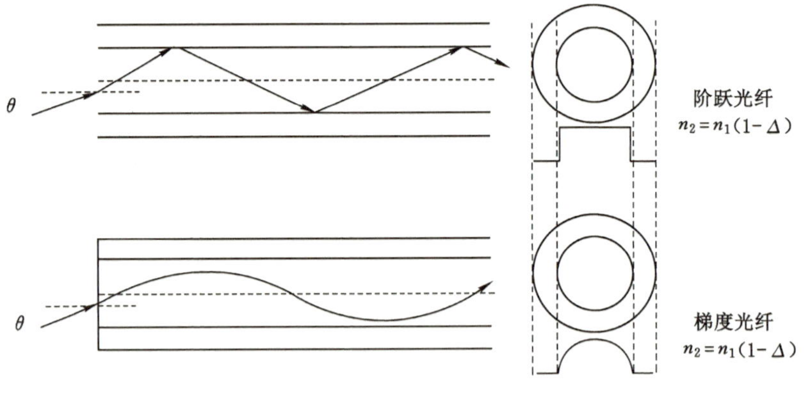

图5-12　光纤工作原理示意图

当光线以$\theta_i>\theta_{max}$入射到纤芯端面上时，内光线将以小于θ_c的入射角投射到纤芯和包层界面上。这样的光线在包层中折射角小于90°，该光线将射入包层，出现光泄漏。

当光线以$\theta_i<\theta_{max}$入射到纤芯端面上时，入射光线在光纤内将以大于θ_c的入射角投射到纤芯和包层界面上。这样的光线在包层中折射角大于90°，该光线将在纤芯和包层界面产生多次反射，使光线沿光纤传输。

(3) 光纤通信系统原理及组成

光纤通信的信息载体为光，传输介质是光纤。信息传输过程中，首先将电信号转换成光信号，光信号通过载体光纤实现传播，属于有线通信。光纤通信的原理就是：在发送端将传送的报文转变为电信号，然后通过调制设备将电信号调制为光信号，即：激光器发出的激光束上的光信号，信息的不同表现在电信号的幅度变化，电信号的变化是由光的强度来识别。光信息在光纤内经过光的全反射原理实现传送；在接收端进行相反的解调处理，经解调后恢复原信息，即把检测器收到的光信号变换成电信号。

最基本的光纤通信系统由光发信机、光接信机、光纤线路、中继器以及无源器件组成。光发信机负责将信号转变成适合于在光纤上传输的光信号，光纤线路负责传输信号，光收信机负责接收光信号，通过解调处理，提取对应的报文（语音、图像、数据等）信息。

① 光发信机：由光源、驱动器和调制器组成，是实现电/光转换的光端机。它的作用是把电信号调制为光信号，再将已调光信号经过耦合实现信息光纤传输。

② 光收信机：由光检测器和光放大器组成，是实现光/电转换的光端机。它的作用是把接收到的光信号解调为电信号，再对其进行放大处理实现信息的读取。

③ 光纤线路：它的作用是光信号的传输。通过解调处理后的光信号，由光端机发出，经过光缆的远距离传输后，收信端的光检测器接收到光信号，完成传送信息任务。

④ 中继器：由光检测器、光源和判决再生电路三部分组成。它的作用一是补偿对光信号在光纤中传输时受到的衰减，二是整形波形失真的脉冲。

⑤ 无源器件：由光纤连接器、耦合器等器件组成。它的作用是完成光纤与光端机的连接及耦合、光纤间的连接等。

（4）光纤通信系统的调制与解调

原始信号在传输过程中抗干扰能力较弱，按原始信息传输准确性较差；为有效地提高信息传输质量，降低信号在传输过程中的干扰，原始信息传输之前，必须进行调制处理。调制就是将原始信号波形转变为某种能够适合传输的波形的过程；解调和调制正好相反，即在接收端把接收到的波形转变为原始信号波形。

① 调制：主要是改变光载波中三个要素中的任意一个，满足基带信号传输规律。载波形式及调制器决定其信号的调制形式，常见的调制方式主要有幅度调制（AM）、频率调制（PM）、相位调制（PM），用户可根据实际情况选择合适的调制方式。

② 解调：光信号的解调方案主要有同步解调和异步解调。同步解调是指本振频率与光信号频率相同，本振频率锁定在达到信号光的相位上；对于不需要本振光相位锁定和频率匹配的解调则称为异步解调。

5.4.3 总体框架设计

有线通信需要将轨旁通信点和集控室之间形成数据通信，并且需保证数据传输的稳定性，考虑系统整体性及投入成本因素，通信网络采用串联环网形式设计，如图 5-13 所示。因传输数据类型可分为视频数据和控制数据，数据流量差异较大，从系统数据支撑重要性而言，控制信号优先权更大，因此，为使系统相互间保持稳定，系统选择视频与控制通信线路独立，且保留冗余部分互为备用，确保系统的稳定性。

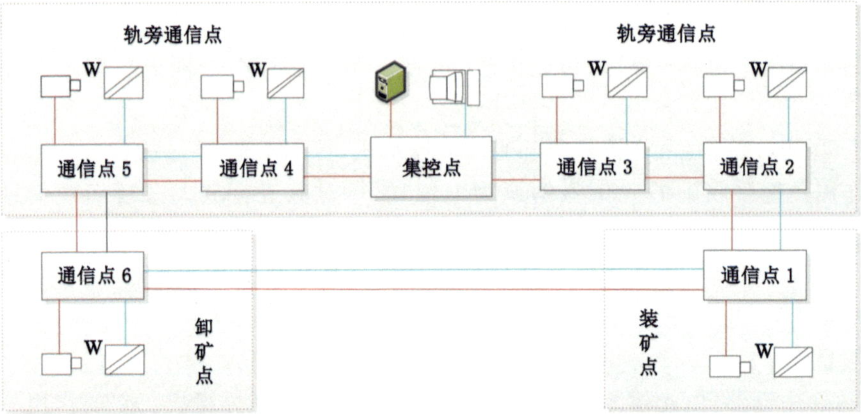

图 5-13 有线通信网络结构示意图

5.4.4 通信设备的选择

(1) 通信介质

有线通信传输介质方面，根据前述有线传输类型的优缺点分析，本系统主干网络选择光纤通信。

我们按光在光纤中的传输模式分为多模光纤和单模光纤。

单模光纤：只能够传输一个模式的信号波。单模光纤因为只沿着直线进行传播，无反射，所以不存在色散，使得单模光纤的传输频带很宽，因而适用于主干、大容量、长距离的系统。单模光纤以发光二极管或激光器为光源，采用 1 310 nm和 1 550 nm 两个波段，中心玻璃芯很细(芯径一般为 9 μm 或 10 μm)，从外形来说就比多模光纤细得多。

多模光纤：可以承载多路光信号的传送，即多条光路径可同时在一根光纤中传输多种模式的光，由于有多个模式传送，所以存在有很大的模间色散，其传输性能较差、频带较窄、容量小，因此，多模光纤传输的距离就比较近，一般只有几千米，常用于小容量、短距离的系统。多模光纤以激光器为光源，采用 850 nm 和 1 300 nm两个波段。多模光纤中心玻璃芯较粗(芯径一般为 50 μm 或 62.5 μm)。

龙首矿运输系统轨旁线路均大于 2 km，且其他系统均采用单模光纤通信，因此，综合以上因素选择单模光纤作为有轨运输电机车无人驾驶系统主干网的通信介质，结合现场实际应用，光纤型号为 MGTSV-8B1.3。

矿用光缆执行《煤矿用电缆阻燃性能的试验方法和判定规则》(MT/T 386—2011)以及 Q/TY 1009—2020。

(2) 光通信模块

按照光模块封装类型看，主要有 GBIC、SFF、SFP、XFP、SFP＋、X2、XENPARK、300pin 等类型，封装类型决定尾纤接头类型，常用的尾纤接头有 FC 型、SC 型、LC 型、ST 型等，为保证通用性原则，主要选择以上尾纤接头的封装类型。

按照传播速率分类，主要有 155 M、622 M、1.25 G、2.5 G、4.25 G、10 G、40 G等，按通俗叫法可分为百兆、千兆、万兆等级。根据带宽需要及通用互换性原则，选择千兆光通信模块，即 1.25 G、2.25 G、4.25 G 等级的光通信模块。

按波长分类，一般有常规波长(单模有 1 310 nm 和 1 550 nm)、CWDM、DWDM 等。1 310 nm(SM，单模，传输过程中损耗大但色散小，一般用于 40 km 以内的传输)；1 550 nm(SM，单模，传输过程中损耗小但色散大，一般采用 DFB 腔体类型的激光器，解决色散问题后用于中长距离传输，最远可以无中继直接传输 120 km)；CWDM 波长(SM，单模，彩光模块)，多路传输中会用到；DWDM 波长(SM，单模，彩光模块)，多路传输中常用到。应用过程中，一般选择常规波长光模块。

按照使用性可分为热插拔(GBIC、SFP、XFP、XENPARK)和非热插拔(SFF)。热插拔又称为带电插拔或热替换，是指在不切断设备电源的情况下，将主控板、接口板、光模块等部件插入或拔出设备，因此，为降低设备故障率及检修方便，选择热插拔模块。

根据以上要求，结合龙首矿应用实际，选用光模块型号为：TL-SM312LS-40 km。

(3) 交换机

交换机作为局域网数据转发的核心设备，其性能及功能决定着局域网的可管理性和数据转发性能，交换机选择主要考虑以下几方面。

① 端口数量：交换机支持的物理端口数量决定该交换机接入的终端或二级设备的数量，需要根据实际需要选择，同时也需要考虑后续的网络扩展。

② 物理参数：在交换机选型中，除了要考虑端口数量是否满足，还需要考虑端口参数类型是否能满足组网需求；端口参数主要需要考虑端口速率(百兆、千

兆、万兆)和端口类型(RJ45、SFP/光口、PoE供电网口等)。

③ 交换机带机量:主要体现在交换机的MAC地址表深度,还体现在交换机的背板带宽及包转发率。对于三层交换机来说还需要关注主机路由条目数,比如在选择三层交换机时,需要该三层交换机所有接入终端的个数小于三层交换机的主机路由条目数。

④ 网络规模与交换机应用层次:考虑到交换机应用网络规模与层次,主要分为中小型网络与大中型网络,见表5-3。

表5-3 网络分类对照表

	中小型网络	大中型网络
核心层	普通三层管理型交换机	万兆、可堆叠三层管理型交换机
汇聚层	普通二层管理型交换机	普通三层管理型交换机
接入层	普通非管理型交换机/普通管理型交换机	普通非管理型交换机/普通管理型交换机

⑤ 功能支持:划分VLAN属,不同VLAN的端口不可互访;设置静态路由,实现不同网段的VLAN可以互访;DHCP侦听,防止其他DHCP服务器的接入对局域网造成影响;生成树协议,用于消除网络中的环路,避免由于环路的存在而造成广播风暴问题。以上功能均为大中型局域网常用功能。

⑥ 安全功能:如ACL、802.1X认证、环回检测、多元绑定等。

有轨运输电机车无人驾驶系统主要涉及子网交换机和核心交换机,子网交换机根据接入数量,选择4口或8口交换机,根据物理参数需求,选择千兆RJ45网口交换机;核心交换机选择取决于网络结构,按照网络结构分类,目前龙首矿各有轨运输电机车无人驾驶系统网络结构为中小型网络,核心交换机选择普通二层管理型交换机,根据接入数量及物理参数,选择16口和千兆RJ45交换机,结合矿内其他项目备件统一性、互换性原则,选择西门子系列交换机,子网交换机型号为西门子GK00-0BA00-1ABXB00XB00,核心交换机型号为西门子6GK5116-0BA00-2AC2,其他具体参数可参照西门子系列交换机说明。

5.4.5 轨旁通信箱设计及应用

轨旁通信箱承担了轨旁控制系统、视频监视等的通信集成功能,如图5-14所示。箱体内配置电源开关、适配器(电源模块)、交换机、光纤终端盒等;按照井下箱体要求及施工情况,箱体设计为不锈钢结构,下进线,进线口ϕ30 mm×4均布,配置防尘帽;光纤终端盒固定,下出口和箱体下出口对位,正面开盖;柜门配置专用钥匙锁具;箱体固定方式为壁挂式,上下均设计壁挂吊耳。

轨旁控制通信点主要在道岔处,通信箱设置跟随道岔控制箱布置,道岔控制

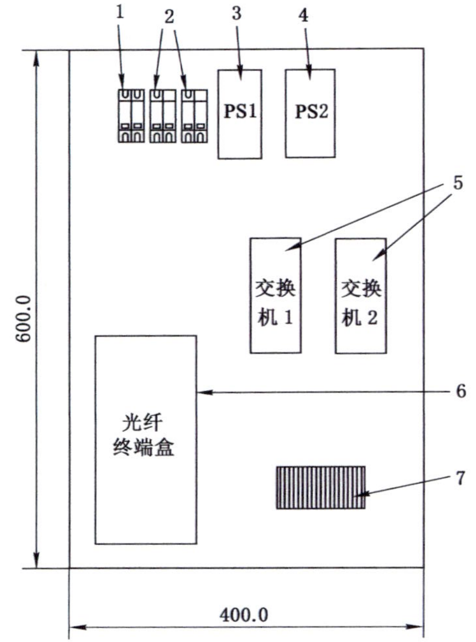

备注：1. 箱体防腐防锈，下进线，进线口 ϕ30 mm×4均布，配置防尘帽。
2. 光纤终端盒固定，下出口和箱体下出口对位，正面开盖。
3. 柜门配置专用钥匙锁具。
4. 箱体固定方式为壁挂式，上下均设计壁挂吊耳。

序号	名称	型号	数量	单位	品牌	备注
7	接线端子排	UK-2.5B	1	排		
6	光纤终端盒	8口SC接口	2	个	施耐德	
5	工业级交换机	GK00-0BA00-1ABXB00XB00	1	个	西门子	
4	电源模块2	DR-60-12	1	个		
3	电源模块1	MDR-60-24	1	个		
2	断路器	C65N 2P D6A	2	个	施耐德	
1	漏电保护断路器	DZ47LE-32 2P 10A	1	个	施耐德	

LSK-1340-remote-ore						通信箱	
设计			工艺			项目名称	
校对			标准化			工程名称	
审核						图样代号	
批准			共 页 第 页			工程编号	文件名

图 5-14 轨旁通信箱结构图

PLC及摄像头等全部集成在通信箱内，通过光纤和光纤主干网接通，实现轨旁设备的通信。其他关键点也增设通信箱，如弯道、道岔、门禁等区域，为配套控制设备及视频提供通信服务。

5.4.6 有线通信系统应用

(1) 1703通信系统

1703有轨运输电机车无人驾驶系统设计1个矿石拉运集中控制中心、1个毛石拉运控制点。集控中心和毛石控制点均处于线路的中间，线路设计按照集控室为中心向两边展开布局。矿石拉运线路上，以控制中心为核心，搭建有线通信网络。毛石拉运线路上，以毛石控制点为核心，搭建有线通信网络；两个控制点之间用光缆连接，形成一体化通信网络。

如图5-15所示，矿石拉运线路轨旁设计10处通信点，每个通信点之间采用两路8芯单模光纤连接，视频通信和控制通信独立传输，实现各通信点和集控室连接；毛石拉运线路轨旁设计4个通信点，也采用8芯光缆连接，视频通信和控制通信独立，实现各通信点数据的传输。

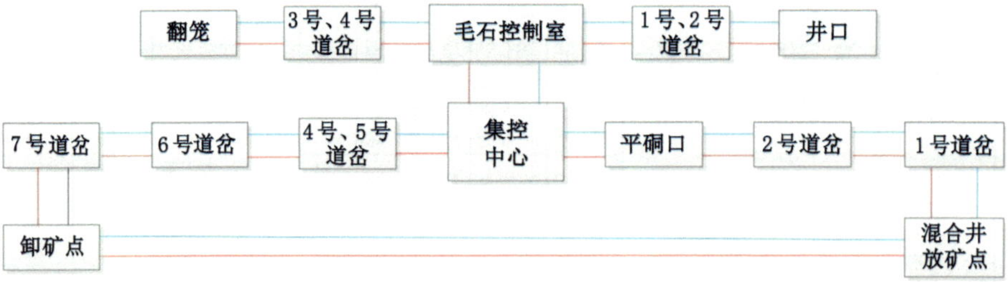

图5-15　1703水平有线通信网络结构图

(2) 1340通信系统

1340有轨运输电机车无人驾驶系统设计1个矿石拉运井下集控硐室。集控硐室位于线路的中间，线路设计按照集控硐室为中心向两边展开布局。拉运线路轨旁设计11处通信点，每个通信点之间采用两路8芯单模光纤连接，视频通信和控制通信独立传输，实现各通信点和集控硐室连接。图5-16为1340中段有线通信网络结构图。

(3) 1100通信系统

1100有轨运输电机车无人驾驶系统设计1个矿石拉运集控硐室。集控硐室位于卸载架岔口处，属于线路的一端，线路设计按照集控硐室向穿脉放矿点串联布局。矿石拉运线路上，以集控硐室为核心，搭建有线通信网络；拉运线路轨

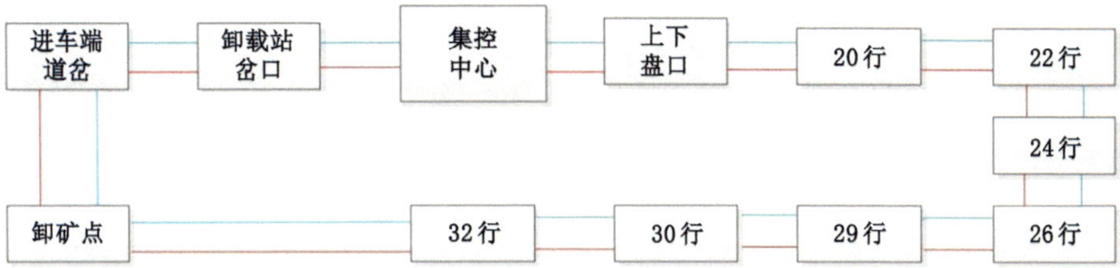

图 5-16 1340 中段有线通信网络结构图

旁设计 10 处通信点,每个通信点之间采用两路 8 芯单模光纤连接,视频通信和控制通信独立传输,实现各通信点和集控室连接。图 5-17 为 1100 水平有线通信网络结构图。

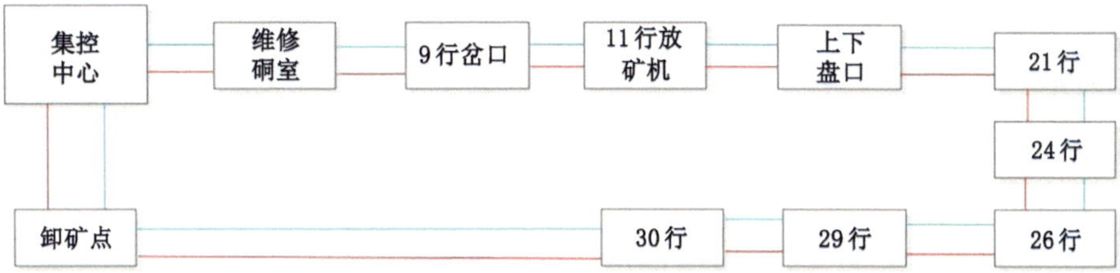

图 5-17 1100 水平有线通信网络结构图

5.5 5G 技术在矿山应用概述

5.5.1 5G+无人驾驶应用背景

在 5G 技术成熟应用之前,国内矿山有轨运输智能化建设主流无线通信为 WiFi 信号,龙首矿 1703 水平电机车无人驾驶建设初始也采用基于 2.4 GHz 工频的 WiFi 信号,自 2019 年 10 月建成运行以来,基本实现了电机车无人驾驶,验证了其系统的适用性,但无线 WiFi 在应用过程中主要有以下问题:

① WiFi 无线通信数据量带宽较小,机车运行实时视频画面等大数据量的数据需求不能满足,移动视频信号易出现卡顿、延时长等问题,且信号延时较长,机车控制信号不稳定,远程操作和现场设备运行不同步,应用控制时效性不高。

② 基站覆盖面较小,漫游较为频繁,漫游过程中易出现信号漂移等现象,通信空洞和孤岛现象不可避免,衔接流畅度不够,易出现信号丢失。

③ WiFi信号属于民用工频频段，易受相同频段信号的干扰，尤其是地表区域，干扰问题较为突出，信号中断现象较为明显。

④ 2.4 GHz高频信号覆盖面有限，信号衍射、散射能力不强，在井下巷道等狭窄区域穿透性不够，无线全覆盖需要大量的基站投入，成本较高，通信质量易受障碍物影响，如矿车装满矿石运行后方信号不易接收。

矿山电机车无人驾驶最核心的支撑技术就是无线通信技术，因WiFi技术在以上场景中应用存在的问题，严重阻碍矿山有轨运输智能化建设步伐，亟待突破性新技术破局升级。

5.5.2 5G无线通信技术的优势

5G技术在矿山有轨运输系统应用最直接的价值体现在完全规避了2.4 GHz民用WiFi频段无线通信技术在工业领域应用的缺点，搭建了非常稳固的通信平台，为无人驾驶应用及其他运输线路的智能建设提供了通信服务。另5G+电机车无人驾驶技术国内尚无报道，其应用带来的社会效益将是巨大的，项目实施具有重大的历史意义。

(1) 技术指标优势

5G网络主要有三大特点：极高的速率、极大的容量和极低的时延。其峰值传输速率可达10 Gb/s，端到端时延达到ms级，连接设备密度增加近万倍，流量密度提升1 000倍，频谱效率提升5～10倍，以上指标为无人驾驶电机车提供了可靠的技术保障。

以1703水平无人驾驶系统为例，现有WiFi信号瞬时中断频发，每一次瞬时中断都会触发机车保护停车，一次停车带来的制动、启动、加速等过程会带来3～5 min的延迟，目前无人驾驶通信系统在正常状态下混合井拉运一次矿石用时约35 min，一次通信中断将使混合井拉运一趟矿石用时达到40 min；无人驾驶系统运用5G技术后，可从本质上提高车辆的通信质量，避免通信中断保护停车，按目前通信中断频次，每班可节约时间达50 min，5G应用会进一步提高生产效率。

(2) 安全优势

通信安全：安全是无线通信系统应用的前提，WiFi源于局域网，5G源于通信网，两者安全防护等级有本质的不同。5G通信在传统严密的加密和鉴权算法基础上，采用SIM卡双向认证，网络和终端互认，相较WiFi只是单向认证，5G安全性大幅提升，对电机车无人驾驶系统的稳定运行提供保障。

现场安全：无人驾驶使用过程中，现有车载通信模组数据处理能力有限，运行过程中会偶发通信卡死问题，如遇到类似情况需要人员到现场重启通信模组，此过程增加了人员进入无人驾驶区域的风险，极大地破坏了无人化的本质化安全环境,且该过程全部车辆停运,对无人驾驶安全和生产造成影响。5G 技术应用后,车载模组数据处理能力大幅提高,将不会出现卡死、重启等问题,避免人员因通信问题进入运输现场,提高无人驾驶电机车的运行安全性。

(3) 成本优势

现有 WiFi 通信设备覆盖面有限,全程安装了大量的基站设备,如龙首矿 1703 水平 2.2 km 的距离内就敷设了多达 14 个基站,项目投入设备成本较大,且全部基站通过光纤环网的方式连接起来,线缆敷设量较大。WiFi 通信数据通信量有限,只能保证机车的控制信号和机车移动视频信号,现场固定信号也需要通过光缆连接起来,通信平台重复建设,线缆投入成本极大。5G 通信技术应用后,沿线全程只需通过一个通信环网,将移动通信服务、固定视频服务、轨旁控制等通信业务全部纳入该平台,可有效降低通信层的设备投入,线缆大幅减少,可大大降低后期维护成本,成本方面的隐形效益较为显著。

(4) 拓展优势

5G 技术的高数据流量特性决定其可承载更多、更广的通信业务,轨道运输沿线除无人驾驶通信需求外,如需增加其他通信业务,可直接在应用点无线入网,无须再搭建通信网络,其带宽冗余为其他智能设备的建设提供了广阔的通信平台。

5.5.3 5G 技术在矿山领域应用的必要性及意义

当前,全球矿业正在经历新的革命,5G、人工智能、大数据、物联网、云计算等新一代信息技术促使采矿全面迈入遥控化、智能化乃至无人化阶段。相关数据显示,我国资源开发逐步进入深部,超过 1 500 m 的金属矿山近 50 座,未来 15 年内,三分之一的金属矿山将进入 1 500 m,深部开采难度大、安全风险高、生产效率低。发展智能化乃至无人化采矿技术,革新矿山开采模式,减少井下人员,提高生产效率与安全性,是我国资源开采尤其是深部资源开采的必然选择和必经之路。5G 技术凭借大带宽、广连接、低时延的特性,正成为助力工业企业加速采用智能制造的关键技术,“5G+智能矿山”正受到业界的广泛关注。

5G 具备高性能、低延迟与高容量等特性,它在信息交互上传输量大、速度快,为物互联的实现提供了技术保障,可以满足无人驾驶的高速、大容量数据传输要求;基于 5G 网络,无人驾驶数据传输速度实现大幅飞跃,人、车、路可以实现有效协同交互,无人驾驶的高生产效率、高安全性能将更进一步集中体现,尤其在矿山工业应用领域更具明显的优势,所以 5G 技术在矿山有轨运输无人驾驶电机车方面的工业应用是现实需求。

5.5.4 龙首矿有轨运输系统5G无线通信应用规划

根据龙首矿有轨运输系统智能化建设实际情况，结合5G技术应用优势，基于应用之初国内尚未有该领域成功应用案例，因此，龙首矿5G应用采用分布建设、逐系统推进的原则。

1703水平在2019年10月建成基于WiFi的无人驾驶系统，因为地表环境特征和车辆工艺限制，WiFi应用问题不断；2020年3月，借助5G应用政策和技术红利，开展1703水平有轨运输系统5G无线通信的升级改造，并成功应用；在后期电机车无人驾驶项目推广实施中，5G技术实现了井下1340中段和1100中段的拓展应用。

5.6 矿区地表5G组网

该部分主要对龙首矿地表1703水平有轨运输系统5G网络进行解析。龙首矿1703水平有轨运输系统全年拉运量232万t，运输线路全长2.2 km，有1 km平硐和1.2 km露天两种线路环境，车辆运行工艺为双机牵引折返式运行模式。

5.6.1 总体设计方案

该方案由两部分内容组成：一是5G现场组网，二是电机车5G终端设计，如图5-18所示。

组网方面：1703露天环境参照传统电信网络形式，采用传统宏基站覆盖；平硐因直线结构、空间较大，考虑标准化统一性原则，也设计为宏基站进行信号覆盖，基站布置考虑环境限制，适当做加密及增大覆盖面处理。

车载终端方面：无人驾驶电机车通信系统为以太网通信协议，5G无线通信终端需提供适配工业以太网的终端设备。目前，市场上还没有成熟的适应电机车应用的5G和以太网之间信息处理的通信设备，需采用传统LNS路由器和LAC 5G通信模组相结合的方式实现车载5G通信，并解决5G公网三层网络模式下实现工业现场二层通信结构的数据传输问题。

5.6.2 5G组网站址选择

根据理论计算站间距，经过实地勘测，选定5个站址，共计8个扇区，如图5-19所示。其中，平硐内二扇区站址2个、一扇区站址1个，其天线安装于平硐顶部或平硐侧；平硐外二扇区站址1个、一扇区站址1个，其天线安装于轨道旁灯杆和集控室旁原有拉线杆上。

(1) 1号点位天线

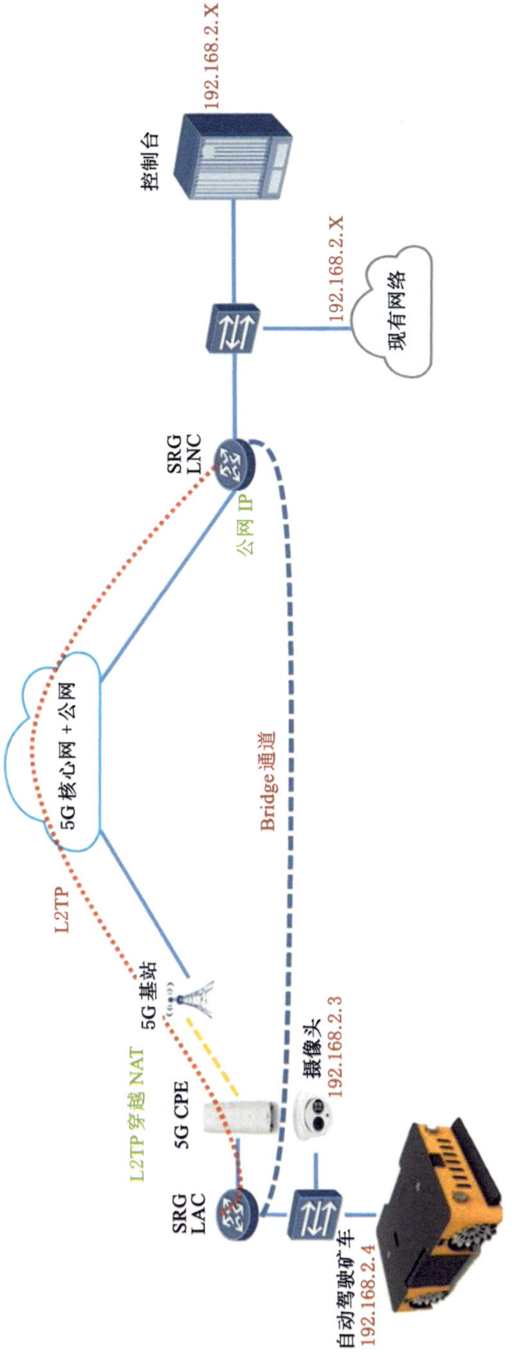

图 5-18 5G通信方案设计图

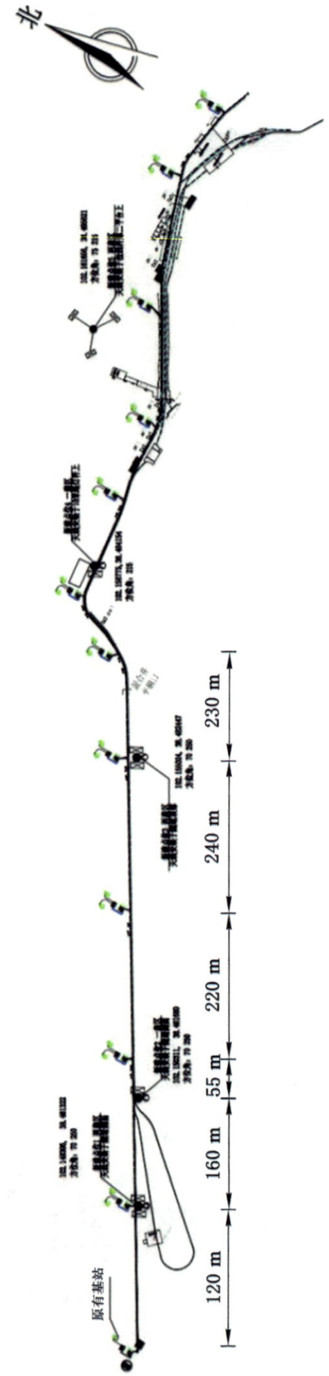

图 5-19　1703 水平 5G 站址选择示意图

1号点位在墙体侧面新建2个1.2 m附墙抱杆，2个抱杆水平相距2 m，抱杆挂高离地为1.8 m，固定在墙体侧面，在此安装2个5G设备(800 mm×400 mm×200 mm，50 kg)和2个4G设备(ϕ150 mm，15 kg)，分纤箱(460 mm×340 mm×100 mm)壁挂于侧帮，光缆和电源线布线沿平硐侧帮电缆挂钩敷设，如图5-20所示。

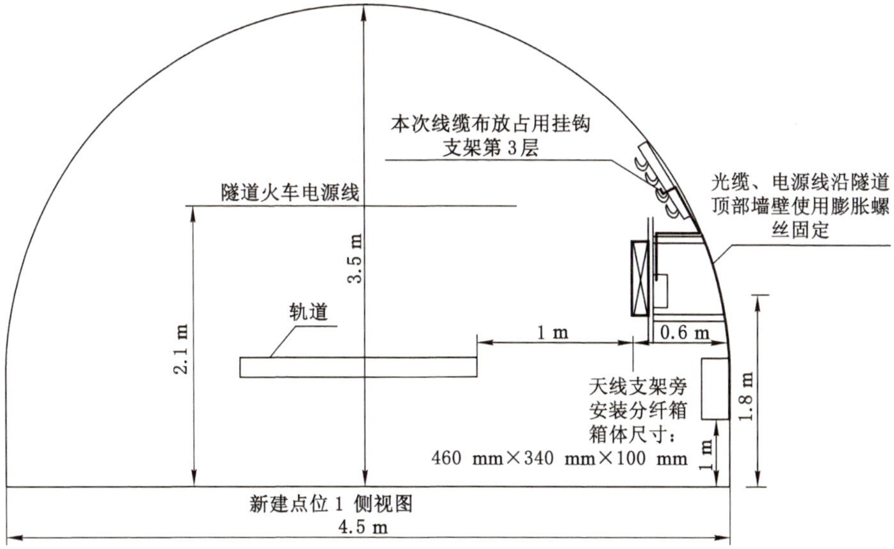

图5-20　5G基站平硐1号点位安装示意图

(2) 2号点位天线

2号点位新建1个1.2 m附墙抱杆，固定在墙体侧面，抱杆挂高离地为3.2 m，抱杆底端离下侧门上边缘0.4 m，于此安装1个5G设备(800 mm×400 mm×200 mm，50 kg)，分纤箱(460 mm×340 mm×100 mm)壁挂于侧帮，光缆和电源线布线沿平硐侧帮电缆挂钩敷设，如图5-21所示。

(3) 3号点位天线

3号点位侧面安装设备存在一定的风险，因此在平硐顶部新建2个1.2 m附墙抱杆，2个抱杆水平相距2 m，抱杆挂高离地为3.2 m，固定在平硐顶部，在此安装2个5G设备(800 mm×400 mm×200 mm，50 kg)和2个4G设备(ϕ150 mm，15 kg)，分纤箱(460 mm×340 mm×100 mm)壁挂于侧帮，光缆和电源线布线沿平硐侧帮电缆挂钩敷设，如图5-22所示。

(4) 4号点位天线

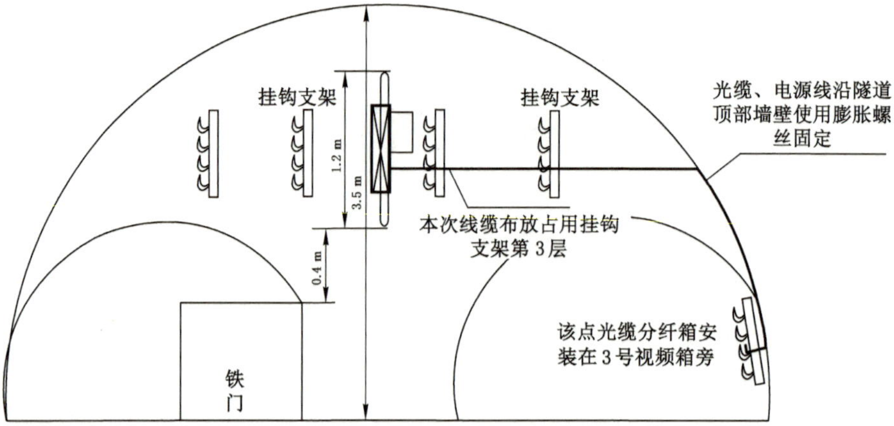

图 5-21　5G 基站平硐 2 号点位安装示意图

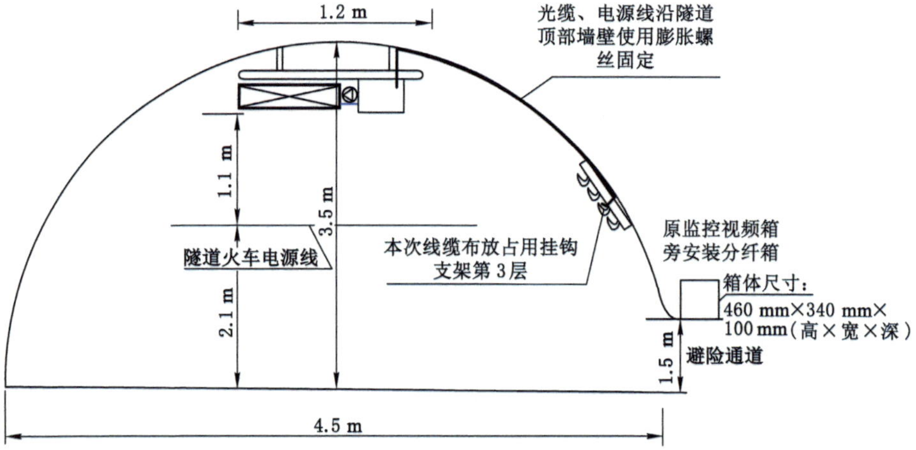

图 5-22　5G 基站平硐 3 号点位安装示意图

4 号点位天线直接安装在路灯杆上，挂高离地为 9 m，在此安装 1 个 5G 设备(800 mm×400 mm×200 mm，50 kg)，分纤箱(460 mm×340 mm×100 mm)壁挂于轨旁配电箱侧，光缆布线占用铁杆架空吊线第 1 层，电源线布线占用铁杆架空吊线第 2 层。

5.6.3 基站电源

为通信设备独立稳定供电，5G设备需要重新引电，负荷端共计6个5G设备和4个4G设备，其中每个5G设备为1 100 W，每个4G设备为300 W，共计总功率7 800 W，总电流为34 A，选择总输入电源线为RVVZ-3×10 mm²，沿轨旁线路敷设。

5.6.4 机房设备安装

如图5-23所示，在集控室机房新增一个600 mm×600 mm×2 200 mm的综合机柜，用于安装5G-BBU和传输设备，其总功率为2 600 W，包括BBU供电模块。

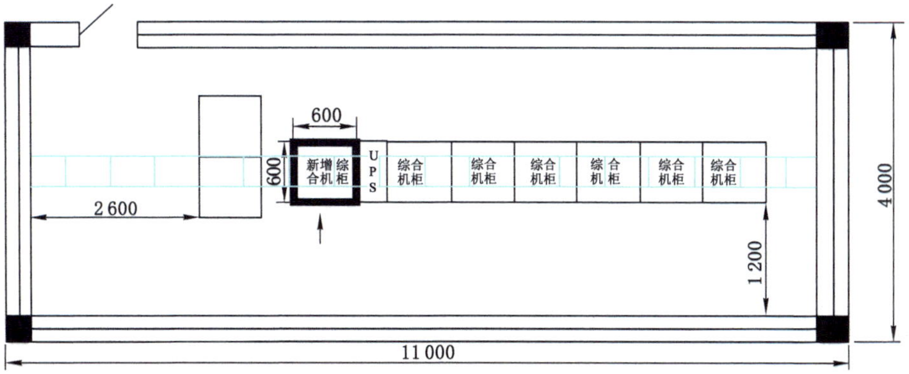

图5-23 机房通信机柜安装示意图

5.6.5 5G光缆接入设计

为确保5G基站的安全运行，龙首矿有轨运输集控机房传输承载A2设备的光缆接入，按双路由接入进行设计，如图5-24所示。

第一路由：由龙首矿最近某基站布放1条24芯光缆至龙首矿有轨运输集控机房成端，A2设备通过跳纤上联至某区B设备。

第二路由：由某地光缆交接箱引接1条24芯光缆，布放至龙首矿有轨运输集控机房成端，A2设备通过跳纤上联至某地B设备。

5G基站接入光缆由龙首矿有轨运输集控机房引接，分别引出2条24芯，沿现有轨道铁杆吊线（弱电层）布放至1号、2号基站和3号、4号基站，每个基站成端12芯；基站点安装24芯光缆分纤箱（500 mm×550 mm×450 mm），用于光缆成端及电力电缆接线。

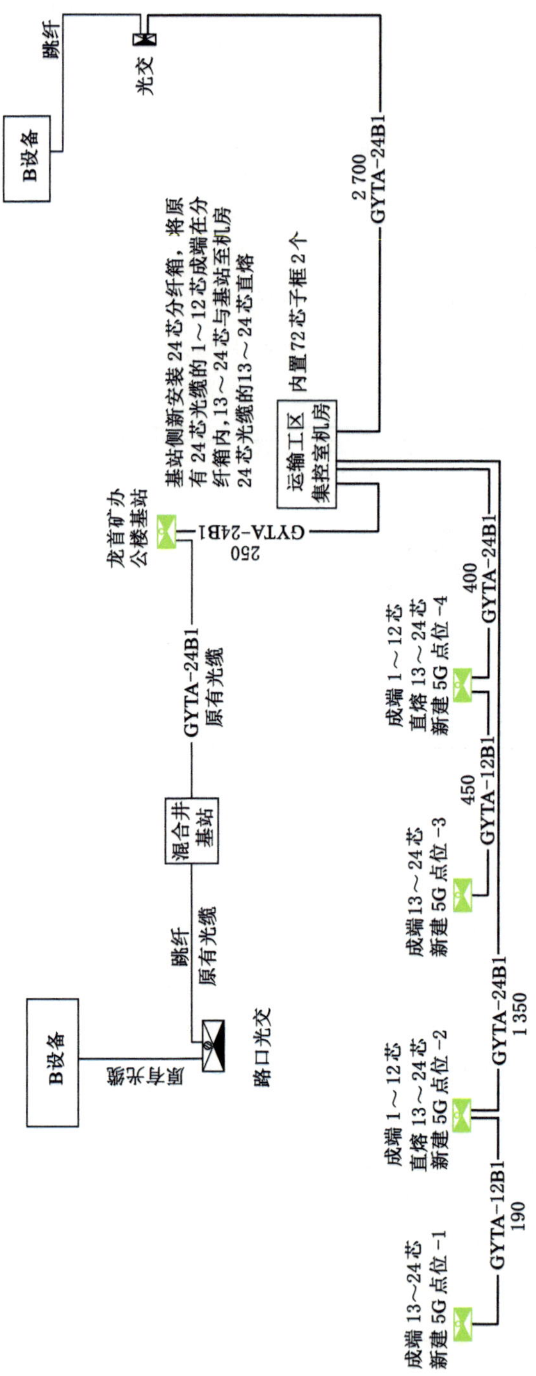

图 5-24　光缆接入示意图

5.7 井下5G组网

井下有轨运输涉及1340和1100两个中段，运输环境和线路长度相近，同为3列车运行，车辆运行工艺均为双机牵引折返式运行模式，从现场环境和功能要求方面对5G网络需求类似。5G技术虽在1703水平成功应用，但限于地表露天环境，5G无线网络覆盖较为容易，不易存在盲区，井下巷道相对较为复杂，限于5G高频信号衍射特性，信号覆盖受巷道封闭环境影响，传统的地表5G无线通信模式盲区较大，不具备应用条件，因此，井下5G技术的应用还需做进一步的探索和实践。

5.7.1 总体设计方案

井下和地表5G通信网络区别在于组网，电机车5G终端基本类似，本书重点以井下1340中段5G组网进行详细说明。

井下组网涉及多条穿脉和长距离沿脉巷道，巷道走向不规则，现场环境复杂，所有运输区域均需实现5G信号全覆盖。根据应用需求及现场环境条件，无法采用传统宏基站进行信号覆盖，设计采用室分RRU+双泄漏电缆的方式进行无线覆盖，以便充分利用2T2R的优势，保障平均上行速率。图5-25为5G通信系统井下总体设计拓扑图。

5.7.2 井下控制中心5G设备安装

井下集控中心为5G无线网络的接入点，在集控硐室增加BBU(室内基带处理单元)机柜一台，如图5-26所示，设备尺寸920 mm×900 mm×2 150 mm，含开关电源、蓄电池等配套设施，总容量3 000 W，供电电源从集控室交流配电箱接入。

5.7.3 巷道5G设备设计及安装

本项目设计安装RRU(射频拉远单元)设备16台，如图5-27所示。其中，FDD1800 8台，5G NR设备8台，共计8个安装点位，每个点位安装RRU3959 1台+RRU5268-d 1台，通过合路器将信号传输至2条泄漏电缆。

巷道内敷设线缆主要由泄漏电缆、电力电缆、通信电缆等组成，安装示意图如图5-28所示。其中，图例1、5位置为本次新增泄漏电缆走线路由；图例2为本次新增电力电缆走线路由；图例3为原有信号线缆；图例4为本次新增通信光缆走线路由。

RRU电源引接设计3个电源接入点，具体如下：

① 从井筒附近的变电所至2处RRU侧沿隧道内墙壁布放6 mm^2电力电缆0.9 km(交流220 V，最大功率2.8 kW)。

② 从卸载站变电所至2处RRU侧沿隧道内墙壁布放6 mm^2电力电缆

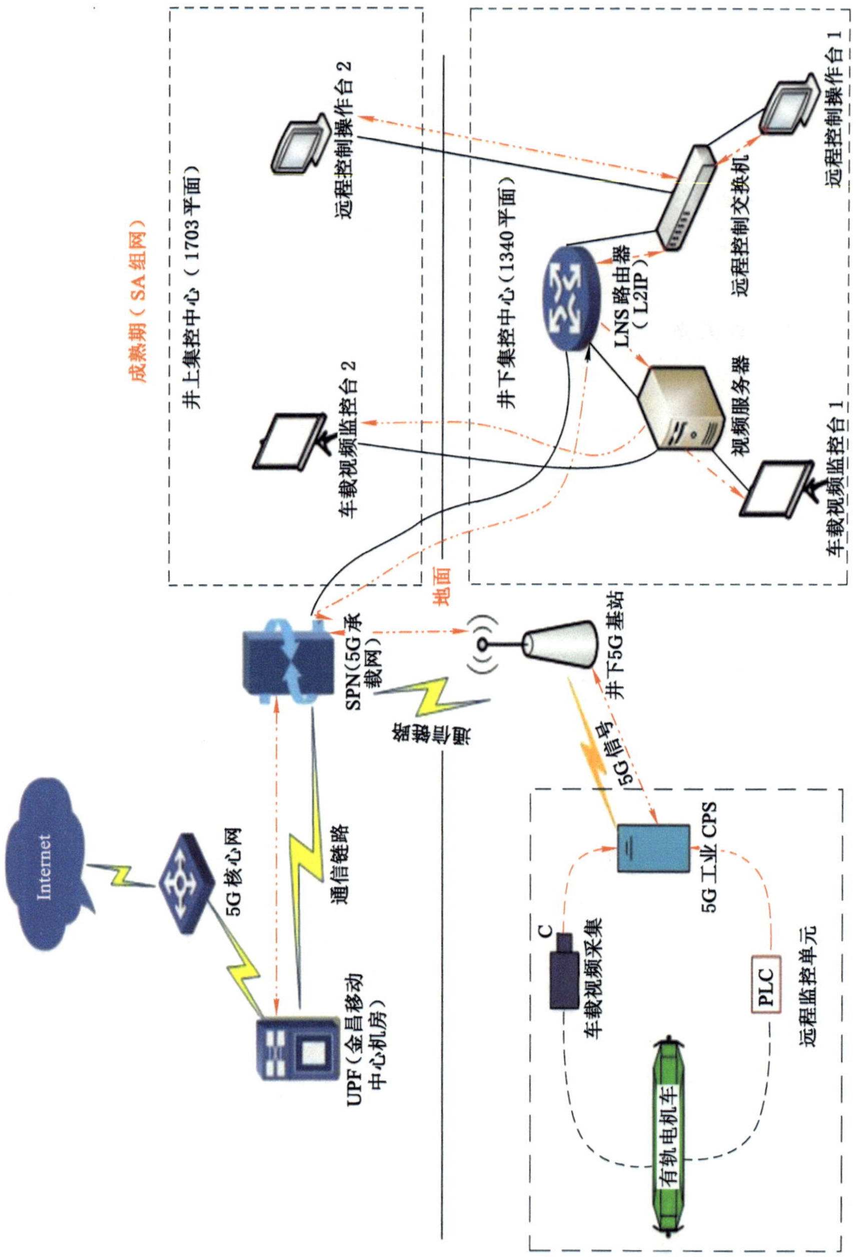

图 5-25　5G通信系统井下总体设计拓扑图

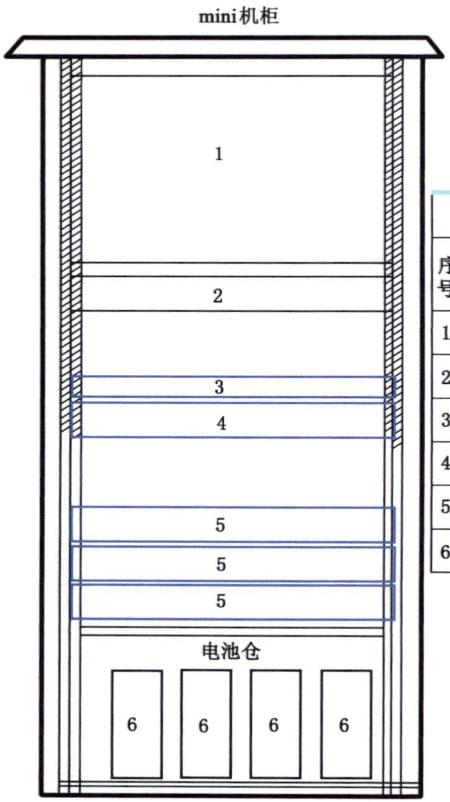

设备安装工作量表

序号	名称	单位	总数	新增数	拆除数	设备尺寸/mm（宽×深×高）	设备型号	设备厂家	安装方式	备注
1	嵌入式开关电源	台		1				艾默生	嵌入	新增设备
2	传输设备	台		1				中兴	嵌入	新增设备
3	直流配电单元	台		1				华为	嵌入	新增设备
4	BBU 主设备	台		1				华为	嵌入	新增设备
5	ODF 子框	台		1				中兴	嵌入	新增设备
6	蓄电池	组		1				双登	嵌入	新增设备

图 5-26 井下集控室 5G 通信 BBU 柜设计结构图

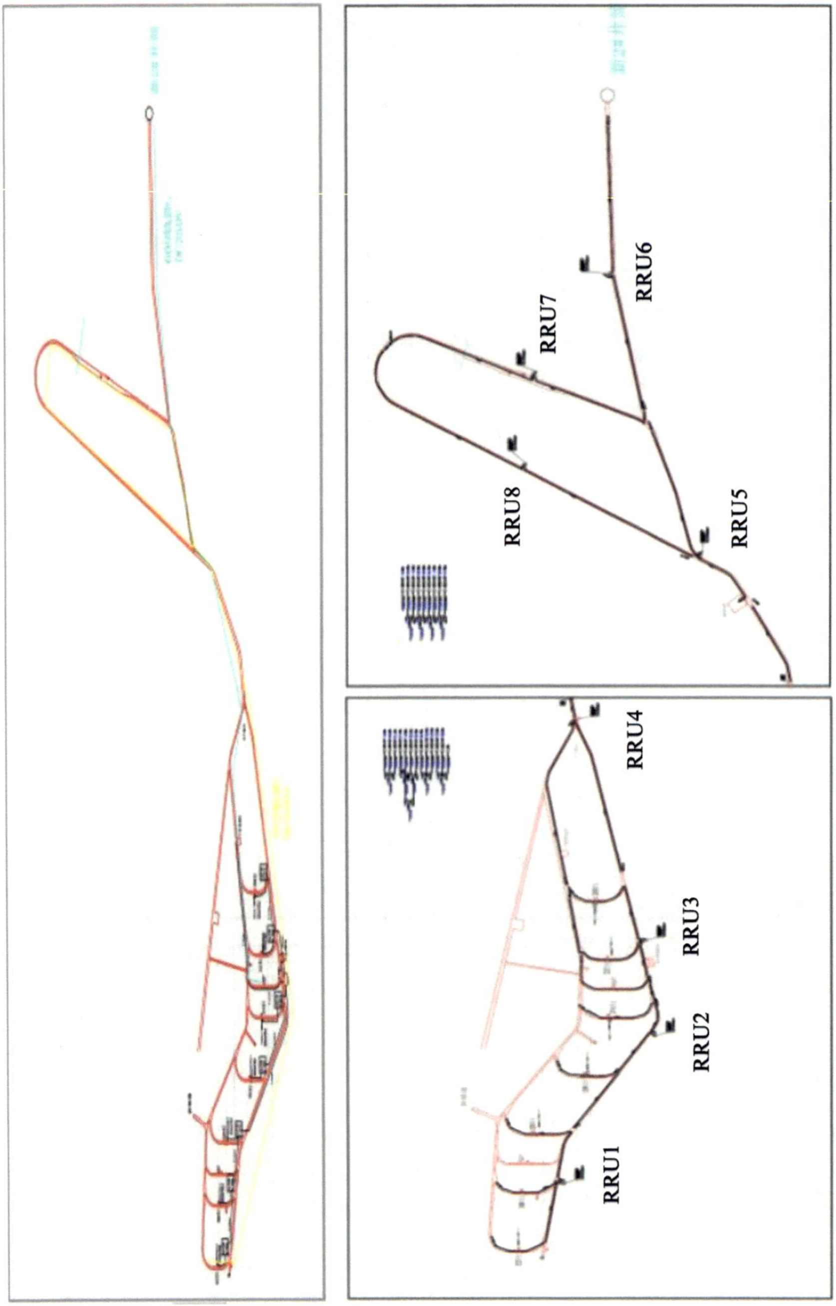

图 5-27　井下巷道 RRU 设计安装示意图

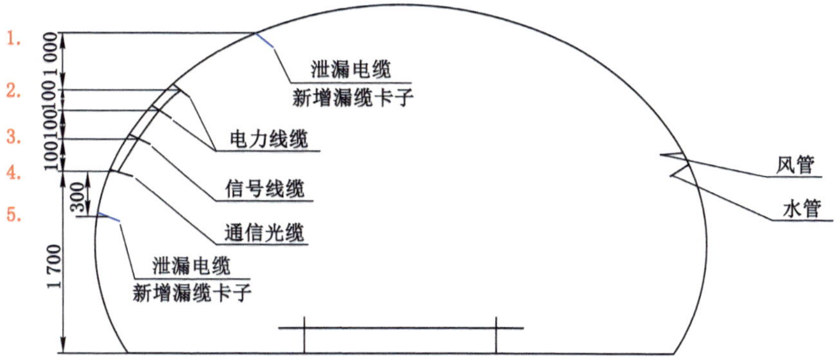

图 5-28 井下泄漏电缆安装示意图

0.98 km(交流 220 V,最大功率 2.8 kW)。

③ 从 23 行川脉口变电所至 4 处 RRU 侧沿隧道内墙壁布放 6 mm^2 电力电缆 1.2 km(交流 220 V,最大功率 5.6 kW)。

5.7.4 光缆接入设计

为确保 5G 基站的安全运行,按双路由接入进行设计,如图 5-29 所示。

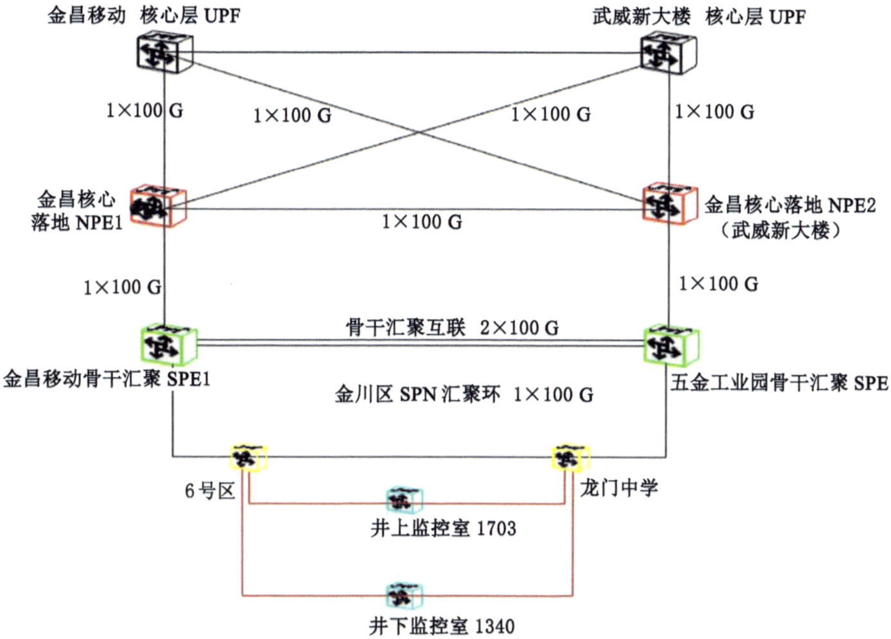

图 5-29 5G 通信光缆拓扑图

第一路由：通信公司市区某基站至龙首矿洗浴中心基站布放48芯光缆2.3 km；龙首矿洗浴中心基站至井上监控室1703布放24芯光缆0.4 km；从井上监控室1703至井下监控室1340重新布放一条24芯光缆，本次计划占用4芯。

第二路由：通信公司矿区某基站至井上监控室1703全程附挂24芯光缆3.6 km，直埋0.2 km至井口，沿桥架布放0.1 km。5G基站接入光缆由龙首矿有轨运输集控机房引接，分别引出2条24芯，沿现有轨道铁杆吊线（弱电层）布放至1号、2号基站和3号、4号基站，每个基站成端12芯；基站点安装24芯光缆分纤箱（500 mm×550 mm×450 mm），用于光缆成端及电力电缆接线。

5.8 车载5G终端及网络调试

5.8.1 车载5G终端架构

无人驾驶电机车通过5G通信传输的数据主要为控制信号和车载视频信号，在集控室部署LNS路由器，分配公网IP，通过互联网专线接入集团核心网，LNS路由器端提供2个RJ45接口，分别对接视频监控服务器及远程控制系统交换机。每台电机车安装1台5G CPE和1台LAC路由器，提供2个RJ45接口，分别对接高清摄像头及机车控制系统；LNS和LAC之间配置L2TP隧道协议，建立桥接通道，实现车载端与集控室端内网通信。图5-30为无人驾驶电机车5G通信拓扑图。

5.8.2 车载5G对接技术原理

本项目使用L2TP协议构建VPDN应用，如图5-31所示。L2TP（Layer 2 Tunneling Protocol，二层隧道协议）是VPDN（Virtual Private Dial-up Network，虚拟私有拨号网）隧道协议中使用最广泛的一种协议。

在L2TP构建的VPDN中，网络组件包括以下三个部分：

① 远端系统：是要接入VPDN网络的远地用户和远地分支机构，通常是一个拨号用户的主机或私有网络的一台路由设备。本项目中远端系统为电机车远程控制系统服务器和视频监控服务器。

② LAC（L2TP Access Concentrator，L2TP访问集中器）：是附属在交换网络上的具有PPP端系统和L2TP协议处理能力的设备，主要用于为PPP类型的用户提供接入服务。LAC位于LNS和远端系统之间，用于在LNS和远端系统之间传递信息包。它把从远端系统收到的信息包按照L2TP协议进行封装并送往LNS，同时也将从LNS收到的信息包进行解封装并送往远端系统。本项目中拟采用集成LAC功能的5G工业CPE，以便减少设备数量，提高系统集成度和可靠性。

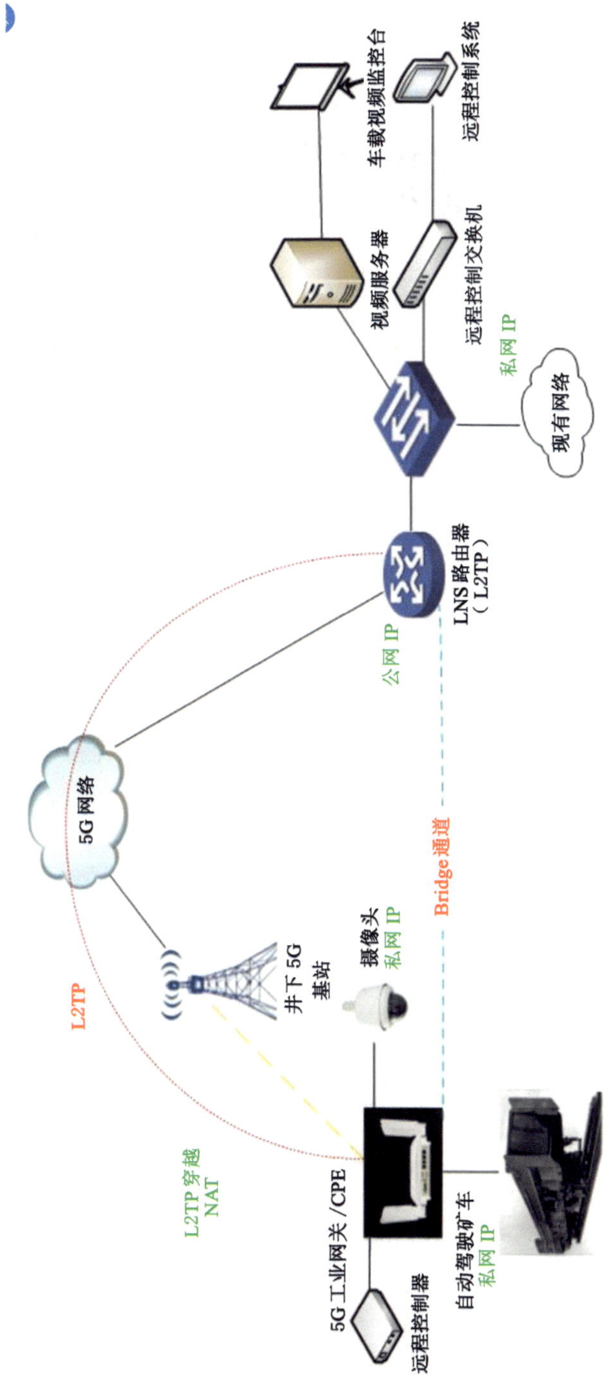

图 5-30　无人驾驶电机车 5G 通信拓扑图

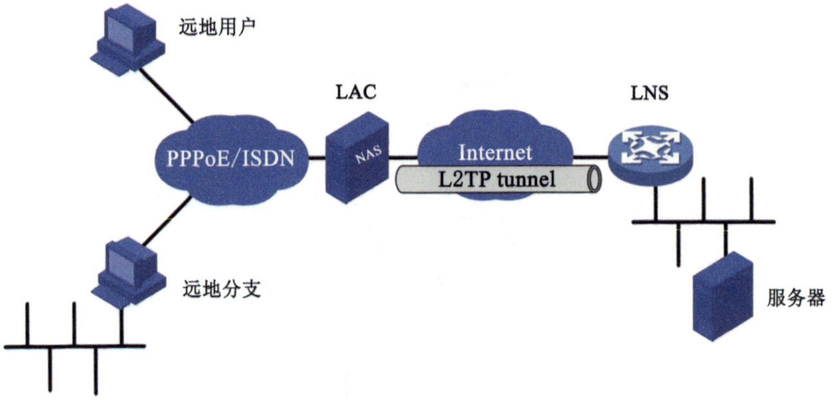

图 5-31 车载 5G 通信拓扑图

③ LNS(L2TP Network Server,L2TP 网络服务器):是 PPP 端系统上用于处理 L2TP 协议服务器端部分的设备,通常是一个企业内部网的边缘设备。LNS 作为 L2TP 隧道的另一侧端点,是 LAC 的对端设备,是 LAC 进行隧道传输的 PPP 会话的逻辑终止端点。通过在公网中建立 L2TP 隧道,将远端系统的 PPP 连接的另一端由原来的 LAC 在逻辑上延伸到了企业网内部端的 LNS。本项目中使用华为 RT-MSR3610-X1-DP 路由器作为对接内网的 LNS。

在同一对 LAC 和 LNS 之间可以建立多个 L2TP 隧道,隧道由一个控制连接和一个或多个会话连接组成。会话连接必须在隧道建立(包括身份保护、L2TP 版本、帧类型、硬件传输类型等信息的交换)成功之后进行,每个会话连接对应于 LAC 和 LNS 之间的一个 PPP 数据流。在本项目中,一对 LAC 和 LNS 之间建立 1 个 L2TP 隧道,包括 1 个控制连接和 2 个会话连接,2 个会话连接分别承载监控视频 PPP 数据流和电机车控制信号 PPP 数据流。

5.8.3 车载 5G 终端电源

如图 5-32 所示,电机车动力电源电压为 DC 550 V,由电机车受电弓从架线取电;电机车控制系统电压为 DC 24 V,配置 2 块串接 DC 12 V 电压 200 A · h 蓄电池,为电机车无动力电源时提供控制电源;配置充电电源,当电机车架线动力电源接通时,充电电源从架线电源变压向蓄电池充电,确保电机车运行过程中电源稳定。

系统配套 5G 终端设备适配电压为 AC 220 V,系统现有电压不能满足供电需求。为满足 5G 设备供电,设计两套供电方案:一是由架线电压 DC 550 V 直接变压供电;二是由控制电压 DC 24 V 变压供电。

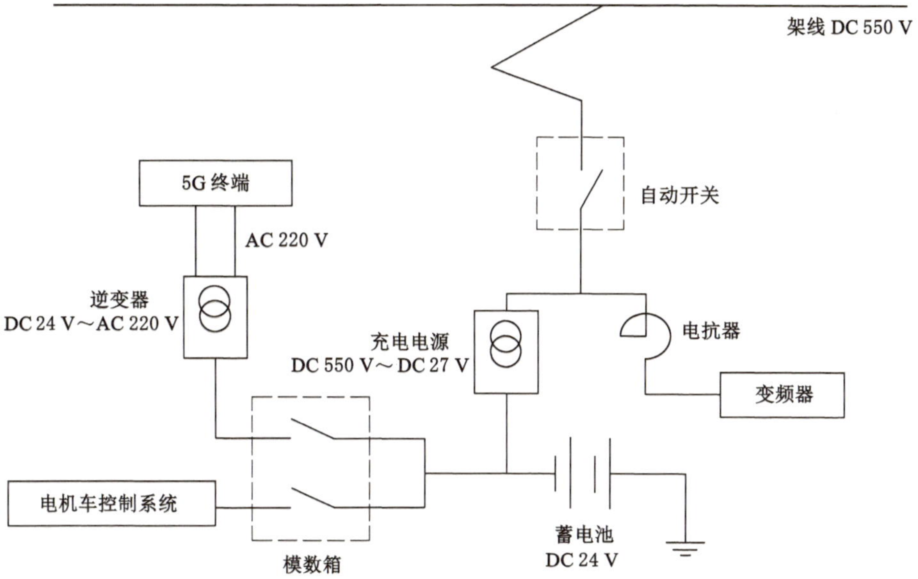

图 5-32　5G 终端供电系统

根据 5G 设备使用要求，电机车在牵引状态或被牵引状态下，均需实现车辆的通信，实际核算 5G 路由器和通信模组最大功率不超过 40 W。因此，综合以上方案优缺点及实际使用需求，选择蓄电池变压给 5G 设备供电。

5.8.4　5G 网络优化

相对于传统的 5G 应用实现，无人驾驶电机车须确保运行状态下高速率视频实时回传，因此，5G 方案须解决以下技术问题：

① 基础优化问题：电机车无人驾驶 5G 通信业务，无线环境要求质量更高，需满足高覆盖率、高通信质量以及减少非必要切换带来的速率波动。

② 视频卡顿问题：视频数据实时回传要求低时延和低误码，数据包的发送要避免拆包和重传。

③ 上行容量问题：高清视频具有较高的误码率，5G 上行带宽为 5G 性能短板，在车辆会车等多通信点重叠的情况下，需解决上行容量问题。

(1) 无线基础优化

无线优化主要对 LTE 锚点站点以及 5G 站点，从覆盖、质量以及切换性能三方面进行优化。

① 覆盖优化。网络覆盖检测，4G锚点轨旁覆盖率较差，问题主要集中在3个区域，通过RF优化(点位1新增LTE扇区、点位2优化调整方位角、点位3增加功率)，平均信号接收功率由−85.86 dBm提升至−75.41 dBm，提升幅度10 dBm。

② 质量优化。优化前，卸矿点4G、5G SINR均不理想。通过RF优化，锚点站质差区域SINR由2 dB提升至13 dB，提升幅度11 dB。对5号点位进行扇区调整和参数优化，5G质差区域SINR由6 dB提升至20 dB。

③ 切换优化。RF优化前，4G基站存在频繁切换，矿车单程切换次数15次以上，为进一步减少切换带来的影响，对LTE平硐内和平硐外轨旁进行分组合并，减少切换带来的卡顿风险，锚点单程切换降低至1次。

RF优化前，5G单程运行平均切换次数11次，个别区域存在频繁切换，影响数据传输稳定性，通过RF优化及参数优化，减少非必要切换，切换次数降至6次，且均为必要切换。

通过增补站点、RF调整以及轨旁合并和参数优化，4G锚点和5G站点各项指标均明显提升，见表5-4。

表5-4　优化前后指标对比

测试区域	测试距离/km	网络/业务	覆盖率/%	平均信号接收功率/dBm	平均SINR/dB	PDCP层平均吞吐率/(Mb/s)	PDCP层速率优良比/%
T0	2.3	5GNR/下载	98.95	−77.01	22.22	552.46	92.99(>200 Mb/s)
		5GNR/上传	97.14	−74.71	22.15	118.92	98.55(>25 Mb/s)
		LTE锚点	92.40	−85.86	24.46		
T1	2.3	5GNR/下载	99.94	−77.56	25.25	632.54	97.74(>200 Mb/s)
		5GNR/上传	99.97	−78.36	25.99	121.71	99.47(>25 Mb/s)
		LTE锚点	98.36	−75.41	26.66		

(2) 视频卡顿优化

机车在运行中，经过平硐口和天桥处出现大概率卡顿现象，对此处问题进行分析优化。

① 误码率优化。对两处问题点日志进行统计分析，在两处卡顿问题点，上行初始误码率大于10%，重传率大于5%。对上行误码率进行收敛，设定初始误码率收敛目标值为1%。对比测试，上行误码率在优化后控制在1.5%以内，重传率由8.97%降至1.35%，如图5-33所示。

误码率对比

目标上行误码率	NR Serving SS-RSRP_	NR Serving SS-SINR_	NR PCC UL Avg MCS_	NR PCC PDCCH UL Grant Count_	NR PCC PUSCH RB Number/Slot_	NR PCC UL Initial BLER(%)_	NR PCC UL Retransfer Rate(%)_	NR PCC UL PDCP Throughput(Mbit/s)_
修改前 10%	-85.75	24.46	15.46	580.40	244.86	9.88	8.97	74.22
修改后 1%	-85.18	24.53	14.64	587.89	243.15	1.37	1.35	76.37

图 5-33　误码率优化提升对比

② 乒乓切换优化。对某次车辆运行情况进行观测，监控画面回传视频卡顿 8 s 后恢复，对空口数据进行抓包分析。读取基站切换日志，如图 5-34 所示，发现基站在卡顿时间内连续发生多次切换，因而针对切换性能须进一步优化。通过 RF 优化增强主轨旁覆盖，另外通过参数策略延迟切换，乒乓切换问题得到解决。

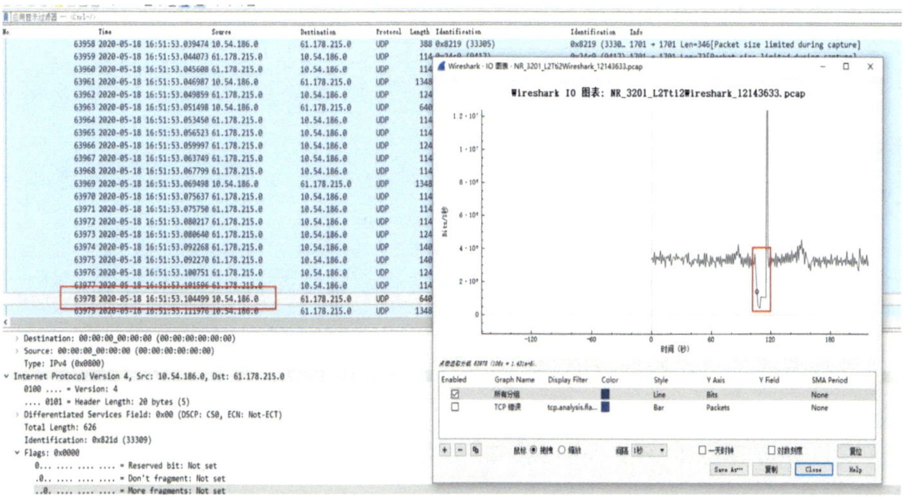

图 5-34　视频卡顿时速率变化统计

经以上两处措施优化后，误码率及重传率下降，乒乓切换得到处理，定点卡顿问题基本得到解决。

5.9 无线通信安全

5G定制网安全能力具有专属化、定制化、端到端全方位防护的特点。基于网络切片、VPN、防火墙等技术，提供端到端安全隔离、安全传输等专网保障；基于云管边端全方位的安全感知、防护和处置能力，提供智能协同的安全防护专网防护；基于安全能力的定制化、按需调用，由通信商提供现场自主管理、电信代管代维等安全定制服务，为现场提供全方位安全专网服务。

5.9.1 端到端隔离的专属网络

5G定制网提供全面的安全隔离保障，确保专网与公网之间、专网与专网之间、专网与企业网之间的安全隔离。

(1) 端到端切片安全隔离

在接入、承载、核心、边缘计算平台等不同网络域，为5G定制网提供逻辑或物理的网络资源隔离，按需为客户提供灵活的专属隔离网络。

(2) 专用VPN隔离

为5G定制网的网内传输、网间通信、网络管理等多场景提供VPN防护，并可对传输数据实施加密保护。

(3) 专网与企业网安全隔离

对专网边缘的MEC网络与企业网络提供安全隔离和访问控制，确保客户企业网络与边缘应用的安全。

5.9.2 云管边端全方位安全防护

5G定制网具备"云管边端一体化"安全防护能力，满足网络接入与通信安全、云化网络与MEC基础设施安全，以及端到端系统安全的可视、可管、可控。

(1) 网络接入与通信安全防护

支持专网用户在运营商网络侧的主认证和用户网络侧的二次认证，并提供用户身份标识隐藏能力，保障专网用户接入合法性和隐私保护。支持对专网的无线空口、内部网元间接口、漫游接口、专网与客户网络接口的通信提供双向认证、机密性和完整性等安全保护能力。

支持向组成5G定制网的共享型和专属型网元提供入网安全评测和定期安全加固能力，覆盖网元的基础安全、接口与服务安全、安全加固等三大方面，确保网元安全稳定地为专网提供接入与通信服务。

(2) 云化网络与MEC安全防护

MEC作为5G应用落地的关键，除了要考虑自身系统和设备安全，还要考虑紧邻的基站、核心网等网元安全，以及 MEC 上部署的各类应用的安全。针对组成 5G 行业专网的专有核心网及 MEC 平台，对标等级保护 2.0 基本要求及云计算安全扩展要求进行规划和建设，提供云化基础设施安全防护，如安全域隔离与访问控制、镜像及虚拟化资源安全隔离与保护、容灾与高可靠安全防护等，提升自身安全性。同时，对 MEC 相关系统以及容器和镜像等组件定期开展基础信息管理、基线核查、账号端口进程风险处置、漏洞扫描、异常行为安全检测、安全审计等网络安全运维工作，及时发现并处置安全问题，有效降低安全风险。

针对部署于共享型 MEC 平台之上的应用，根据应用的互联网暴露程度及安全级别，通过将应用部署在不同的安全子域方式，域间采取资源隔离及访问控制措施，实现与其他应用之间的安全隔离，并可按需提供 DDoS 防护、Web 防护等安全服务，提高应用的安全防护能力。

(3) 电信级安全感知、防护与管控能力

根据现场对 5G 定制网的安全定位及侧重点，提供丰富的安全检测、防护和管控能力，满足端到端系统安全可视、可管、可控要求，包括异常流量检测、攻击溯源分析、安全基线核查、漏洞扫描、安全审计等安全检测分析能力；防火墙、IPS、恶意代码防护、云堤抗 DDoS 等安全防御与处置能力；4A 集中管理、终端管理等安全管控能力。

第6章　无人驾驶电机车

6.1　电机车概述

6.1.1　电机车简介

电机车是轨道车辆运输的一种牵引设备，动力是利用牵引电机驱动车轮转动，借助车轮与轨面间的摩擦力，使机车在轨道上运行。这种运行方式的牵引力不仅受牵引电机功率的限制，还受车轮与轨面间的摩擦制约。其按结构分类有架线式电机车和蓄电池电机车。

架线式电机车的工作过程：高压交流电经牵引变流所降压、整流后，正极接到滑触线上，负极接到铁轨上；机车上的受电弓与滑触线接触，将电流引入车内，再经空气自动开关、电抗器、控制器进入牵引电机，驱动电机运转；电机通过传动装置带动车轮转动，从而牵引列车行驶，如图6-1所示。

蓄电池式电机车的工作原理与架线式电机车相似，由蓄电池提供的直流电经隔爆插销、控制器、电阻箱等部件驱动电机运转，从而牵引列车行驶。

6.1.2　龙首矿在用电机车现状

龙首矿在用的电机车按出厂厂家不同主要分为四种：① 中车兰州电机车有限公司生产的中车电机车（采购之初为中国北车，电机车编号首字母为B）；② 湘潭市电机车厂生产的韶力牌电机车（电机车编号首字母为D）；③ 湘潭牵引电机车厂生产的湘牵电机车（电机车编号首字母为X）；④ 湘电重型装备有限公司生产的湘重电机车（电机车编号首字母为Z）。虽车型品牌总体较为复杂，存在设计和零部件构成差异，但总体来说，其系统结构均可分为供配电系统、调速控制系统、制动系统及保护系统。

供配电系统主要包括受电弓、直流变换器等，供电方式均为架线式供电，通过受电弓与滑触线的接触将直流电引至电机车，通过控制受电弓的升降实现直流电的获取与断开。在受电弓至车载变频器中间安装自动开关，当出现接地等

图 6-1　矿用架线式窄轨电机车

大电流故障时，自动开关可保护性断开，防止故障扩大化、引发其他设备损坏及安全事故。直流电经过自动开关后，进入车载变频器和直流变换器，车载变频器将引至滑触线的高压直流电通过大功率 IGBT 元件逆变为电压频率可调的三相交流电，驱动三相交流变频电机，为电机车提供动力源；直流变换器为电机车提供 DC 24 V 控制电源，实现照明、喇叭等控制系统供电。

虽然四种电机车调速方式均为变频调速，但每种电机车的调速控制系统也各不相同，中车与湘重电机车司机控制器通过控制点位之间不同组合进行调速。调速信号由司机控制器的凸轮与微动开关相互配合产生，通过转动凸轮，控制微动开关的接通与断开，实现控制点位之间的不同组合，将产生的控制信号传输至车载变频器，变频器输出的频率随之对应变化，实现电机车运行速度的调节。由于控制信号是不同点位的组合，因此，该调速类型电机车无法进行连续平滑的无级调速，其实质为有级调速。另一类电机车为模拟量控制信号调速系统，如韶力电机车采用电压型角度传感器，通过检测与初始零位的偏移角度，输出 0～10 V 电压信号，将电压信号传输至变频器，车载变频器即可根据电压信号调节输出频率，进而实现调速；湘牵电机车采用电流型角度传感器，将输出 4～20 mA 的电流信号传输至车载变频器，实现速度的调节。由于控制信号为连续的电压或电流信号，因此韶力和湘牵电机车能够进行连续平滑的无级调速。

区别于电机车调速方式各不相同，电机车方向控制较为统一，控制信号均为车载变频器内部控制板引出的 DC 24 V 电信号，使用一个三挡开关，前进、后退为常开点，连接至车载变频器控制板。通过三挡开关不同挡位的开闭控制电机车的前、后信号，当控制板未接收到电信号时，电机车状态为零位，且司机控制器调速手柄与方向手柄相互联锁。当电机车方向处于零位时，调速手柄也必须为零位，否则调速手柄无法转动。若调速手柄未在零位，则方向手柄也无法转动。司机控制台如图 6-2 所示。

图 6-2　湘重变频电机车司机控制台

电机车制动系统比较统一，有三种制动方式，分别为机械制动、空气制动及电气制动。

机械制动主要通过旋转制动手轮实现，一般用于驻车制动，空气制动和电气制动为电机车制动时常用的两种制动方式。

电机车保护系统主要通过检测车载变频器的输入输出电压、电流及变频器温度等，如检测到的数据发生异常或达到设定数据时，执行报警或自动停机等措施，保护车载变频器正常运行，防止由于小问题、小故障造成大隐患、大事故。

6.1.3　无人驾驶电机车

无人驾驶电机车需实现传统电机车的所有功能，且满足无人驾驶的其他功能要求。首先对传统电机车进行分系统解析。供配电系统中，通过人工使用拉绳控制受电弓的升降实现直流架线 DC 550 V 的取电和断电，喇叭、照明等辅助设备供电由安装在电机车上的直流变换器供电，直变器的作用是将 DC 550 V 直流电降压为工业常用的 DC 24 V 直流电。控制系统中，现有电机车的调速及方向变化主要通过操作司机控制器实现，通过旋转手轮或者按钮等方式给定电机车速度及方向信号，实现对电机车的控制。制动系统中，主要通过手刹阀、制动按钮等方式，实现对电机车的制动。保护系统中，主要通过对变频器输入输出电压、电流及温度、电机运行速度等关键变量进行检测，反馈至变频器内部控制电路，实现变频器的自我保护，即目前电机车的保护均是基于对变频器的保护。

无人驾驶电机车首先需要将现有的系统如供配电系统、控制系统、制动系统、保护系统等实现远程控制。供配电系统需按增加新增设备的电压等级及功率要求供电，如 5G 设备要求的 AC 220 V、DC 24 V 供电，需满足非牵引供电状态下 1.5 h 的持续供电，实现动力电源升降弓的远程或自动升降。控制系统需实现所有控制功能的远程控制及状态信息采集。制动系统需实现电、气远程制动。保护系统需采集电机车运行状态信息并实时显示，实现故障自诊断及声光报警。

为保证系统具备远程和本地两种模式的功能要求，无人驾驶电机车需在不影响设备原系统功能的基础上进行。本章将围绕无人驾驶电机车深入解析。

6.2　电机车改造

6.2.1　总体设计

① 供配电系统方面。利用电机车高压风和电能两个动力源，将现有拉绳受电弓更换为能够自动升降的滚筒受电弓，通过气缸、电动推杆保护挂钩与机械弹簧相结合的方式实现受电弓的自动升降；通过计算用电功率和电压等级需求，确定更换现有的直流变换器，新增逆变器，实现多种电压的供电；结合单车牵引折

返式运行工艺，电机车降弓后仍然需要对其进行远程控制和控制系统电能供应，设计增加蓄电池储能装置，在电机车被动牵引时间段内支撑控制系统稳定供电。

② 控制系统方面。电机车调速方式均为变频调速，均使用司机控制器进行调速及方向给定，根据电机车控制原理，增加机车控制系统，匹配电机车结构进行集成安装，无人驾驶运行时，通过控制该设备进而实现电机车各项功能的远程控制。

③ 制动系统方面。电机车均具有三种制动方式，即机械制动、气制动和电制动。其中，机械制动主要用于驻车制动，无人驾驶系统中不再进行自动控制；气制动和电制动是电机车运行过程中的常用制动方式，因此，以上两种制动方式需要进行改造。电制动为电控系统，接入远程控制较为简单，无须对其硬件改造；气制动需要对气路远程控制，且满足“本地”和“远程”不同模式下的控制要求，需对其供风管路进行改造，设计增加气路箱及电磁阀方式，实现制动系统的远程控制。

④ 保护系统方面。除保留现有车载变频器的保护外，无人驾驶电机车还需要根据无人驾驶电机车的特点增加相应的保护：一是车辆本体保护，车辆运行状态需全流程监控，设计增加状态信息采集传感器，实现车辆的故障自诊断及急停保护；二是电机车运行过程中的保护，如防碰撞、防追尾、防冒进等保护功能，需通过电机车本体信息结合“信集闭”系统实现，使电机车运行更加安全平稳。

除了以上针对电机车原有的系统进行改造外，还需要在电机车上安装无人驾驶电机车特有设备，如监控系统、精准定位系统等，通过增加以上系统，使得电机车能够在满足基本功能的基础上实现更加精细的控制，为全自动运行奠定坚实的基础。

6.2.2 改造原则

大部分矿山有轨运输系统智能化建设是在原传统运输基础上改造进行的，均不同程度地存在设备型号差异、控制方式差异等问题。本系统是在客观评估原系统差异性的基础上，通过“求同存异”的原则，找出一条适合不同电机车类型的改造方式，达到普遍适用的目的。

龙首矿使用的电机车共有四种品牌，调速方式均为变频调速，均是通过司机控制器给定电机车调速信号，但每种电机车信号给定的方式各不相同，调速信号有数字量信号和模拟量信号，模拟量信号又有电流型和电压型。若针对每种车型需要单独设计控制核心，需要投入的成本较大，如果后期新增电机车，又需要重新制作控制核心。因此，为使系统能够满足所有电机车的控制需求，系统改造需遵循“统一性、互换性”原则，且预留充足的点位，为后续系统的改进提供坚实的基础。

6.2.3　供电系统改造

矿用窄轨架线式电机车常用的供电电压为DC 250 V和DC 550 V。以经济性和安全性综合考虑，一般重载大功率系统选择架线电压等级为DC 550V，轻载短程系统选择架线电压等级为DC 250 V，主要基于以下原因：当电机车运行时，变电所输出的功率相对恒定，滑触线上的功率损耗正比于电流的平方（$Q=I^2Rt$），根据功率计算公式$P=UI$，输出功率不变的情况下，若提高输电线路中的电压U，那么线路中电流I一定会减小，输电线损失的功率$Q=I^2Rt$一定会相应减小。

根据前述龙首矿有轨运输系统现状，属于重载大功率、远距离运输，架线电压采用DC 550 V直流电。

需要注意的是，传统有轨运输称为“架线”，但部分新规范标准中称之为“滑触线”，为使应用前后匹配及书写流畅，架线和滑触线未做明确区分，但表达意思一致。

6.2.3.1　电机车本体用电需求

电机车通过受电弓与滑触线接触，将滑触线的550 V直流电通过自动开关引至电机车变频器，基于控制电压通用性及安全性考虑，选择DC 24 V电压等级作为电机车控制电压，因此，无法直接使用高压直流电作为控制系统用电，设计在电机车本体上安装直流变换器，将高压直流电降压成工业控制系统常用的DC 24 V供电，同时也可用作喇叭、照明等辅助设备用电。

6.2.3.2　电机车无人驾驶系统用电需求

电机车无人驾驶系统用电需求主要可分为车载控制系统用电、车载5G通信系统以及车载视频监控系统用电。

车载控制系统主要包括机车控制单元以及精准定位系统等，其用电均为DC 24 V，机车现有供电系统完全满足供电需求。车载5G通信系统在矿山尚处于初级应用阶段，用电等级和工业系统还不统一，电压等级为AC 220 V，基于电机车现有供电系统，设计逆变器将DC 24 V直流电逆变为AC 220 V，为5G通信系统供电。车载视频监控系统用电为DC 12 V，因此需要安装直流变换器将DC 24 V变为DC 12 V，为车载视频监控系统进行供电。

综上所述，电机车无人驾驶系统的供电需求为DC 24 V、DC 12 V及AC 220 V。

6.2.3.3 电机车无人驾驶系统供配电系统改造

电机车供配电系统是其重要的能源供应和控制应用的核心，从取电、变电到用电等环节均需满足使用需求和控制要求，在传统电机车供配电基础上，应对其全方位改造，达到无人驾驶电机车使用目的。

(1) 取电装置改造

受电弓作为电机车的供配电系统主要组成部分，主要负责将滑触线高压直流电引至电机车，也是供配电系统中需要远程控制的重要部件。传统的受电弓结构简单，不具备自动升降改造条件，需将传统的受电弓更换为自动受电弓，结合矿用电机车及现场环境，最终将受电弓选择范围缩小在两种受电弓之间，一种是通过高压风控制受电弓降弓，另一种是利用拉绳及伺服电机将受电弓拉下，两种受电弓升弓均是使用弹力使受电弓升弓，两种受电弓均能实现受电弓的远程控制。接下来对两种受电弓的优缺点进行比较：

① 使用高压风降弓的受电弓。

优点：受电弓整体较小，降弓机构与受电弓集成，且电机车上自带高压风，因此只需要对气路进行改造即可实现对受电弓的控制，受电弓绝缘性能好。

缺点：一旦气压降低，可能存在受电弓自动升弓。

② 使用伺服电机降弓的受电弓。

优点：升降弓控制精度高，可靠性较高，自动升弓可能性较低。

缺点：体积较大，失电后手动升弓难度较大。

经比较分析，结合有轨运输现场，最终选择使用高压风控制的受电弓。

(2) 供配电改造

由系统供电需求可知，电机车需增加蓄电池、充电电源、逆变器等部件，以满足各系统用电需求，另新增控制系统也需要电源，需在供电线路上对其进行改造。

根据供电系统总体设计，如图6-3所示，当电机车作为被动牵引空车降弓时，机车仍需具备远程控制的需求，因此电机车需增加蓄电池装置。为保证各系统稳定运行，供电系统将控制系统单独供电，喇叭、照明等易故障辅助设备单独供电，5G通信设备单独供电，每条支路加装单独控制的电源开关，建立供电系统模块化控制架构，达到各系统稳定运行、互不干扰的目的。

6.2.4 气路系统改造

电机车本体设有高压气路系统，主要由辅助电机、空压机、压力继电器、储气罐、制动气缸、压力表等组成，主要功能为气制动和气喇叭。气制动通过单向调

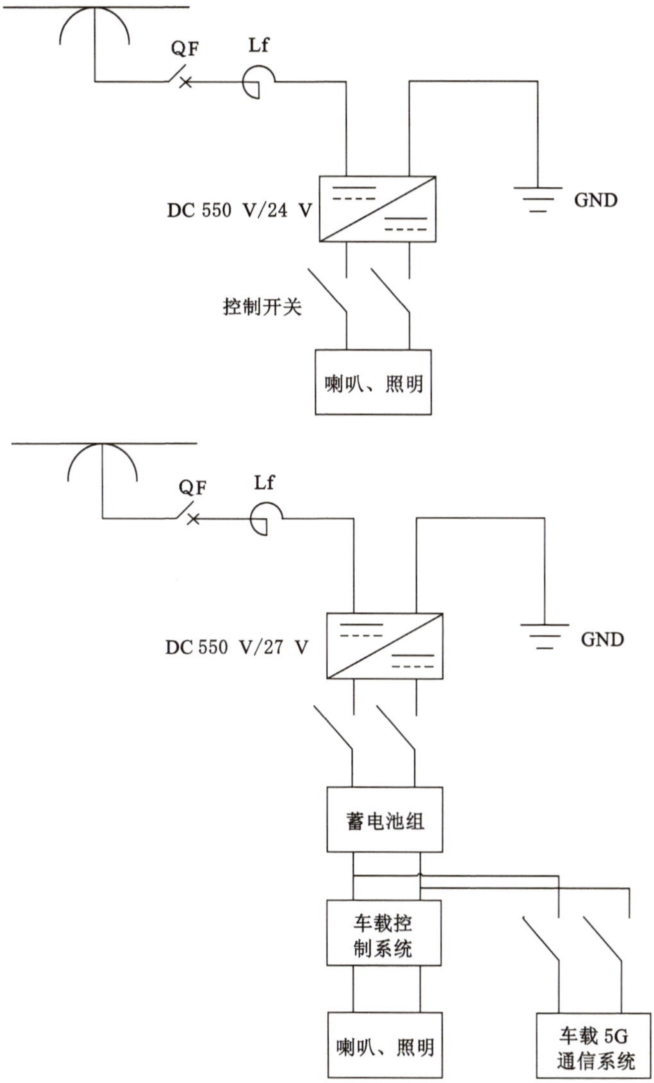

图 6-3　供电线路设计图

压阀实现给定或释放,气喇叭通过机械阀的按压实现鸣笛。无人驾驶电机车自动受电弓通过气缸实现降弓操作,需在原系统增加一路用气源,气制动需要增加远程控制功能,因此,需要对原气路系统从气制动及新增受电弓气路两方面进行改造。

气制动改造，可以在原有气路的基础上对气路进行改造，可实现在不改变原有工作原理和操作模式的前提下，增加远程遥控功能，具体改造如下。

6.2.4.1　制动气路改造

在储气罐与制动气缸之间气路的基础上，安装一个常开电磁阀与常闭电磁阀，气路末端接入电机车的制动气缸，通过控制两个电磁阀的通断，实现电机车气制动的远程控制，并安装压力传感器，一个安装在储气罐与压力表中间，用于采集电机车储气罐总压力，另一个安装在制动气缸前端，采集制动时的制动压力，将采集到的数据传递至机车控制单元，最终传递至集控中心。具体如图6-4所示。

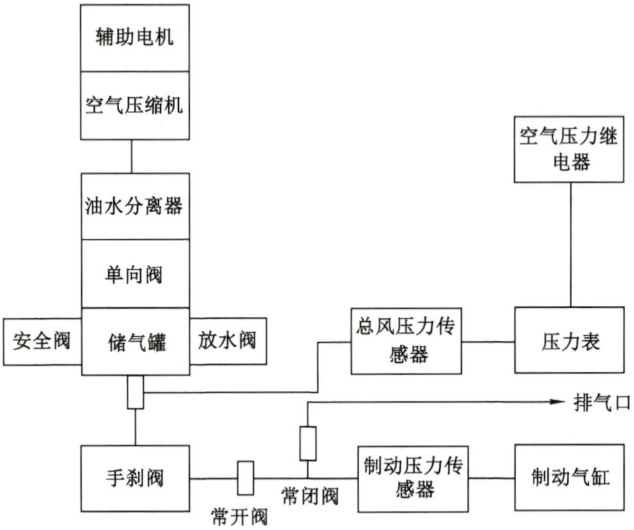

图6-4　电机车气路系统结构图

当需要现场手动控制时，原气动刹车控制方式不改变，远程相关的电磁阀自动停止工作；当自动控制时，自动控制气路通过安装在刹车系统的电磁阀进行控制，通过给气电磁阀动作，同时排气电磁阀关闭，机车处于刹车状态；当给气电磁阀关闭，排气电磁阀打开时，机车处于刹车释放状态。在储气罐出口和刹车缸入口安装有压力传感器，将所有的控制信号接入机车控制系统之中，实现对机车刹车气路的控制和监控，当储气罐压力低于设定压力时，电机车无法启动直至压力大于设定压力。

6.2.4.2　受电弓降弓控制气路改造

自动受电弓新增降弓气缸，相应的气路系统增加控制气路。因受电弓升降弓在执行层面不受模式限制,"本地"和"远程"模式下升降弓控制均由该气路控制。与制动气缸工作原理类似,当受电弓气缸充气后,高压风带动受电弓执行降弓;当受电弓气缸泄气后,弹簧使受电弓升弓。

6.2.4.3　高压风控制箱设计

虽然以上方法能够实现气路控制,但改造后管路布置及电控线路敷设极不方便,如发生故障,线路排查难度较大,且电机车振动环境、分散式布置对设备运行稳定性影响较大,因此对气路及控制进行集中改造,最终形成一种矿用无人驾驶电机车高压风集成控制系统。该装置主要由集成气路板、电磁阀、调压阀、压力传感器等组成。

如图 6-5 所示,设计铝制铸造集成气路母板,其主要作用:一是将气路集成到母板中;二是为电控阀体安装提供基础支撑。电磁阀通过气体快速插头连接方式安装在集成气路板上,根据各执行机构的需求,不同的阀体安装在阀体母板对应的接口上,通过电控阀体动作,实现高压风的充气或排气;调压阀通过气体快速插头连接方式安装在集成气路板上,其作用是根据执行机构气压需求,随时调节高压风压力,实现执行动作幅度的调节;压力传感器也是通过气体快速插头连接方式安装在集成气路板上,主要作用是采集高压风压力,传输至控制单元,用来判定高压风是否正常传输及电磁阀是否正常动作。

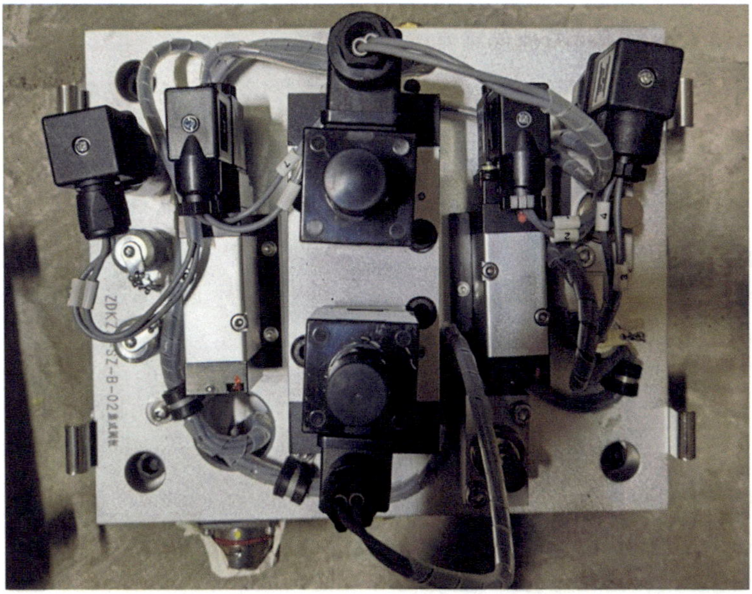

图 6-5　高压风集成控制箱

高压风集成控制系统由集成气路板、各类电磁阀和传感器等部分组成。集成气路板为铝质铸造一体结构，安装在电机车气路控制点，同时集成了各控制阀体及执行机构的空气快速接口；受电弓充气调压阀、受电弓升降电磁阀（二位三通）、受电弓排气调压阀、进气压力传感器、制动排气电磁阀（一位二通）、制动充气电磁阀（一位二通）、本地/远程转换电磁阀（二位三通）、制动压力传感器等器件全部通过空气快速接口接入集成气路板上。

如图6-6(a)、(b)所示，总进气口接入电机车车载空压机产生的高压空气，进气压力传感器监测进气压力，并实时传导至控制系统，此时，高压气体分两路传导，一路控制受电弓升降，一路控制制动系统。控制受电弓升降的高压风先经过受电弓充气调压阀，调压后进入受电弓升降电磁阀（二位三通），通过受电弓升降电磁阀（二位三通）的控制动作实现高压风向受电弓气缸充气或排气。制动高压风进入制动充气电磁阀（一位二通），然后分路控制，一路进入本地/远程转换电磁阀（二位三通），当远程控制时，本地/远程转换电磁阀（二位三通）动作，向制动气缸充气口充气，实施制动，中间还加装制动压力传感器，实时检测制动压力，并传输至机车控制器；当本地控制时，本地/远程转换电磁阀（二位三通）动作，向本地制动充气口充气，转为本地手动操作。另一路高压风进入制动排气电磁阀（一位二通），当解除制动时，制动排气电磁阀（一位二通）动作，制动气缸高压风排气，解除制动。

6.2.5 电机车精准定位及速度采集

为防止无人驾驶电机车在运行过程中出现偏移预定路线的情况发生，支撑自由开放式"信集闭"系统正常运行，电机车位置信息是无人驾驶系统决策的重要参照指标，系统需具有完备的机车精准定位系统。

为实现电机车的精准定位，根据车辆传动结构及运行方式，选择光栅编码器作为车辆传动检测的手段，结合传动比、车轮直径等固定因素，可确定车辆的精确位置信息，如图6-7所示。另考虑车辆在运行过程中易出现车轮打滑等问题，造成位置信息不准确的情况，为避免此类问题，增加定点校正的数据核对方式，结合实际应用，选择无源射频标签作为校对技术手段，对电机车的位置进行实时校正。

6.2.5.1 光栅编码器

光栅编码器具备精确定位及速度采集功能。光栅编码器一般与电机传动轴连接，当电机旋转时，光栅盘与电机同速旋转，经发光二极管等电子元件组成的检测装置检测输出若干脉冲信号，通过计算每秒光电编码器输出脉冲的个数就能反映当前电机的转速。基于以上原理，结合电机车传动结构，只有在轮轴处安装编码器较为合适，因此，选择对开式结构的码盘编码器，如图6-8所示，即由码

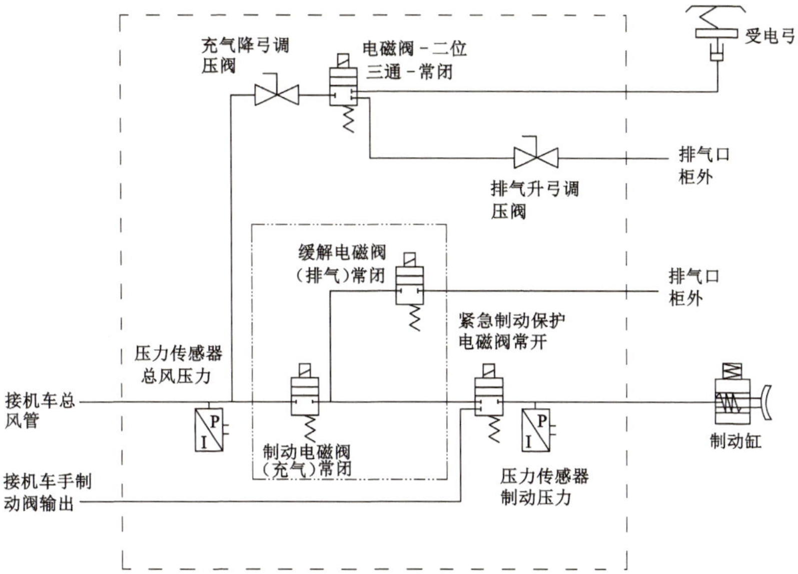

(a) 气路控制单元气路原理

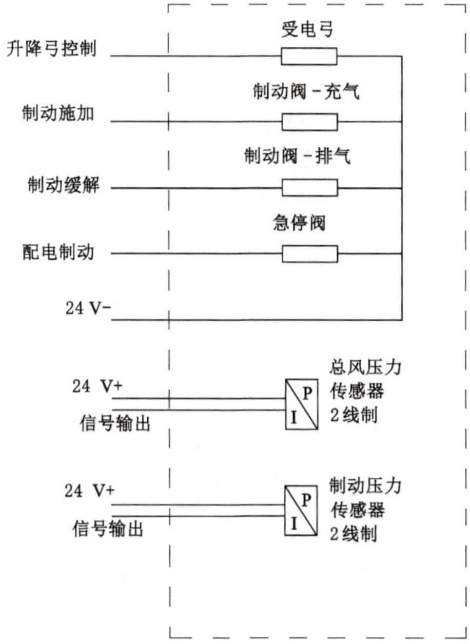

(b) 气路控制集成箱电路原理

图 6-6 高压风控制箱结构原理图

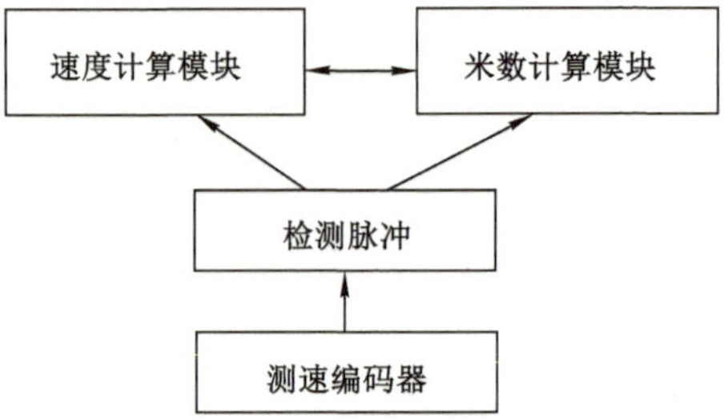

图 6-7　机车定位及速度模块设计

盘、测速接近开关组成的电机车速度及位置信息的检测系统，在电机车轮对上安装了码盘，在码盘上安装2个测速接近开关，当电机车运行时，带动码盘旋转，测速接近开关与码盘凸处接近时，测速接近开关输出高电平，当码盘旋转至凹处时，测速接近开关输出低电平，通过两组测速接近开关与码盘相互配合，产生类似于脉冲信号的波形，通过计算脉冲次数，结合码盘的尺寸，即可计算出当前电机车运行速度及行程，完成速度及位置信息的采集。同时，可根据脉冲的顺序，判断车辆是前进或倒退，形成电机车的精准定位系统。

图 6-8　车载编码器安装图

定位原理：假设电机车无人驾驶系统使用的码盘为 X 齿，即旋转一周将会产生 X 个脉冲，假设码盘旋转一周行走的长度为 L (m)，1 s 内采集了 n 个脉冲，则电机车行驶速度 $v=nL/X$ (m/s)，同时也能计算出电机车行驶的距离。

6.2.5.2　射频标签定位校对

由于电机车在实际运行过程中，尤其是在漏斗下方对车过程中，存在较高频次的前进与后退，仅仅依靠编码器对电机车位置进行计算存在一定的误差，随着运行时间的增加，误差将会越来越大，因此需要某种方式对电机车的位置进行修正。

如图 6-9 所示，无人驾驶系统采用了无源标签进行辅助定位，在轨道的重要岔口以及重要位置安装定位标签，电机车上安装标签扫描仪以及标签读卡器，形成对电机车位置的修正。

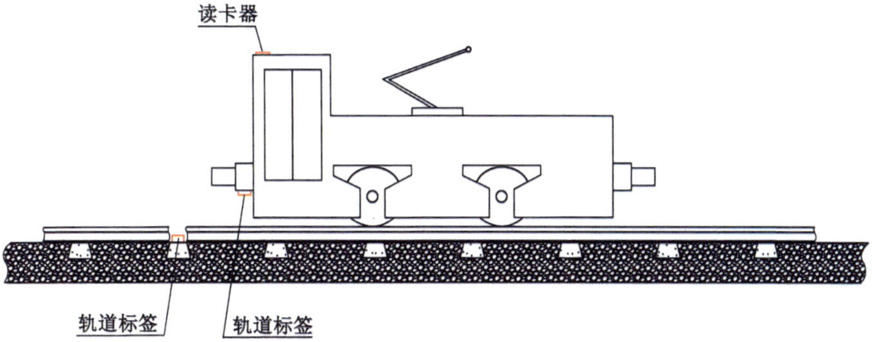

图 6-9　射频标签定位系统安装设计图

如图 6-10 所示，当电机车经过时，标签扫描仪读取标签信息，经过标签读卡器进行处理加工，将标签信息传输至运动控制器，实现对电机车位置信息的纠偏，防止计算误差累积，造成无人驾驶系统电机车位置信息与现场实际位置差距较大的情况发生。

图 6-10　车载定位扫描仪及轨道定位标签

6.2.6 车辆数据采集系统

电机车运行过程中，会产生大量的数据，为了监测电机车的运行情况，需要对电机车的关键数据进行读取。例如，电机车直流电压、牵引电机的运行电流、储气罐总风压力和刹车气缸制动压力（气路系统采集），以及电机车的位置信息及速度信息（通过精准定位系统采集）等。以上部分数据已经由其他系统进行采集。

电机车直流电压通过在电机车自动开关后端安装电压传感器，采集实时电压；电机车牵引电机运行电流由安装在牵引电机的电流传感器进行采集，所有采集到的信号均传输至运动控制器，由运动控制器将收集到的数据进行处理，然后通过 5G 通信系统传输至无人驾驶电机车控制中心，实现数据的实时采集。

6.2.7 机车控制系统

为了实现电机车无人驾驶，需要在电机车上安装能够执行控制中心发出指令的设备，且能够将收集到的信号进行初步处理，并传输至控制中心，能够自主编程相关控制程序，提高设备的匹配性。另外，还需要能够同时满足多型号电机车的控制。

基于以上需求，电机车无人驾驶系统增加了机车控制系统，由于需要将其安装在电机车上，所以对设备防护等级具有一定的要求。为了实现控制系统适用于不同品牌电机车，将改造重点放在了车载变频器以外，不对车载变频器进行改造，在机车控制系统统一配置的前提下，且不影响原有功能实现电机车的远程控制；将机车控制系统安装在电机车本体上，通过控制信号并入现有控制系统，模拟司机控制器发出的调速信号来控制电机车的调速。

6.2.8 视频监控系统

为了实时观测电机车运行时的现场情况，判断当前运行环境是否满足要求，在每个拉运矿石电机车上安装有 2 个摄像头（毛石拉运电机车上安装 3 个摄像头），分别安装在电机车前方和后方，其中安装在前方的摄像头主要观察车辆运行前方的现场环境，可实时判断是否满足运行要求；安装在后方的摄像头主要观察受电弓触网情况，该处是电机车运行的薄弱点，需随时观察运行情况。如图 6-11 所示，所有视频信号通过 5G 通信传输至控制中心，实现对电机车运行环境的确认，若出现问题能够及时通过车载摄像头发现并进行应急处理。

图 6-11　车载摄像头画面

6.3　电机车控制单元

电机车控制单元是在不介入车载变频器的基础上实现对电机车的控制，基于人员驾驶操作原理，达到远程控制电机车的目的，因此，想要实现对电机车的远程控制，首先要对现有电机车控制方式进行了解。

6.3.1　车载变频器工作原理概述

6.3.1.1　变频器

变频器是指应用变频技术与微电子技术，通过改变电机工作电源频率的方式来控制交流电机的电力控制设备，又叫作电力电子变流器，是电机变频调速的主要设备。在实际生产生活中，应用最广泛的变频器主要采用交-直-交方式(即 VVVF 变频)。另外还有交-交变频器、交-直-变频器，主要由 AC-DC、DC-AC 两类基本的变流电路组合而成，先将输入的交流电整流为直流电，再将直流电逆变为交流电，因此，这类电路又称为间接交流变流电路。交-直-交变频器与交-交变频器相比，最主要的优点是输出的电源频率不再受输入电源频率的制约。

由于负载电机有时需要快速制动，电机在减速过程中，会由负载转换为发电机，造成变频器内部电压升高，因此变频器还需要具有能够处理再生反馈电力的能力，防止因电压过高造成电力电子器件击穿等情况的发生，造成变频器损坏。

如图 6-12(a)所示,此电路无法处理再生反馈电力,电路中整流部分采用的是不可控整流,它和电容之间的直流电压及直流电流极性无法改变,只能由电源向直流电路输送功率,而不能由直流电路向电源反馈电力。图 6-12(b)中的逆变电路部分的电能是可以双向流动的,若负载电机处于制动或减速状态时产生的电能可以反馈到中间直流电路,将导致电容两端电压升高,称为泵升电压。该能量无法返回到交流电源,电容承担的反馈能量有限,泵升电压过高将会危及整个电路的正常工作。常见的几种处理再生反馈电力的方法有如下几种:

① 图 6-12(b)所示的电路是在图 6-12(a)所示电路的基础上,在中间直流电容两端并联一个由电力晶体管 V0 和能耗电阻组成的泵升电压限制电路,当泵升电压超过一定数值时,V0 导通,把从负载反馈的能量消耗在能耗电阻上,实现保护电路的作用。这种电路一般用于对电机制动时间有一定要求的调速系统中。

② 当电机负载由于频繁加减速时,产生的电能较多,若采用图 6-12(b)所示的电路,泵升电压限制电路中需要消耗较多的电能,能耗电阻也需要较大的功率,相比于将能量消耗掉,能够反馈回到电网上降低能耗,是一种比较经济的方法。图 6-12(c)所示的电路增加了一套变流电路,使其工作于有源逆变状态,实现电机的再生制动。当负载电机回馈能量时,中间直流电压上升,使不可控整流电路停止工作,可控变流器工作于有缘逆变状态,中间直流电压极性保持不变而电流反向,通过可控变流器将电能反馈回电网。这种电路一般用于电机频繁加减速的调速系统中。

③ 图 6-12(d)所示的电路是整流电路和逆变电路都采用 PWM 控制的间接交流电路,可简称为双 PWM 电路。整流电路与逆变电路构成可以完全相同,交流电源通过交流电抗器和整流电路连接,通过对整流电路进行 PWM 控制,可以使得输入电流为正弦波且与电源电压相同,并且中间直流电路的电压可以调节,电机可以工作在电动运行状态,也可以工作在再生制动状态。此外,改变输出交流电压的相序使电机正转或反转,因此,电机可实现四象限运行。该电路输入输出的电流均为正弦波,输入功率因数高,且可实现电机四象限运行,是一种性能较为理想的变频电路,但由于整流、逆变部分均为 PWM 控制且需要采用全控型器件,控制较为复杂,且成本较高。

6.3.1.2 车载变频器工作原理

以湘电电机车为例,简述车载变频器的工作原理。

龙首矿架线式电机车滑触线的供电电压为 DC 550 V,通过受电弓将直流电经由自动开关引入电机车变频器中,由于车载变频器的供电为直流电,因此车载变频器与常规变频器相比,没有整流部分(AC-DC),只有逆变部分(DC-AC),故车载变频器的工作原理可以参考三相逆变电路的工作原理。

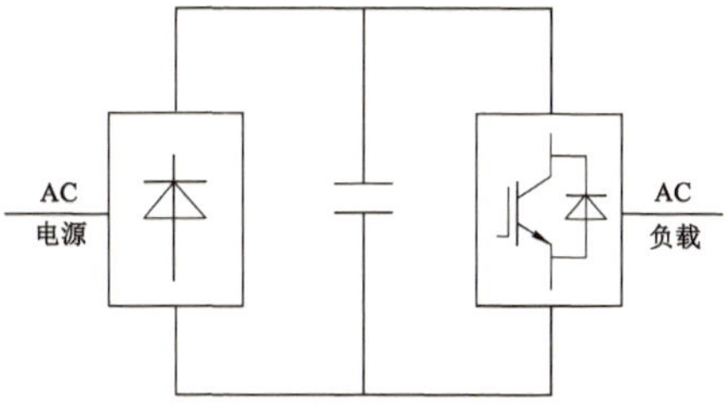

(a) 不能再生反馈电力的电压型间接交流变流电路

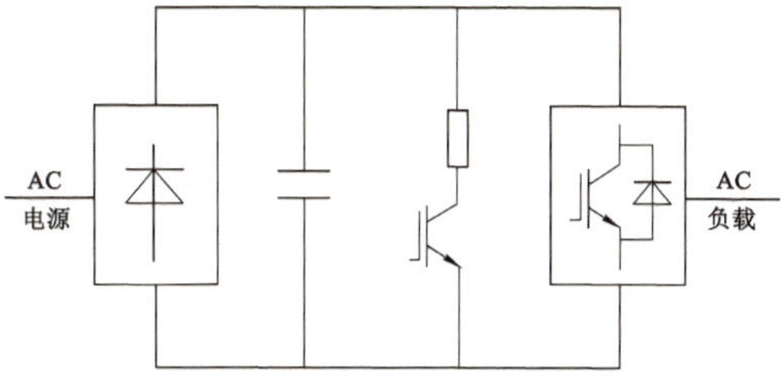

(b) 带有泵升电压限制电路的电压型间接交流变流电路

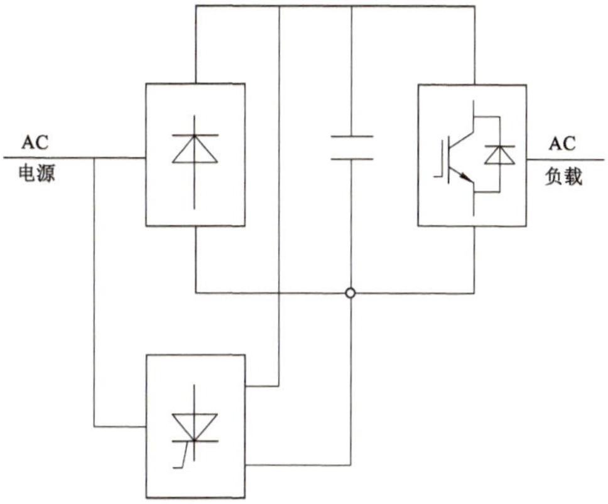

(c) 利用可控变流器实现再生反馈的电压型间接交流变流电路

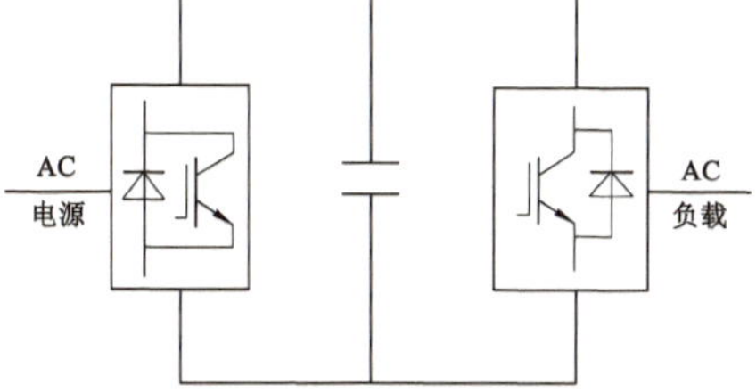

(d) 整流和逆变均为 PWM 控制的电压型间接交流变流电路

图 6-12　电力反馈原理图

(1) 充电回路

如图6-13所示,方框选中部分为车载变频器的预充电部分。直流电引入自动开关后,经过电抗器,对输入的直流电波形进行优化,将优化后的直流电引入充电电路。充电电路主要由充电电阻和8个33 kΩ均压电阻及8个4 700 μF的电解电容组成,8个电解电容分为4组,先两两串联后再并联,每个均压电阻并在电容两端。

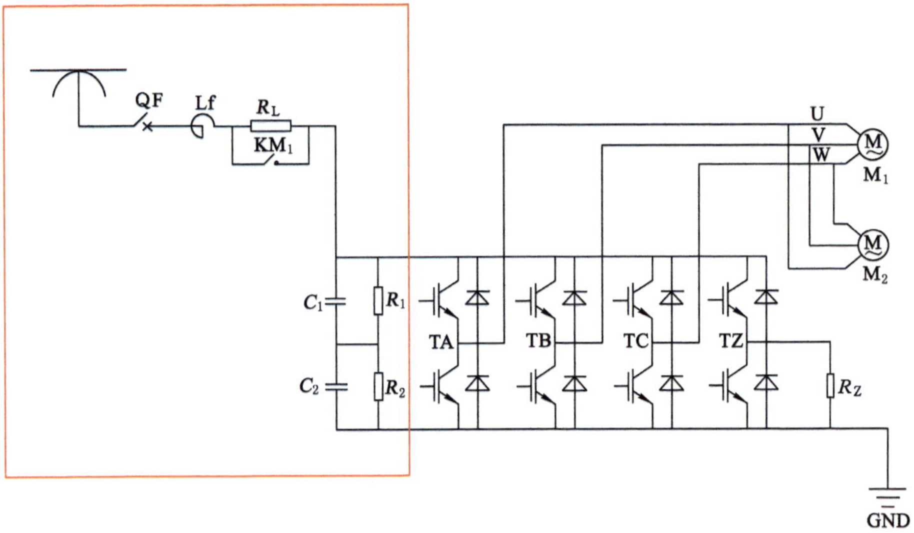

图6-13 架线式电机车供电主回路示意图

充电回路接通瞬间,由于电容两侧电压接近于0,可等效为通电瞬间直流电接地,将产生较大的冲击电流,因此,充电电路中通常需要增加充电电阻,用来抑制冲击电流,减小对电气元件的损害。

电解电容主要起滤波作用,变电所整流柜将交流整流为直流电后传输至滑触线,整流产生的直流电压仍然属于脉动的直流,因此使用一个较大容量的电解电容,利用其充放电特性,使整流后的脉动直流电压变成相对比较稳定的直流电压。

均压电阻用来保护电解电容,防止电解电容两端电压过大击穿电容造成电容损坏。利用串联电路的分压作用,电解电容并联两个33 kΩ的电阻,降低每个电解电容两端的电压。

电解电容采用每两组并联方式,能够提高电容容量,同时利用并联电路特性降低充电回路阻抗,进而降低损耗。

(2) 逆变回路

当电容两端电压满足工作电压后，主控板发出指令，接触器吸合，将充电电阻短路，直流电经过电抗器后直接进入电解电容进行平波、滤波，再进入三相桥式逆变电路。在实际应用中，为了得到电压、频率均可调的输出电压，变频器一般采用 PWM 控制方式。下面根据图 6-14 简单概述 PWM 逆变电路。

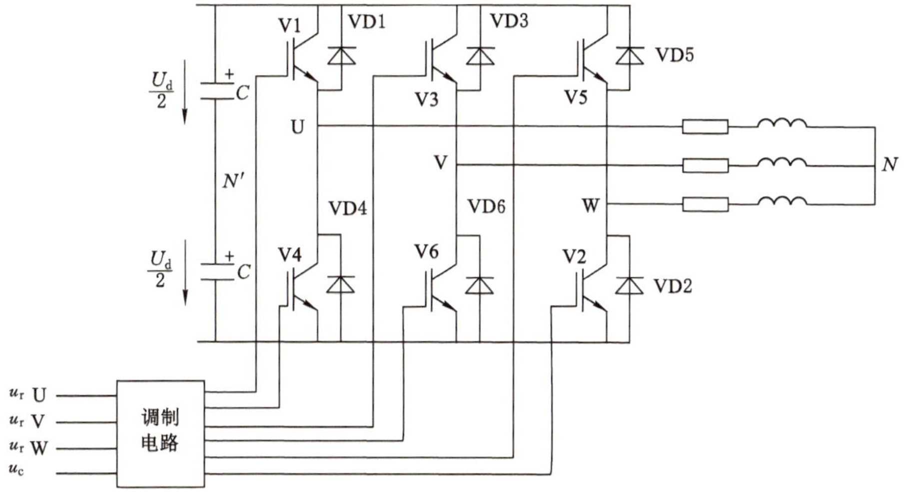

图 6-14　三相桥式逆变电路

V、W 三相的 PWM 控制通常共用一个三角载波 u_c，三相的调制信号 u_{rU}、u_{rV}和 u_{rW}依次相差 120°，U、V、W 各相功率开关器件的控制规律相同，现以 U 相为例进行说明。当 $u_{rU}>u_c$，给上桥臂 V1 以导通信号，给下桥臂 V4 以关断信号，则 U 相相对于直流电电源假想中点 N'的输出电压为 $u_{UN'}=U_d/2$。当 $u_{rU}<u_c$，给 V4 以导通信号，给 V1 以关断信号，则 $u_{UN'}=-U_d/2$。V1 和 V4 的驱动信号始终是互补的。V 相和 W 相的控制方式与 U 相相同，则负载线电压 u_{UV}、u_{VW}、u_{WU}可由下式求出：

$$\begin{cases} u_{UV}=u_{UN'}-u_{VN'} \\ u_{VW}=u_{VN'}-u_{WN'} \\ u_{WU}=u_{WN'}-u_{UN'} \end{cases}$$

当桥臂 1 和 6 导通时，$u_{UV}=U_d$；当桥臂 3 和 4 导通时，$u_{UV}=-U_d$；当桥臂 1 和 3 或桥臂 4 和 6 导通时，$u_{UV}=0$。因此，逆变器的输出线电压 PWM 波由 $\pm U_d$ 和 0 三种电平构成。

设负载中点 N 与直流电源假想中点 N'之间的电压为 $u_{NN'}$，则负载各相的电压分别为：

$$\begin{cases} u_{UN} = u_{UN'} - u_{NN'} \\ u_{VN} = u_{VN'} - u_{NN'} \\ u_{WN} = u_{WN'} - u_{NN'} \end{cases}$$

故

$$u_{UN} = u_{UN'} - (u_{UN'} + u_{VN'} + u_{WN'})/3$$

在 PWM 控制中，一般同一相上、下两个桥臂的驱动信号都是互补的，但实际上为了防止同一相上、下两桥臂的开关器件同时导通而引起直流侧电源的短路，要采取“先断后通”的方法。即先给应关断器件关断信号，待其关断后留有移动时间裕量，然后再给应导通器件发出开通信号，即在两者之间留有一个短暂的死区时间，死区时间的长短视器件的开关速度而定，器件的开关速度越快，所留的死区时间就可以越短。因为死区的存在，所以会给输出的 PWM 波形带来一定的影响，使其稍稍偏离正弦波。

6.3.2 车载变频器本地控制系统

龙首矿使用的变频电机车主要有 4 种，4 种变频器控制系统又可分为两种，即通过微动开关不同组合作为调速信号的有级调速和将角度传感器输出作为调速信号实现的无级调速。

以中车电机车为例，简述多段速控制有级调速原理。

中车共有 16 个挡位（15 个前进挡，1 个 0 挡），由 4 个微动开关（H0、H1、H2、H3）组成的微动开关组与凸轮相互配合，按照二进制组合，产生不同的控制信号。具体组合方式见表 6-1（其中 0 表示对应微动开关断开，1 表示对应微动开关闭合）。

表 6-1 电机车挡位组合

挡位	微动开关			
	H3	H2	H1	H0
0 挡	0	0	0	0
1 挡	0	0	0	1
2 挡	0	0	1	1
3 挡	0	0	1	0
4 挡	0	1	1	0
5 挡	0	1	1	1
6 挡	0	1	0	1
7 挡	0	1	0	0
8 挡	1	1	0	0

表 6-1(续)

挡位	微动开关			
	H3	H2	H1	H0
9 挡	1	1	0	1
10 挡	1	1	1	1
11 挡	1	1	1	0
12 挡	1	0	1	0
13 挡	1	0	1	1
14 挡	1	0	0	1
15 挡	1	0	0	0

本地操作时，旋转操作手柄，凸轮将不同的微动开关接通或断开，形成表 6-1中的某种组合，主控板根据接收到的信号执行设定的程序，调节输出电压及频率，完成加速或减速操作。为了保证车辆正常运行，当速度手柄未回到零位时，通过机械联锁使得方向手柄无法旋转，同样，若未指定方向，则速度手柄无法旋转，从操作方面杜绝信号给定错误的问题。由于调速信号是不同点位的组合，每种组合对应不同的输出电压及输出频率，故无法实现真正意义上的无级调速。挡位控制电机车司控台结构如图 6-15 所示。

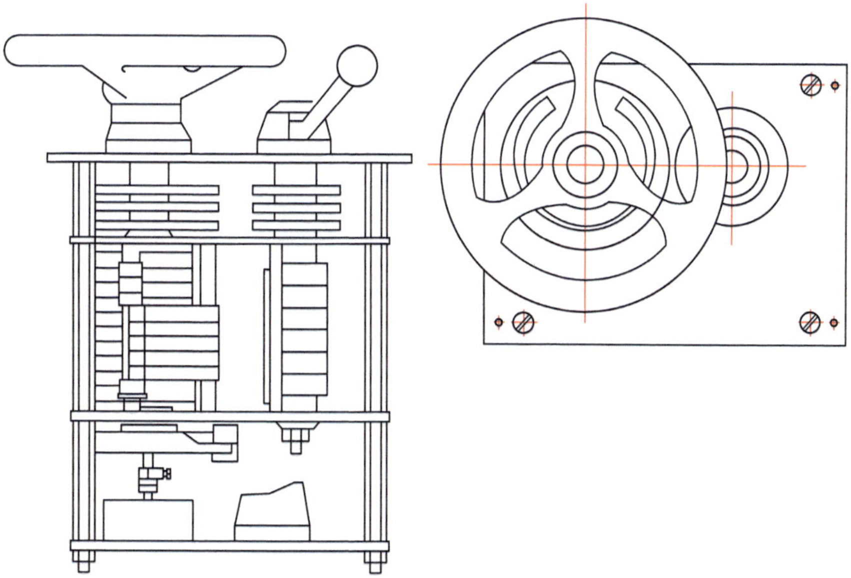

图 6-15　挡位控制电机车司控台结构图

另一种调速方式就是调速信号使用的是模拟量信号，区别在于调速手柄下方安装的微动开关组更换为角度传感器，通过检测与零位的偏移角度输出电压或电流信号，通过将角度传感器输出的模拟量信号传输至变频器，变频器根据输入控制信号的不同输出不同的电压及电流，实现电机车的加减速，由于角度传感器输出的电压或电流信号是连续、平滑的电信号，因此该种调速方式能够实现真正的无级调速，电机车运行更加平稳。

6.3.3 机车远程控制单元

6.3.3.1 机车远程控制单元要求

通过对现在使用的电机车的控制方式以及矿山环境的特殊性等方面进行考虑，机车控制单元需满足以下要求：

① 机车控制单元需要满足不同类型电机车的控制需求。

② 机车控制单元需要充分考虑未来不同于现有电机车的控制方式，留有足够的备用。

③ 机车控制单元的尺寸不宜过大，能够安装于电机车驾驶室内部。

④ 机车控制单元既要能够执行指令，也要具备收集电机车运行参数的接口。

⑤ 机车控制单元的供电电压需通用，保证在电机车内即可满足供电要求。

⑥ 机车控制单元能够适应矿山恶劣环境。

6.3.3.2 机车控制单元

(1) 核心控制模块的选择

在工业控制中，常用的控制器一般为可编程逻辑控制器(PLC)，由于其可靠性高、抗干扰能力强、配套齐全、功能完善、适用性强等特点，所以广泛用于工业控制中，考虑使用PLC作为机车控制单元的核心，但在实际应用中需要将控制柜安装在电机车驾驶室内部，振动、粉尘较大，且PLC多为模块化，而电机车数据采集及控制信号涉及数字量、模拟量等多种信号输入及输出，若使用PLC则需要安装多个扩展模块，易造成线缆脱落、粉尘侵入等，且安装模块较多，使得柜体偏大，无法在有限的空间内满足各项需求，因此需要选择一种体积小且具备多种信号输入输出、能适用于工矿恶劣环境下的设备。

根据以上需求，最终选择使用运动控制器作为机车控制单元的核心控制模块。

(2) 运动控制器主要参数

如图6-16所示，该型运动控制器具有44路I/O资源，端口可以高度复用，输入端口可采用高低电平、电压、电流、脉冲等信号；输出端口为DOH，3 A，可直接驱动电磁阀等设备，运动控制器的I/O数量完全满足现场控制需要，且留有足够的备用，方便后续进行拓展；具备 20 路开路检测，当发生故障时，可以调取故障日志，快速确定问题，方便故障诊断；所有输入端口支持误接电源、误接地，所有数字量输出端口均带短路、过热保护，保证设备不被损坏，同时具有 2 路正交编码输入和 2 路电阻量输入。工作电压为 9～32 V，供电范围广，现场供电方便，防护等级为 IP65，满足现场使用要求；能够自主编写控制程序，实现数据的采集与计算、部分指令的自动执行等功能。综上可知，运动控制器完全符合现场实际需求。

图 6-16　车载运动控制器

(3) Anybus Communicator CAN 网关的选择与应用

无人驾驶系统除了对电机车进行改造，还对有轨运输现场等也进行了全面的改造，现场设备与设备之间以及现场设备与集控中心之间的通信基于 Profinet 协议（详细网络架构见第 5 章），由于运动控制器是基于 CAN 总线协议进行通信，与现场其他控制系统通信协议不兼容，因此，需要对协议进行转换，将 CAN 总线协议转换为与其他设备兼容的 Profinet 协议，实现基于 CAN 协议的自动化设备和选定的现场总线/工业以太网之间的智能转换。

基于以上需求，选取 Anybus Communication CAN-Profinet，无须对现有设备做任何更改，仅需要将设备连接至网关，即可配置任意基于 CAN 2.0A 或 2.0B 的协议，配置后即可成功将非网络化基于 CAN 的工业设备融入 Profinet 控制系统中。另外，Anybus 网关外形小，尺寸仅为 120 mm×75 mm×27 mm，能够方便安装在机车控制单元中，无须特地增加柜体尺寸；供电电压为 DC 24 V，在电机车上即可满足供电需求；能够安装在 DIN 导轨上，无须特意定制安装导轨；适应性强，能够在 −25～55 ℃环境中工作。

Anybus Communication CAN-Profinet 将运动控制器的 CAN 总线协议转换为 Profinet 协议后，即可通过网线、交换机与车载 5G 路由器相连接，最终通过5G无线信号传输至集中控制中心，实现控制指令及机车信息等数据的传输。

(4) 中间继电器的选择与应用

上述部分实现了控制指令、机车信息采集等数据的接收与发送，由于控制指令的执行是通过运动控制器输出不同的控制点位来执行，若直接将运动控制器输出与需要控制的设备相连接，容易因为负载设备故障引起的过压、过流对运动控制器造成一定的冲击，虽然运动控制器自身设置有短路、过温等保护，但仍有可能损坏运动控制器，进而影响机车控制单元整体工作，因此，需要在运动控制器与负载设备之间安装中间继电器。使用中间继电器除了能够起到物理隔离作用，将控制与负载分离，降低控制系统因负载故障造成的影响，还能够增加控制点位，同时中间继电器触头具有一定的负载能力，也对控制容量有了提高，且能够满足多种电压级别设备的控制，而不需要增加开关电源等模块进行电压转换等。

由于运动控制器I/O点位较多，且安装空间有限，使用普通的中间继电器需要较大的安装空间，安装后柜体较大，因此，需要选择一种比较薄且性能比较稳定的中间继电器。最终选择了魏德米勒薄型和超薄型中间继电器，该种中间继电器具有较小的尺寸，能够在空间有限的条件下控制，动作延时小于8 ms，断开延时小于4 ms，持续电流10 A，中间继电器主要用于控制电磁阀等小电流电气元件，将控制部分与负载部分实现物理隔离，保护控制系统稳定，因此产品完全满足现场控制需求，且留有较大的裕量。

(5) 机车控制单元装配形式

根据以上要求及设备选择，机车控制单元基本形成，具体如图6-17所示。

6.3.3.3 机车控制单元主要功能

机车控制单元是电机车无人驾驶系统的重要组成部分，是车载控制系统的核心组成部分，运动控制器拥有较多I/O点，数字量输入可以采集反馈信号，数字量输出可控制继电器执行相关控制指令，如控制电机车制动电磁阀及卸压阀，实现气制动；控制电机车受电弓的升降弓阀门，实现受电弓的升降等；模拟量输入可接收数据采集系统采集到的信号，模拟量输出可执行需要模拟量控制的指令，如速度调节等。运动控制器通过CAN网关实现通信协议的转换，再通过网线、交换机与5G通信系统连接，实现运动控制器与5G通信系统协议的兼容，进而实现数据的实时传输，接收并执行控制中心的控制指令，并将数据采集系统采集的信号进行处理，传输至控制中心。另外，运动控制器能够进行自主编程，可以根据需要自主编写控制程序，龙首矿运输系统电机车无人驾驶系统中运动控制器除了被动地接收控制指令外，还能够判断通信是否正常，若通信中断，可以进行应急操作，如紧急停车、降弓等操作均能够自主完成。电机车固定区域的升

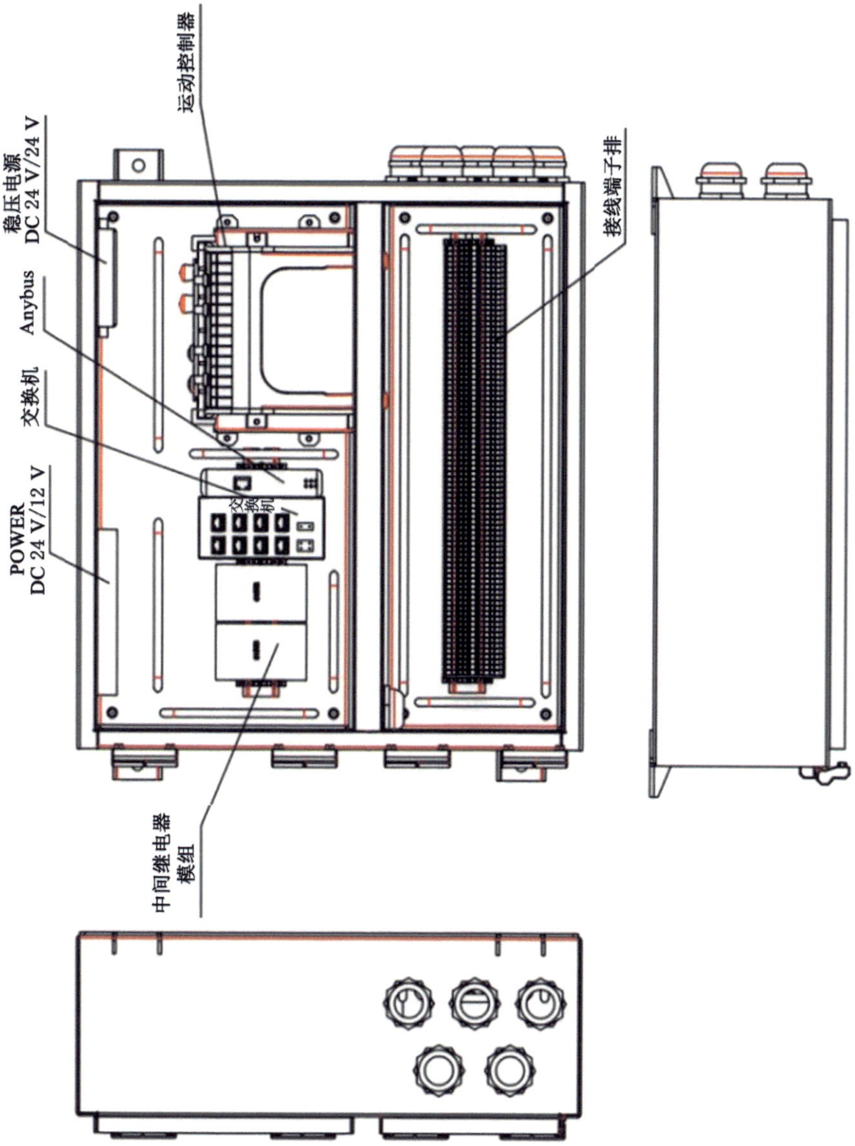

图 6-17　机车控制点单元装配图

降弓均由运动控制器计算并控制，无须控制中心的介入，但如果部分指令相互冲突时，以控制中心发出的信号为优先并执行。

6.3.3.4 机车控制单元在不同品牌电机车的应用

由于电机车品牌不同，其控制方式也有区别，因此，电机车无人驾驶系统需要同时兼容不同品牌的电机车。机车控制单元设计兼容了不同品牌电机车的控制需求，因此机车控制单元可以安装在不同品牌的电机车上，主要区别体现在不同电机车改造过程中的接线上，集中体现在调速系统。本书以中车及韶力电机车为例，简述机车控制单元在不同品牌电机车上的应用。

(1) 机车控制单元在多段速控制中的应用

中车电机车本体的调速方式为多段速控制。电机车无人驾驶系统改造时，保留原有的控制方式，将机车控制单元(远程控制系统)并联接入本地控制系统中。

中车电机车本地控制通过微动开关组和调速手柄凸轮相配合，通过H0～H3微动开关的不同组合进行电机车的调速，如图6-18所示。其调速信号及换向公共极线号均为207，调速信号输入线号分别为203、204、205、206，换向信号输入线号为208、209。当对应的微动开关闭合时，变频器接收到不同的电信号，调节输出电压、频率及相位，进而实现电机车的换向及调速。

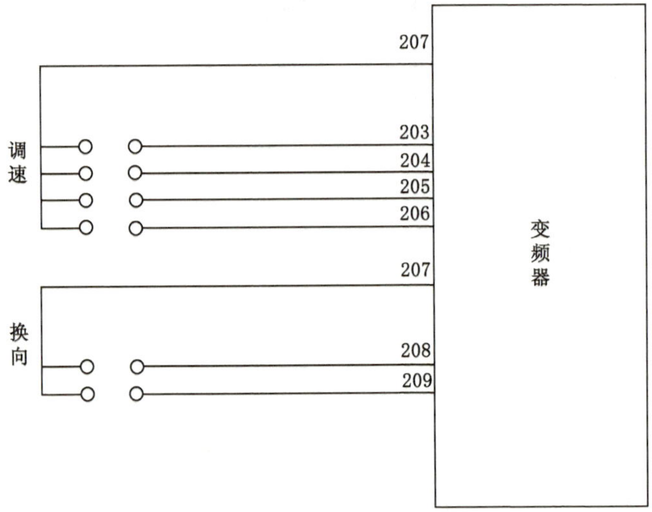

图6-18 中车电机车挡位调速控制接线图

改造时，在电机车司控器上增加一个三挡开关，用于切换电机车当前控制状态为本地、远程或停止状态。三挡开关下方使用两个常开模块(接线端子为13、14),本地模块接线端子两端分别接入变频器公共极(线号207)和微动开关公共极。远程模块接线端子两端分别接入DC 24 V+和运动控制器数字量输入,给定运动控制器远程控制信号。

当旋转至本地时,变频器公共极导通,此时电机车司控器激活,本地调速起作用,可以使用司控器控制电机车的前进、后退以及调速等。

当三挡开关旋至中间停止时,所有触点保持断开,此时本地远程均无法控制电机车。

当三挡开关旋至远程控制时,24 V电信号使对应中间继电器的触点闭合,运动控制器数字量输入接收到远程控制信号,运动控制器开始接收并执行控制指令,通过数字量输出控制对应的中间继电器,利用继电器触头实现调速信号的不同组合,模拟电机车司控器控制方式,实现电机车的调速与换向。

(2) 机车控制单元在无级调速中的应用

韶力电机车是使用输出为0～10 V的角度传感器进行调速的,方向控制与中车一致,均使用DC 24 V的电信号进行换向,因此,改造电机车远程控制时,需要利用模拟量输出进行控制,因此,其改造方式与中车多段速控制稍有区别,但总体改造思路不变,仍然是在保留电机车原有控制系统的基础上增加本地/远程切换,将机车控制单元并入现有控制系统中。

在电机车司控器上增加一个三挡开关,用于切换电机车当前控制状态为本地、远程或停止状态。三挡开关下方使用4个常开模块(接线端子为13、14),本地控制使用两个模块,第一个接线端子两端分别接入变频器公共极和方向开关公共极,第二个接线端子两端分别接入角度传感器输出和变频器调速信号输入。远程控制使用后两个模块,第一个接线端子两端分别接入DC 24 V+和运动控制器数字量输入,给定运动控制器远程控制信号,第二个接线端子两端分别接入信号隔离器输出和变频器调速信号输入,实现远程控制信号的输出。

当旋转至本地时,变频器公共极及调速导通,此时电机车司控器激活,本地调速起作用,可以使用司控器控制电机车的前进、后退以及调速等。

当三挡开关旋至中间停止时,所有触点保持断开,此时本地远程均无法控制电机车。

当三挡开关旋至远程控制时,24 V电信号使对应中间继电器的触点闭合,运动控制器数字量输入接收到远程控制信号,运动控制器开始接收并执行控制指令,将模拟量输出至信号隔离器,再由信号隔离器输出至电机车变频器中,模拟电机车司控器控制方式,实现电机车的调速。

通过以上改造，将机车控制单元融入电机车控制系统中，实现不同品牌、不同控制方式下电机车的远程控制。如图6-19所示，电机车无人驾驶系统的车载控制部分已经清晰明了，使电机车能够接收执行无人驾驶系统指令，完成电机车运行时数据的采集。

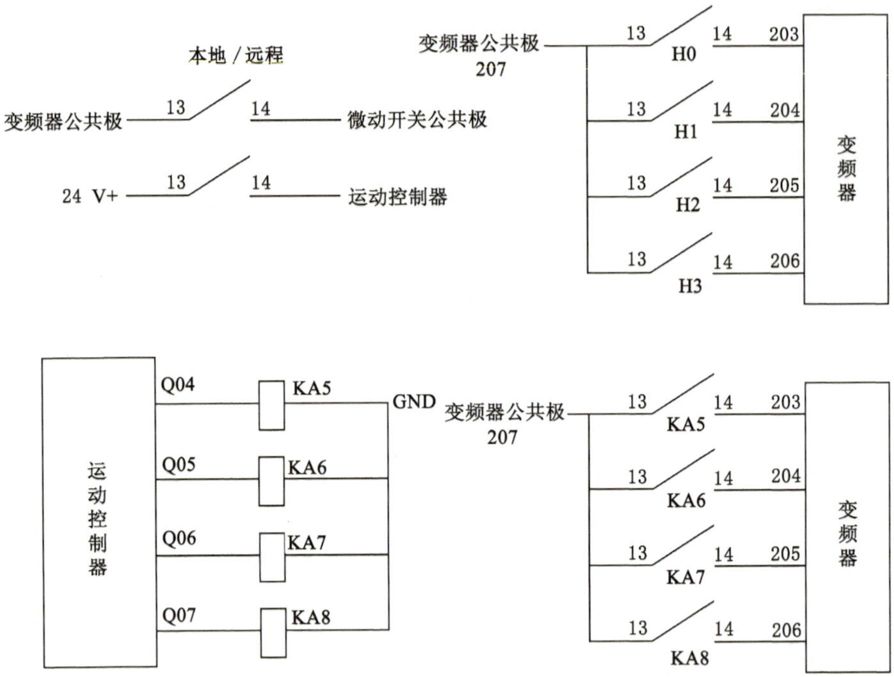

图6-19　韶力电机车无级调速控制接线图

6.4　电机车保护系统

6.4.1　电机车本体保护

电机车在出厂时，厂家会根据电机车的实际情况以及车载变频器能够支持的功能开发出不同的保护功能，用于保护车载变频器以及牵引电机，当检测到的数据发生异常时，执行保护性停机等动作，保证故障不被放大，防止造成严重后果，龙首矿使用的电机车保护主要有如下几种：

① 过流保护：车载变频器在输出端安装电流互感器，用于实时监测变频器的输出电流，当输出电流高于设定电流时，变频器将停止工作，执行保护性停机，

保护车载变频器元件及牵引电机，降低设备烧坏风险，并在显示面板显示故障代码，维修人员可以根据变频器故障代码对问题进行排查。过流设定值根据电机车使用的牵引电机功率来计算。

② 速度保护：车载变频器在牵引电机上安装编码器，当司控器给定牵引信号时，通过编码器将牵引电机的工作状态反馈至变频器，实现速度的闭环控制。若给定速度与实际检测反馈的速度不匹配，车载变频器执行保护程序，电机车只能点动运行。

③ 温度保护：车载变频器在变频器内部安装有温度传感器，将温度实时传输至变频器，当温度超过设定温度值时，变频器自动停止运行。

6.4.2　无人驾驶系统保护

井下运输巷道的特殊环境以及运行工艺的不同，会导致多列电机车同时运行的情况，尤其在弯道范围内视野有限，给电机车的运行也带来了许多不利因素和安全隐患。因此，建立一套完善的电机车运行自我诊断、自我报警、自我保护等功能，为电机车的安全高效运行提供保证非常必要。电机车无人驾驶系统的保护是基于采集电机车本体的各项数据，通过对采集到的数据进行加工处理，将采集到的数据传输至主站，由主站对数据进行进一步计算处理，通过与设定值进行比较，当超过设定值时，电机车执行保护性停车等动作，实现电机车的自动保护。机车保护单元实现的保护主要有：

① 过流保护：电机车本身虽然具有过流保护功能，但在实际使用中，由于使用环境、使用时长、牵引电机等各项因素的影响，电机车本体过流保护的数值一直处于变化中，存在误报故障的情况，加之车载变频器参数设置较为复杂，影响电机车正常运行，因此，为了防止误报故障，常常将报警电流值设置得较大，对设备的保护功能变弱。因此，利用电机车无人驾驶系统将每台电机车运行电流进行实时采集，能够设置报警提醒电流以及保护电流两个电流值，设置方式简单快捷，根据电机车牵引电机功率以及现场实际情况设定电流报警值，一旦超过报警值，触发语音提示功能，若运行电流超过设定值，即执行最大限度气制动＋电制动，强化了对设备的保护。

② 总风压力保护：无人驾驶电机车的受电弓降弓及气制动均需要足够的压缩空气来执行，因此在电机车上安装有储气罐，用于储存压缩空气，当需要执行降弓或气制动时，对应的阀门打开，利用空气动力实现降弓及气制动，当储气罐内压力较低时，压力继电器控制空压机进行打压，直至到达设定压力，若压力继电器故障，进行远程控制时，无法获取当前气压情况，存在无法制动或无法降弓的情况，因此在电机车储气罐出口处安装压力传感器，实时检测当前风压，保障电机车储气罐内气压足够驱动电机车受电弓降弓及刹车气缸制动；设置风压报

警值，当总风压力小于0.35 MPa时，电机车不能启动，若电机车正在运行，则停止速度给定，并执行最大限度气制动+电制动，以保护电机车安全运行。

③ 24 V电源异常：无人驾驶电机车车载控制系统使用的电压为DC 24 V，而电机车使用的电压为DC 550 V，因此，在电机车上安装了车载供电系统为车载控制系统进行供电。为了实时监测供电系统运行情况，在车载供电系统安装电压传感器，实时检测当前输出电压，若输出电压低于21 V，电机车执行紧急制动及最大限度气制动+电制动，防止因供电故障造成电机车失控。

④ 550 V电源异常：在电机车运行时，若因故造成直流电断电，此时电机车处于升弓状态，但电压传感器检测不到电压，若持续时间超过20 s，则电机车最大限度执行气制动，保证电机车处于制动状态，防止溜车，直至直流电恢复。

⑤ 与操作台通信中断：若电机车在运行过程中突然出现通信问题，无法与集中控制中心进行通信，此时，集中控制中心的信号无法传递至电机车，为了防止电机车失控，机车控制单元自动执行预设定程序，当机车与集中控制中心通信中断5 s，则控制电机车执行最大限度气制动+电制动，尽快将电机车停下来，若通讯中断时间超过15 s，则控制电机车执行最大限度气制动+电制动，并自动降弓。

⑥ 脱节或打滑：每列机车由两辆电机车组成，分为空车头与重车头，中间为矿车，正常运行时，每列车只有一辆电机车处于升弓牵引状态，为了防止电机车在运行途中因链环断裂造成列车脱节，因此实时采集前后车头的速度信号进行对比，当前后车头速度相差20%时，电机车执行气制动+电制动，使电机车停止，同时操作画面提示车辆脱节或打滑。

⑦ 车距过近保护：正常生产时，一般多列车同时运行，此时由于操作人员在集中控制中心，无法精准把握每列电机车前后之间的距离，因此在无人驾驶系统中增加距离保护，防止电机车运行时两列车相撞的情况发生，两列电机车防撞距离保护为300 m。

6.5 机车制动单元

许多保护最终的执行结果均为保护性停车，因此需要完成保护性停车，制动部分不可或缺。接下来主要介绍机车制动单元。

6.5.1 电机车本体制动单元

机车制动单元可理解为机车制动系统，常见的制动系统均是通过制造出巨大的摩擦力，将电机车的动能转化为热能，使电机车减速或停止运行。电机车本体制动单元可分为三种制动方式，即气制动、电制动及机械制动。气制动及机械制动均是利用增加闸瓦与车轮之间的摩擦力及执行机构对闸瓦增加压力，使闸瓦与电机车车轮紧密接触，增加电机车行驶的阻力，实现电机车的制动。电制动主要通过制造出与电机转向相反的电磁力矩作为制动力使电机停止转动。

气制动主要利用储气罐内部的高压气体和与制动机构相连的制动气缸完成，通过控制刹车气缸的进气阀和排气阀，推动制动气缸活塞，进而带动制动机构，使闸瓦紧抱车轮，实现电机车制动。当电机车需要制动时，制动气缸排气阀门关闭，进气阀门打开，高压气体进入制动气缸推动活塞杆进而带动连杆机构，使闸瓦抱紧车轮，通过闸瓦与车轮之间的摩擦力实现电机车的制动；当电机车需要松闸时，制动气缸进气阀门关闭，排气阀门打开，制动气缸活塞杆缩回，闸瓦随之与电机车车轮分离，机车正常运行。储气罐内的高压气体主要利用安装在电机车上的空压机和辅助电机进行补充，利用压力继电器控制辅助电机，当压力低于设定值时，压力继电器启动辅助电机驱动空压机为储气罐补充压力，当压力到达设定上限值时，压力继电器停止辅助电机，确保储气罐内的压力保持在要求范围之内。

机械制动主要用于电机车停止之后的驻车制动，或电机车需长时间停运后的制动。当电机车停运后，将执行降弓操作，电机车无电力供应，若电机车无机械制动，此时制动方式将只有气制动，但由于随着停放时间的增加，电机车储气罐内的气体压力逐渐降低，制动效果也随之降低，且由于降弓之后电机车无电力供应，无法补充储气罐内的空气压力，电机车的气制动效果逐渐丧失，存在溜车风险。因此，机械制动利用设置在驾驶室内的制动手轮，通过手动旋转制动手轮，利用机械杠杆传动方式，同时对两轮对进行制动。由于机械制动的实现全部通过人工手动旋转制动手轮实现，因此用作驻车制动时制动可靠性较高。

不同电机车电制动实现的效果不同，如中车电制动为零位制动，当电机车挡位归零时，电制动介入使得电机车减速至停车；韶力电机车为减速制动，车载变频器通过检测角度传感器输出电压变化，将电制动介入，实现电机车减速及制动；湘牵及湘重电机车使用制动挡位进行制动，当需要制动时，通过将挡位旋转至制动挡位，实现电机车的减速及制动。以上几种电机车电制动的介入方式虽然不同，但原理类似，均是利用三相异步电机的再生制动及能耗制动，当电机车减速时，电机车惯性拖动电机旋转，使电机由电动状态转换为发电状态，由驱动转为制动，实现电机车的减速，制动过程中产生的电能通过变频器反馈给电网，降低了电能的损耗，若产生的电能较多，无法及时消耗掉，造成滑触线网压明显上升，达到车载变频器制动 IGBT 触发电压后，制动 IGBT 将导通，利用制动电阻将减速过程中产生的泵升电压快速消耗，防止滑触线网压过高造成变频器内部电气元件损坏。在减速过程中，电机车的速度越快，电机发电产生的电能越多，制动电流相应越大，制动力越强，因此电制动在电机车高速运行时的制动效果较强。

如图6-20所示，以中车电机车为例，中车电制动是通过检测公共极（线号207）与制动信号输入（线号211）之间是否导通实现的。当公共极与制动信号输入导通时，变频器执行电制动，当车载变频器无法接收到公共极电信号时，变频器取消电制动，电机车本体利用手刹阀下方的微动开关K（常闭型）进行控制，当电机车气制动手刹阀推动后，手刹阀下方的微动开关闭合，公共极与制动信号输入闭合，车载变频器检测到制动信号，执行电制动；当电机车手刹阀拉下时，微动开关断开，公共极与制动信号输入断开，取消电制动。

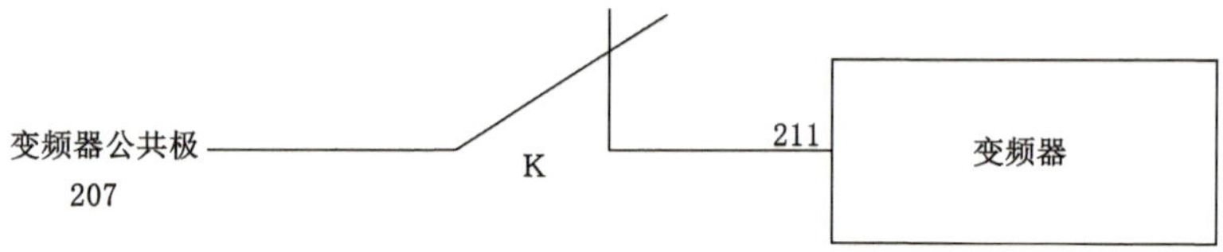

图6-20 中车电制动原理图

6.5.2 气制动系统

气制动通过对电机车气路系统改造，与受电弓控制集成化成为气路控制箱，电机车本地操作时，气路上安装的两个阀门断电，常开阀与常闭阀均恢复初始状态，此时手刹阀至制动气缸之间的气路保持连通状态，常闭阀保持关闭，因此气体无法从排气口溢出，本地操作电机车时，通过手刹阀的接通与关闭控制电机车气制动，保证本地操作功能不受影响；当电机车处于远程控制状态时，将手刹阀打开，确保储气罐至常开阀之间的气路保持连通，此时远程状态需要给定气制动时，只需要控制常开电磁阀打开，高压空气推动制动气缸实现气制动，当需要取消制动时，关闭常开阀，打开常闭阀，使高压空气沿着排气口进行卸压，制动气缸回位，取消制动，以此完成电机车气制动的远程控制。安装的压力传感器，分别检测电机车储气罐和制动气缸的气体压力，当储气罐内压力低于设定值时进行报警，通过观察制动压力传感器采集的数值，观察确认电机车气制动是否已经给定，保证制动系统能够正常工作。

6.5.3 电制动系统

不同类型电机车电制动介入方式不同，但电制动控制方法类似，以中车为例，通过控制一中间继电器实现，如图6-21所示。

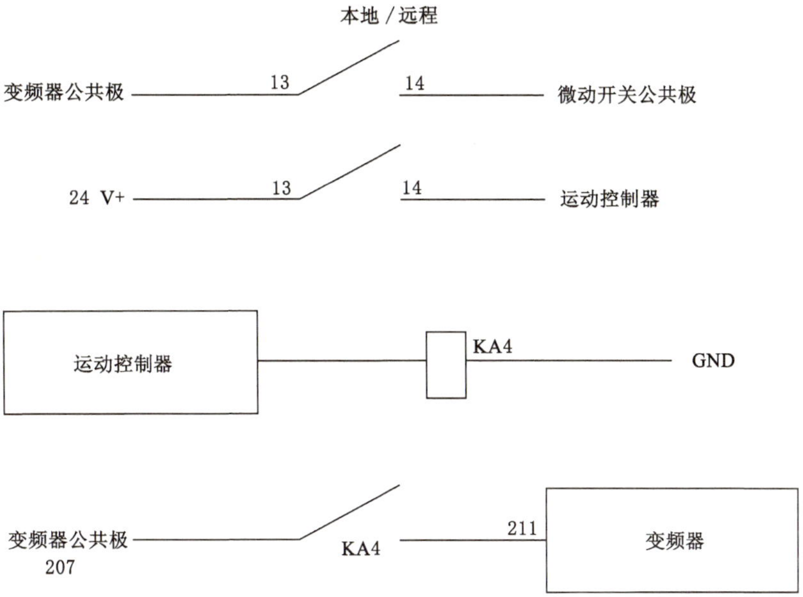

图 6-21　无人驾驶电机车电制动原理图

远程控制时，本地/远程开关旋转至远程，将本地公共极断开，防止本地与远程控制相互影响。此时，若电机车需要执行电制动，通过运动控制器控制中间继电器 KA4 线圈，KA4 线圈得电后，其常开点闭合，公共极与变频器制动信号输入接通，电机车执行电制动，若需要取消电制动，运动控制器控制中间继电器线圈失电，实现公共极的通断，从而实现电机车电制动的正常运行。

其他三种类型电机车电制动控制方法类似，韶力电机车无须特意进行改造，由于其车载变频器能够自行检测调速信号，当调速信号降低时，自动控制电制动即介入；湘重及湘牵电机车使用制动挡位，因此类比中车电制动介入方式，通过中间继电器控制制动挡位信号，再结合调速信号，实现以上两种电机车电制动的远程控制。

6.5.4　机械制动

机械制动是电机车本体制动方式之一，主要用于电机车的驻车制动，当电机车长时间停放时，由于一直处于降弓状态，电制动无法工作，气制动随着停放时间的增加，储气罐内气压逐渐降低，若仅仅依靠气制动，当储气罐内压力不足时，可能存在溜车风险。而机械制动通过旋转制动手轮，通过机械结构实现对电机车的制动，可靠性强。无人驾驶电机车中，部分备用电机车需要长时间停放时，也会需要机械制动，因此无人驾驶电机车将此功能进行保留，且未进行改造。

6.5.5 电机车无人驾驶不同制动系统的应用

无人驾驶电机车气制动及其电制动的介入根据电机车运行速度来执行，电机车在高速行驶过程中，若直接给定电机车气制动，此时由于车速较大，直接制动对闸瓦及车轮磨损严重。另外，由于电机车气制动无法进行匀速刹车，容易造成车辆在轨道上滑行，对轨道的损伤较大，且存在掉道风险，需要先将电机车速度降下来，再进行气制动，因此在电机车高速运行时，使用电制动且在电制动过程中产生的电能可以反馈给电网，可以降低对电能的消耗。一般电机车运行时速在 10～15 km/h 速度区间时，以电制动为常用制动，空气制动作为补充，在该速度区间，电制动作为主要减速制动方式；在 3～10 km/h 速度区间，以空气制动为主，电制动为辅；在 0～3 km/h 速度区间，以空气制动为主。通过对气制动、电制动介入时间的调整，即在高速段可以通过系统向电网反馈，节约能源；低速段采用空气制动，主要保证列车的精确停车。

6.6 机车供配电系统

6.6.1 受电弓控制

6.6.1.1 受电弓控制工艺

如图 6-22 所示，自动受电弓由铝制带羊角滚筒、连杆机架、大臂、底座、弹簧、气缸、保护挂钩等组成，受电弓升弓动作由弹簧张力驱动升弓，升弓高度可通过调节弹簧的拉紧张力调节，使自动受电弓能够适用于不同架线高度，该结构除受电弓机械结构发生故障外，一般不会出现受电弓无法升弓的情况，运行稳定性较高。自动受电弓的降弓通过气缸动作实现，当需要降弓时，将降弓气缸电磁阀打开，带动受电弓实现降弓操作。降弓后，为避免气压不足等造成误升弓问题，在自动受电弓上增加挂钩与弹簧，挂钩受弹簧拉力将受电弓勾住，保证受电弓即使在气压不足状态下也不会升弓；挂钩弹簧由拉杆电机联动，当需要升弓时，可动作拉杆电机，使得挂钩松动，达到脱钩升弓的目的。

当列车正常运行时，只有一个电机车是升弓状态，另外一个电机车需要保持降弓状态。降弓是通过气缸实现的，长时处于降弓状态，加上空压机无法正常工作，气缸内压力无法得到补充，随着电机车的运行、气路漏气等因素影响，压力逐

图 6-22　受电弓

渐下降，存在电机车运行过程中压力不足导致的受电弓误升弓，易引发架线或受电弓损坏。降弓后，为避免气压不足等造成误升弓问题，在自动受电弓上增加挂钩与弹簧，挂钩受弹簧拉力，将受电弓勾住，保证受电弓即使在气压不足状态下也不会升弓。为便于升弓控制，在挂钩处增加拉杆电机，当需要升弓时，拉杆电机动作，使挂钩脱离受电弓连杆，受电弓受弹簧弹力升弓；降弓时，受电弓泄气阀关闭，降弓阀打开，受电弓降弓，拉杆电机动作，释放挂钩，使得挂钩勾住受电弓连杆。

6.6.1.2　受电弓的控制

根据现场环境选择为使用高压风控制的自动受电弓，电机车气路改造中，增加了控制气路的电磁阀，由于该种受电弓可能存在自动升弓的情况，因此在电机车上安装挂钩及拉杆电机，当受电弓降弓后，拉杆电机与弹簧配合推动挂钩将受电弓挂住，防止出现受电弓自动升弓的情况。

由于受电弓整体进行了更换，因此本地操作时，在电机车司机控制器上增加了升弓/降弓和解锁/锁闭旋钮。当需要升弓时，先将解锁/锁闭旋钮旋至解锁，拉杆电机工作，将受电弓挂钩松开，后将升弓/降弓旋钮旋至升弓，受电弓气缸泄气，受电弓在弹簧作用下升弓。

6.6.2 蓄电池的选择与应用

电机车降弓后，电机车失去电能获取途径，车载设备失电后无法正常工作，因此需要在电机车上安装储蓄电池组，如图 6-23 所示，蓄电池组需要供电的设备主要包括车载控制系统的运动控制器、CAN 网关等以及 5G 通信系统的 CPE 及路由器。其中，车载控制系统功耗较低，如运动控制器空载功耗为 2.2 W，CAN 网关功耗为 2.4 W，加上传感器、中间继电器等设备，总功耗约为 5～6 W；5G 通信系统为主要的用电设备。蓄电池组需要保证电机车控制及 5G 系统工作1.5 h，假设逆变器满功率工作，即逆变器输出功率为 600 W，逆变器转换效率为 85%，则逆变器实际输出功 705 W。

图 6-23 车载蓄电池

蓄电池容量按照负载占比 70%计算，则蓄电池理论最大输出功率为 1 007 W，蓄电池电压为 24 V，最大输出电流为 42 A，则蓄电池理论容量为 42 A·h，根据蓄电池规格型号，考虑能耗损失影响，故选择两块 12 V、100 A·h 的蓄电池串联组成蓄电池组作为无人驾驶电机车的储能设备，保证系统机车降弓期间仍能正常工作。当电机车升弓时，直流变换器为控制系统及通信系统供电，同时也为蓄电池组充电；当电机车处于降弓状态时，蓄电池组为电机车内的车载控制系统以及车载通信系统供电。

通过安装蓄电池组，解决了电机车降弓状态下控制系统的供电问题。但同时面临另外一个问题，由于增加了蓄电池组，安装的设备较多，电机车本体安装的直流变换器的输出电压及电流无法满足现有的需求，因此，需要将原来的直流变换器进行更换。

6.6.3　电源模块的选择与应用

电机车经过改造后，其上安装的设备增加，且在升弓时，需要为蓄电池组进行充电，而电机车本体安装的直流变换器输出为 24 V/6 A，输出功率较小，且需要为蓄电池组充电，输出为 24 V 的直流变换器无法满足充电需要，电机车本体安装的直流变换器无法满足无人驾驶系统的供电需求，因此需要对其进行更换。

假设未安装蓄电池组，车载设备直接由直流变换器供电，此时需要输出功率为 12 A 的直流变换器，考虑到需要为蓄电池组进行充电，因此直流变换器的输出电压选择 27 V、输出电流为 20 A 的直流变换器，如图 6-24 所示，以满足无人驾驶电机车的供电需求。

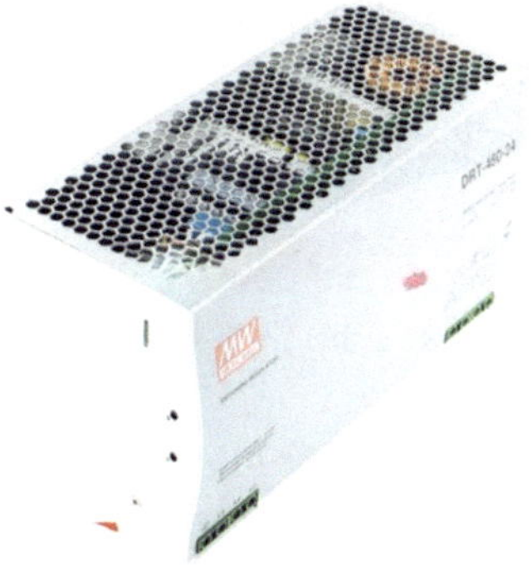

图 6-24　充电电源

综上所述，电机车无人驾驶供配电系统已初具规模，由于安装有车载 5G 通信系统需要使用 AC 220 V 的电源为其供电，增加逆变器为车载通信系统进行供电，车载控制系统需要 DC 24 V 的电源供电，需要机车降弓时，车载系统保持正常工作，安装蓄电池组为车载系统供电。经过以上改造，完成了无人驾驶电机车供配电系统的升级。

6.6.4　逆变器的选择与应用

由于电机车运行模式为单机牵引折返式运行，因此当一列电机车运行时，总会有一辆电机车处于降弓状态，由于电机车本体无储能装置，电机车降弓后，车载设备将会因断电而无法工作，与电机车无人驾驶系统不匹配，因此还需要在电机车上安装储能装置，用于电机车降弓后车载控制系统供电、车载视频监控系统以及车载 5G 通信系统供电，储能装置的供电电压相对而言，DC 24 V 电压等级明显优于 DC 550 V，且由于需要为车载控制系统供电，因此安装输出为 DC 24 V 的蓄电池。为了增加容量，考虑安装蓄电池组。当电机车降弓后，车载设备供电由直流变换器变为蓄电池组，保证降弓后车载控制系统、车载视频监控系统及车载 5G 通信系统能够正常工作。相应的，逆变器确定为 DC 24 V/AC 220 V 逆变器，如图 6-25 所示。

图 6-25　电源逆变器

逆变器主要为车载 5G 通信系统供电，主要包括 CPE 及路由器，其中 CPE 功率为 30 W，路由器功率为 230 W，总功率为 260 W，由于设备启动时功耗较大，启动峰值按照 2 倍计算，为了保证设备的稳定性，选取输出功率为 600 W 的逆变器，最终确定选择输出功率为 600 W 的逆变器。

6.6.5　充放电管理

在电机车上安装蓄电池组，实现了电机车在降弓状态下车载设备的供电，其中 5G 通信设备用电量较大，因此电机车降弓状态下无法长时间为设备供电，蓄电池长时间进行放电容易造成蓄电池损坏、容量降低等情况，必须更换蓄电池组，因此当电机车停止运行后，需要将电机车受电弓保持升弓状态，为蓄电池进行充电，充电结束后降弓并断开蓄电池电源，长时间充电也容易对蓄电池造成损伤。因此，工区制定了《运输工区无人驾驶电机车安全运行管理规定》，对电机车的充电时间、充电时长等进行了详细的规定。

6.7 功能及指标

通过以上对电机车进行无人驾驶化改造，电机车实现了远程控制功能，例如电机车受电弓升降、不同制动系统的配合使用以及电机车方向及速度的控制等基础功能，且本地操作和远程操作互不影响，两种操作模式均能正常使用，保留了特殊情况下本地操作功能。

通过对电机车的改造，电机车无人驾驶系统实现了受电弓的自动升降弓、不同制动系统的配合应用及自动介入；针对车载设备的不同供电需求，实现了单一供电条件下多种电压等级的配电系统及电能储存综合应用，保证了车载设备的正常运行；使用编码器与定位标签相结合的方式，解决了电机车的定位难题，实现了电机车的实时定位；利用各种传感器对电机车关键参数进行采集并实时保存，实现了电机车关键参数的记录，保证了设备的正常运行；使用运动控制器解决了工矿恶劣环境下的电机车控制难的问题，确保了控制系统稳定运行；安装车载监控系统，对电机车运行环境进行确认，保证了电机车安全运行。

第7章 “信集闭”系统

7.1 “信集闭”系统简介

7.1.1 “信集闭”系统的作用

“信集闭”系统在矿山有轨运输领域的主要作用是:将全部运行区域的轨道按照区间进行划分,一个完整的轨道区间分为若干个独立轨道区间段,区间段可根据需要设置为任意长度。一般而言,设置区段长度需要参考列车整体长度、道岔的长度、需要容纳的机车数量、机车制动距离等因素,这些独立区段运行信息相互之间联锁,达到区间保护的目的。

系统的主要优势体现在保证电机车安全运行、实现岗位减员增效、降低职工劳动强度等方面。

(1) 保证电机车安全运行

“信集闭”系统的联锁保护功能能够确保机车安全运行。当一列电机车在此轨道区间运行时,另一列电机车就不能进入此区间,保证了列车之间相互独立运行,不存在车辆相互碰撞的可能性。轨道运输现场道岔较多,“信集闭”系统在采集到道岔信息后,将信息反馈至电机车,实现道岔与电机车的联锁,从而保证在任意区间段内电机车不会因为道岔不准确导致出现电机车掉道的情况,此部分涉及的各类保护将在本章中逐一进行原理介绍及功能描述。

(2) 实现岗位减员增效

传统的有轨运输作业方式为人工现场利用口哨或电铃调配车辆,由于缺乏高效的联系确认方式,现场所有的道岔均需要扳道工手动操作扳道,效率低下,人员配置较多。应用“信集闭”系统后,扳道工作可集中处理,只需一人即可实现对全部线路的道岔进行远程操作。

(3) 降低职工劳动强度

将传统手动扳道改为“信集闭”远程控制转辙机扳道后,不仅在提高资源利用率、矿石运输率方面有极大的优势,且在人员配置方面优势明显。现场所有道岔均由调车员在集控室进行操作,大大提高了岗位人员效能,且在电机车无人驾驶后,一列电机车只需要配置一名岗位人员操作，实现了扳道、放矿、电机车司机岗位的“三合一”。岗位融合后，在减轻劳动强度的同时，极大地节约了岗位人员配置。

7.1.2 “信集闭”系统分类及特点

“信集闭”系统从大的方面分为两类：进路式和按钮式。

进路式“信集闭”系统普遍应用于轨道线路较复杂且运行工艺流程进路较多的场合，此类“信集闭”系统在运行时，调度员只需根据车辆运行路线，对运行区间的道岔进行操作，以满足车辆运行条件，其优点是操作简单、便捷。

按钮式“信集闭”系统需要在现场根据车辆运行路线对沿途的道岔逐一进行操作，使车辆满足运行路线，因其操作的复杂性以及工作量较大，这种按钮式操作方式只适用于运行工艺流程特别简单的铁路运输行业。

根据其系统特点，大型有轨运输矿山均采用进路式“信集闭”系统。

进路式“信集闭”系统具体可分三种方式开放进路，第一种叫站道信号，第二种叫问讯开放，第三种叫自由开放（也叫自身触发开放）。

站道信号一般在标准轨大铁路上应用，这种方式较适用于列车独占某段铁道、铁路线相对较长、车速较快的场合。问讯开放的方式比较适合用在铁道线比较复杂、出车比较集中且行车比较有规律的场合。自由开放方式是一种比较适合现代矿井“信集闭”系统采用的进路开放方式，其主要特点就是信号开放灵活、减少人工干预、实时反映机车运行动态、最大限度地提高机车的运输周转率。而现代化的矿井，机车运行的特点又主要表现在车速高、重载、周转频繁上，所以采用自由开放式“信集闭”系统是现代化矿井“信集闭”系统的一种发展方向，目前已得到各类煤矿、非煤矿山有轨运输系统的广泛应用。

7.1.3 矿山有轨运输系统“信集闭”现状

我国铁路行业最早使用“信集闭”系统是在 20 世纪 50 年代中期，由苏联援助进行设计了初始阶段的“信集闭”系统，并初次在煤矿行业进行了建设。最早期的“信集闭”系统采用传统继电器逻辑控制电路，但因井下巷道环境受限、继电器逻辑关系及电路复杂、设备数量较多、检测手段受限制等方面的客观因素，导致故障率较高，且在处理故障过程中因设备复杂、电路线路极多的客观事实下一直未得到普遍性、广泛性应用。随着国内外控制设备、控制理论技术、可编程逻辑控制器等技术的快速发展，“信集闭”系统在经过铁路行业技术人员的不断科研攻关后，先后采用单片机等控制设备以及采取的一系列技术改进，后才逐步研制出真正符合矿山电机车运输的现代化“信集闭”系统。

当前，“信集闭”系统已成为我国现代化矿山有轨运输系统的标配，但仍存在发展不充分、不均衡的问题，一些矿山“信集闭”系统仅仅停留远程扳道、语音对讲等层面，也有一些矿山已在“信集闭”基础上实现了无人驾驶，传统“信集闭”功能也已大大扩容升级，从扳道区间保护延伸到了轨道线路规划及车辆自动调配，“信集闭”系统已完成了迭代升级。

同时也要看到，矿山发展不均衡问题也较为突出，有区域发展不均衡问题，也有矿山内部各系统发展不均衡问题，目前仍存在传统人工调度车辆运行的方式，不仅在安全性方面得不到保证，在矿石运输效率方面也极其低下。在智慧矿山建设的时代背景下，为了保证电机车安全、高效运行，必须摆脱传统人工调配车辆的落后方式，采用行业先进技术对车辆进行智能调度，以到达车辆安全运行的目的。同时，有轨运输系统电机车无人驾驶将是主流模式，“信集闭”建设也要充分考虑无人驾驶系统的应用，为矿山高质量发展保驾护航。

7.1.4　电机车无人驾驶系统“信集闭”需求分析

电机车无人驾驶系统最大的优势就是实现车辆的自动调配和安全运行，以上两项功能特点也是“信集闭”系统的核心功能，因此，电机车无人驾驶系统“信集闭”需求以此展开说明。

(1) 车辆自动调配

系统依据调度下达的指令，根据轨道线路的占道情况，设计到达目的地的轨道线路。系统判定的核心因素是轨道线路的占道情况，即进路式站道信号“信集闭”系统。传统做法是根据道岔判断区间占道情况，可实现安全前提下对车辆的调配，但存在效率偏低、轨道占有率不高的缺点。在电机车无人驾驶系统中，基于电机车精确定位，可采用自由开放式“信集闭”系统，占道区间可根据车辆位置动态调整，满足安全的前提下实现车辆运行效率的提升。

当轨道线路确定后，道岔的自动或远程扳道是系统重要的执行机构，传统做法是在现场安装转辙机及轨旁控制系统，实现道岔的远程或自动扳道，该方式沿用至今，效果较好，但转辙机运行原理已发生多次优化改进，执行结构的选择根据控制方式的不同有所差异。

道岔闭合检测是道岔判断的依据，“信集闭”系统和电机车无人驾驶系统均需采集，采集方式根据转辙机的结构有所差异，但就目前发展情况看，准确性方面也可以得到保证。

(2) 安全运行

“信集闭”系统主要解决车辆追尾、碰撞、冒进等安全问题，应具备以上问题对应的防护功能。

防追尾和防碰撞：该项功能主要依靠对轨道线路占道的准确判定来实现。传统的做法是：当两个道岔间轨道线路驶入车辆时，该段轨道线路标定占道，其他车辆无法进入该区域，可实现车辆的防碰撞和防追尾功能。当然，道岔的执行机构及方向的检测需确保准确。自由式“信集闭”系统可依靠车辆的精确定位，实现安全区间管控，实现车辆的防追尾和防碰撞功能，但系统需具备强大的车辆定位及控制能力。

防冒进：该项功能控制的核心是道岔扳道执行结构的准确及道岔状态的准确检测，“信集闭”系统和电机车无人驾驶系统中均需具备该项功能，传统“信集闭”系统可完全实现以上防护功能。在当前电机车无人驾驶系统中，可基于电机车精确定位实现防冒进的双重保护，即道岔的保护及位置信息触发的保护。

综上所述，电机车无人驾驶系统中，“信集闭”系统应具备线路识别、车辆自动调配及防碰撞、防追尾、防冒进等安全防护功能。在电机车精确定位的前提下，根据以上“信集闭”系统的性能分析，电机车无人驾驶系统选择自由开放式“信集闭”系统更具优势。

7.2 自由开放式“信集闭”系统的优势

7.2.1 系统整体结构

自由开放式“信集闭”系统是在电机车精确定位的前提下实现的，电机车定位属机车控制部分，在信息共享的前提下达到自由“信集闭”的目的，因此，本节只针对“信集闭”系统核心部分进行结构说明。

如图 7-1 所示，自由开放式“信集闭”系统主要由控制台、主控站、分站系统、电动转辙机、信号机等设备构成。随着科技的不断发展，核心主控设备、分站控制设备在不断开拓，目前采用较为先进的西门子控制设备，其中分站系统按照就近原则，具体根据现场转辙机等设备情况综合考虑在合理位置对分站进行安装；其中分站之间、主控站与分站之间均采用光缆传输信号，主控站起到中枢作用，分站作为执行机构，操纵转辙机及信号机对路径进行规划。

系统由主站和分站构成，主站安装在集中控制中心(集控室)，分站根据控制设备分布，按照就近原则进行统一设计安装。主站通过光纤与集中控制中心的主交换机相连，分站控制箱通过光纤与主站相连，分站的主要作用是控制就近分布安装的转辙机以及红绿灯。窄轨铁路信号的控制采用集散式控制系统，在集中控制中心对现场运行的运输列车全程跟踪，检测电机车的实际位置，开放信号，自动搬动道岔，同时实现对进路的准确检测。实现集中控制中心自动控制道岔，指挥列车安全运行，在车辆运行过程中收集道岔、红绿灯等设备的故障信息自动诊断及报警。

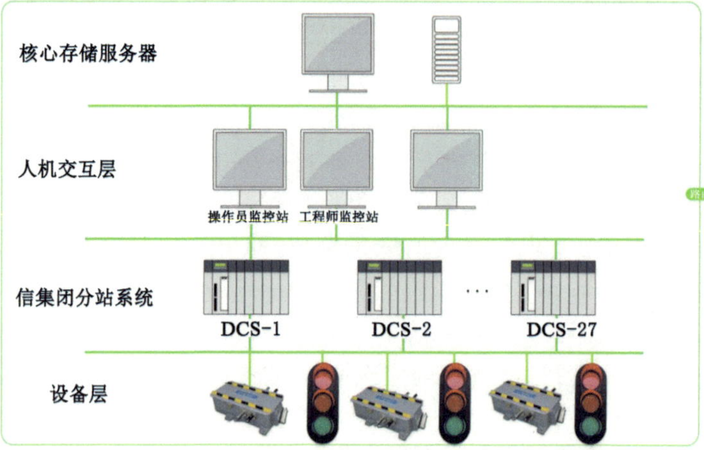

图 7-1 “信集闭”系统结构图

7.2.2 运行原理

“信集闭”系统顾名思义可以拆分为三个组成部分。其中，“信”表示为“信号”，其含义为指示电机车运行以及调度车辆的相关命令类的信号；“集”表示为“集中”，其含义为通过先进的控制技术使车辆的“信号”、道岔和进路必须按照规定的程序运行，具体为车辆运行、道岔动作、进路是否对运行的车辆开放，三者的动作信号相互存在联锁关系，要集中对三者进行分析处理后再决定车辆、道岔是否动作；“闭”表示为“闭塞”，其含义是以车辆运行信号为基础，确保每台电机车在特定区域能够流畅运行，而其他车辆在此区间不能够运行，以到达车辆安全运行的目的。

自由开放式“信集闭”系统以距离作为相互关联的核心要素，因此，道岔固定位置和机车动态位置是系统关联互锁的约束条件。自由开放式“信集闭”系统锁闭范围在本节简称为“保护区间”。按照传统“信集闭”系统理解，保护的“区间”即为占道范围，只是保护区间会根据电机车位置的不同而动态变化，本节会根据矿山有轨运输系统进行分类解析，因机车定位方式种类繁多，本节不做介绍，只在机车精确定位基础上进行说明。

固定保护区间：主要针对放矿机、道岔、卸载架固定设备，在轨道线路上，以上设备处于固定位置，相对线路位置固定，因此，固定点上下行设定保护区间，当车辆进入保护区间时，系统会根据固定点车辆占道情况及指令内容做出判定，决定车辆是否进入保护区间。

动态保护区间：主要针对电机车移动设备，电机车处于动态移动过程中，其位置可精确地在轨道线路上标定，因此，根据实际工况条件，设定电机车前后保护距离，保护距离会随着车辆的移动而动态移动，动态区间即为车辆的占道范围；当其他车辆侵入保护范围时，触发保护机制，实现车辆的急停或其他保护措施。

在动态保护区间和静态保护区间覆盖下，电机车按照“信集闭”保护原则进行权限释放，达到安全运行的目的。

7.2.3 自由开放方式“信集闭”系统可实现的功能

自由开放式“信集闭”系统在实现道岔远程扳道的基础上，综合考虑生产现场的各种不确定因素，因此设计有三种道岔控制模式：道岔闭锁控制、道岔半闭锁控制、道岔解锁控制。该模式深度结合电机车无人驾驶模式，对应自动、半自动、远程手动模式。

闭锁控制可以实时通过派(配)矿系统指令对井下运输轨道的电动道岔、信号灯自动控制输出，为正常生产使用。半闭锁控制即人工派车，下发派车指令后系统自动控制转辙机及信号灯，供临时调整作业计划使用。解锁控制，即全系统为纯手动运行，操作人员需要逐个控制转辙机与信号灯，供检查、检修调试等特殊情况下使用。

运行系统具有全程跟踪、自动开放信号、转动道岔、检测道路等功能，实现车辆自动调度和安全运行。

① 进路信号开放应满足进路中所有区段空闲(存车线除外)、道岔位置正确、进路锁闭等条件。

② 机车进入信号机锁闭范围内应及时锁闭区间，结合车载控制器的车距防护技术措施，避免同向两列电机车追尾。

③ 当分站、道岔、传感器等设备发生电路、通信传输故障时，相关信号显示应自动转为关闭信号或约定警示信号。

④ 操作台前后机选择时，序号不能选重，并且机车类型要一致；现场应用时，不同车型电机车应区分。

⑤ 道岔控制只参考基准机车位置；根据基准车位置的变化，判断车的方向；根据车在各道岔附近的位置，提前 120 m 占用且移动道岔。

⑥ 机车前后机速度差大于 30%，或者前后机位置差大于 150 m 时，触发“脱节”报警。

⑦ 机车只能牵引行走，即前进时用前车头、后退时用后车头，避免长距离顶车。

⑧ 机车间距保护根据列车长度、基准车辆、制动距离等因素设定，一般车辆间距保护为 300 m，道岔保护间距为 120 m。

⑨ 按区域设定门禁联锁区间，当车辆驶入联锁区间时，相应门禁锁闭，防止人员误入。

⑩ 除"点动"模式外，车辆在道路终端必须按设定速度减速慢行，终止停车线前强制停车，防止驶出轨道。

⑪ 电机车通过放矿机等无架线处，机车强制降弓。

⑫ 在"自动运行"模式下，当选择任务目标后，系统自动规划线路，道岔自动扳道，机车应按照自动设定的速度行驶，并在对应区域自动鸣笛。

⑬ "点动"模式可在任何情况下进行操作。

⑭ 机车运行方向和现场设备运行联锁，如放矿时电机车运行方向不一致时，放矿机联锁停止运行。

综上所述，系统应具有统一协调指挥电机车运行路线和可开动时间，系统根据信号联锁规则，自动控制井下转辙机和信号灯的动作，自动控制电机车运行到指定装矿或卸矿点。工控机能够实时显示列车在运输巷道的位置、列车的序号、车速及信号灯、道岔和区间的状态，具有故障声光报警功能，并能显示故障的具体位置，支持电机车运行轨迹回放，自动记录运行过程数据，生成管理报表。

7.2.4 无人驾驶系统应用优势

自由开放式"信集闭"系统无人驾驶系统中的应用有以下几个方面的优势：

① 信号采集简单高效。自由开放方式"信集闭"系统在机车信号采集方面简单高效，因系统使用 RFID 无源标签与在电机车车轴安装车速传感器相结合的方式，提高了车辆信号采集的准确性。

② 新技术对系统适应性更强。传统"信集闭"系统采用的传感器设备数量多，传感器与分站之间均采用有线方式通信，传统"信集闭"系统中传感器与分站之间的通信方式在井下巷道变形大、巷道通行设备较多的复杂现实条件下，线缆多采用地埋式，存在故障率较高、故障不易发现等问题，在井下矿山难以全面应用此项技术。另外，由于电机车属移动设备，在车头安装传感器等设备，存在机车移动过程中信息采集不准确的情况，对车辆定位方面有很大的影响。

③ 通信优势。自由开放方式"信集闭"系统采用传统的 TCP/IP 接口，由于 TCP/IP 网络协议的应用具有普遍性，可实现系统与其他系统无缝连接，能够实时进行数据交换；同时，系统预留接口，具备扩展条件。考虑到有轨运输的"动态性"(在现有轨道的基础上随时需要调整运输工艺流程)，需满足对系统进行扩充、改造，以适应运输路线的不断变化，且系统应有较强的纠错和容错能力。TCP/IP 接口可根据现场需求随意增加或者减少"信集闭"分站系统，在不断优化系统铁路轨道运输线路的过程中需要增加"信集闭"分站时，只需要在信号机及转辙机附近位置安装分站控制箱，并通过光缆就近连接距离最近的另一个分

站的控制箱，实现分站之间的通信。

④ 人机互动优势。“信集闭”系统在人机互动设计方面按照“以人为本”的理念进行设计操作画面。因现场扳道人员全部转移至集控室进行操作道岔，其中一个重要的环节就是操作人员操作的舒适性以及直观性。自由开放式“信集闭”系统控制现场道岔的显示器能够实时显示列车在运输轨道位置、相应区间的道岔状态(其中包含道岔是否到位的反馈信息)、信号灯的指示状态以及危险区段报警提示功能。

⑤ 设备维护量较少。自由开放方式“信集闭”系统在设备维护方面也具备一定优势。系统在采购设备时选用的设备为工业化的、先进的、成熟的和性能稳定的高质量标准的通用产品，例如主控设备采用当前稳定性最高的西门子1500PLC，考虑到成本问题，分站均采用西门子 300PLC，选用通用型先进设备不仅使系统的运行可靠性增加，在日后的维护中，通用型设备在采购途径上也较为方便，相比于传统继电器逻辑电路，在线路方面的故障也很少。

7.3 信息采集与反馈

7.3.1 系统所需信号分析

“信集闭”系统的一个重要功能是现场道岔信息的采集、信号指示灯信息的采集、车辆位置信息的采集，根据这些采集的信息实现在调度控制室对运行机车全程跟踪，根据控制程序设定指令，实时检测列车的实际位置，实现车辆在规定位置自动加减速、自动停车功能；根据调度指令，设定行进路线并自动扳道，实时监测进路信息，确保运行安全；根据机车位置信息、道岔状态以及信号指示灯的反馈信息使系统具备故障自动诊断、预警报警功能；最后应自动记录运行过程中涉及的各类数据。

7.3.2 信号采集方式及原理

(1) 机车位置信息采集(机车精准定位)

机车精确定位是“信集闭”系统安全运行的前提，机车定位方面主要采用车载光栅编码器和轨旁无源射频标签结合的方式实现机车的精确定位，该部分内容在第 6 章中有详细的介绍，本节不再赘述。

(2) 道岔信息的采集

道岔信息采集必须依赖控制设备，目前采用的主要设备是转辙机，“信集闭”系统将转辙机的动作信号上传至控制中心，实现对信号灯、电动道岔进行一键自动式集中控制，电机车实现全程闭锁运行，避免电机车追尾事故的发生，不需要人员在现场手动扳动道岔，保证主运输系统的安全运行和现场无人操作的需求。

(3) 道岔信号指示

道岔信号由信号灯具体指示，并与转辙机配套安装，当转辙机正反位到位时，信号灯为绿，当转辙机不在两个状态位时，红绿灯为红色，车辆只有在绿灯状态下才能通行，红灯状态下必须停车，确保了道岔正确，因此最重要的功能就是为安全行车作指引导向，同时因其与转辙机联锁，当转辙机发生电气故障、机械故障时用红灯指示，也能确保行车安全，因此其主要作用在于安全导向。

信号灯安装在转辙机支架侧，高度为500 mm，符合轨道运输线路红绿灯安装标准。供电方式采用AC 220 V供电，红绿双色LED显示，可视距离不小于于80 m。

7.3.3 道岔分站控制单元

(1) 分站控制单元的作用

一个完整的“信集闭”系统既要包含核心控制单元，也必须包含分站控制单元。核心控制单元作为系统的CPU，承担的任务是所有设备信息的采集、信息集中处理，同时对数据进行算术运算和逻辑运算，然后下发指令，而现场转辙机、信号机等设备又较多，因此，需要在合适位置安装控制现场道岔、信号机等设备的控制分站，将所控制的分站设备的状态信息上传至核心控制单元，由核心控制单元进行统一调配，确定现场设备是否需要动作，然后将指令下发至分站控制单元，由分站控制单元进行执行。

(2) 分站位置安装的基本原则

由于轨道线路较长且运行工艺较为复杂，因此分站布置按照现场转辙机、信号机的分布情况，以就近和功能最大化原则合理布置分站控制箱，实现以最少的控制箱控制现场所有设备的目的，针对功能最大化原则，部分距离较近的现场设备共用一个分站控制箱。

(3) 各分站的功能(单转辙机、双转辙机、信号灯控制原理)

如图7-2所示，每个“信集闭”系统电控箱箱体有本地/远程旋钮、主道/辅道按钮。当打到远程时，转辙机受集控室控制；当打到本地时，按主道/辅道按钮可实现本地对转辙机的控制，安装本地/远程旋钮的目的是在检修等设备异常状态下，需要在现场进行设备检修或者调试时方便现场确认，如果只有远程集控室操作这一个功能，在现场出现特殊情况时，因联系确认不方便会导致设备调试出现不符合要求的情况。

分站控制箱可分为单控制箱、双控制箱，这样做的目的在于“信集闭”系统分站控制箱安装时需要遵循就近和功能最大化原则。当此区域的某个转辙机距离其他转辙机相对较远时，在转辙机附近安装一个控制箱，只控制就近的转辙机及信号机；当相邻两个转辙机及信号机距离较近且不超过200 m时，可以将两个

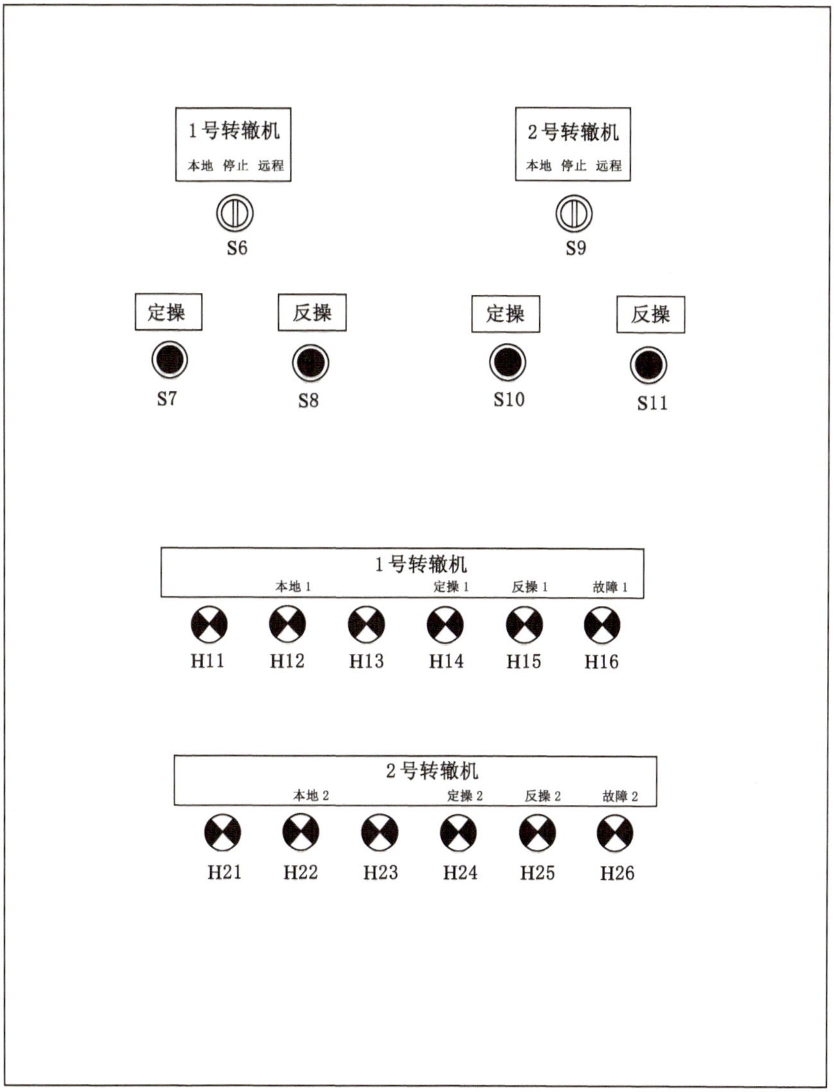

图 7-2 双转辙机控制柜

转辙机及信号机共同由一个分站控制箱进行控制,因为距离较近,控制信号不存在衰减以及损耗的问题,从而达到简化现场分站控制箱数量的目的。这样做的另一个好处是可以节约系统成本,同时对于维修人员及工程师而言,在设备尽量精简的情况下,也方便系统维护以及增加设备熟识度。

图 7-3 所示为单转辙机电气控制原理图。

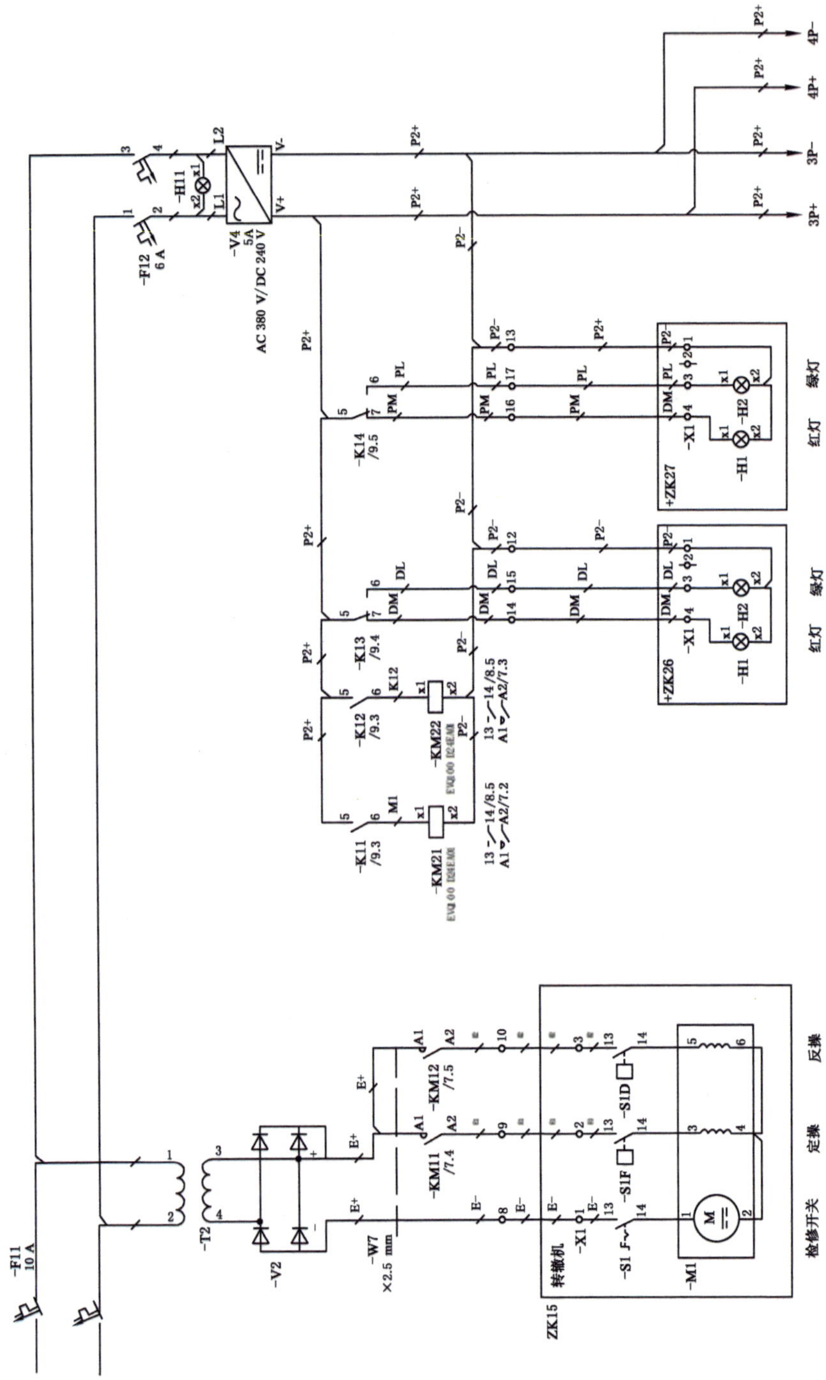

图 7-3 单转辙机电气控制原理图

7.4 信号集成与控制

7.4.1 信号集成拓扑结构

上述道岔分站控制单元内容主要描述了“信集闭”分站系统的信息，“信集闭”系统要具备车辆调度功能，必须有核心主控设备对所有分站设备进行统一分析调度。图 7-4 所示为“信集闭”系统网络拓扑图。图中 CPU410 为“信集闭”系统核心控制设备，安装于集中控制室，各分站之间及分站与主站之间均采用光缆网络通信的方式进行信息交互。

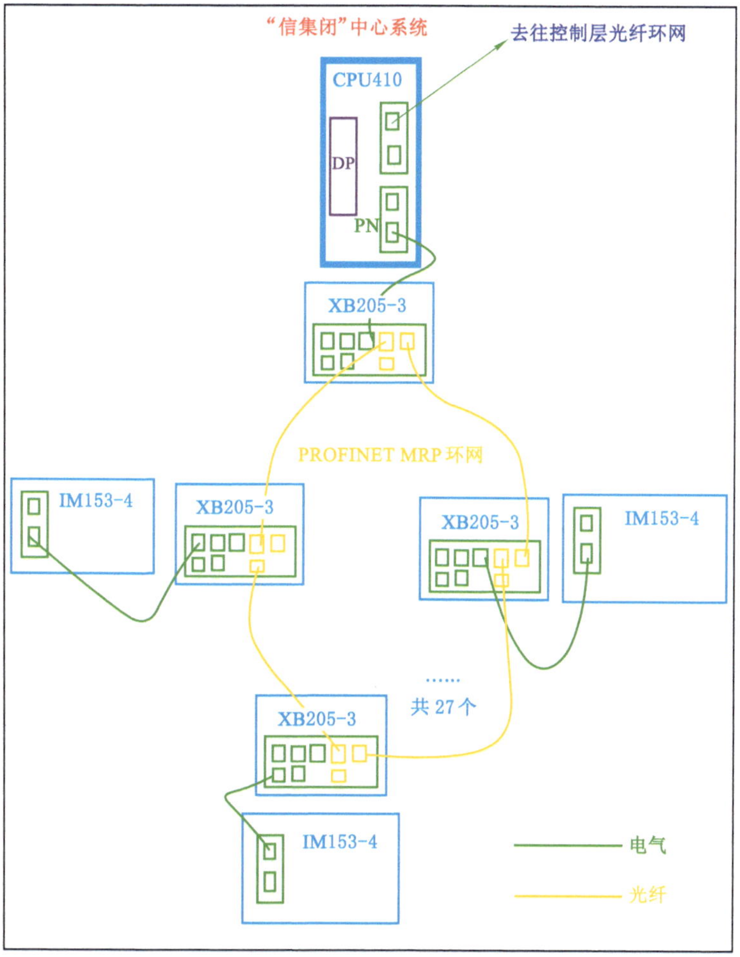

图 7-4 “信集闭”系统网络拓扑图

7.4.2 核心控制单元

(1) 目前工业领域在用的核心主控设备

随着电力电子技术的不断发展，各类晶闸管得到快速发展，并逐步将各类电力电子装置进行集成化，集成电路这一技术得到大规模发展，并且在逐步发展过程中解决了高损耗、电压隔离(高压与低压的相互隔离)、电磁干扰(大电流与控制电路的相互干扰)等一系列困扰集成电路发展的问题，随之出现了可编程逻辑控制器这一技术，并迅速应用在各大工业场所。

可编程逻辑控制器(Programmable Logic Controller，PLC)，是一种具有微处理器的用于自动化控制的数字运算控制器，可以将控制指令随时载入内存进行储存与执行。可编程控制器由CPU、指令及数据内存、输入/输出接口、电源、数字模拟转换等功能单元组成。早期的可编程逻辑控制器只有逻辑控制的功能，所以被命名为可编程逻辑控制器，后来随着不断发展，这些当初功能简单的计算机模块已经有了包括逻辑控制、时序控制、模拟控制、多机通信等各类功能，名称也改为可编程控制器(Programmable Controller)，但是由于它的简写PC与个人电脑(Personal Computer)的简写相冲突，加上习惯的原因，人们还是经常使用可编程逻辑控制器这一称呼，并仍使用PLC这一缩写。

世界上第一台可编程序控制器于1969年由美国数字设备DEC公司成功研制，并在美国通用汽车自动装配线上试用，在实际应用中获得了成功试验。工业上使用的可编程逻辑控制器已经相当或接近于一台紧凑型电脑的主机，其在扩展性和可靠性方面的优势使其被广泛应用于各类工业控制领域。不管是在计算机直接控制系统还是集中分散式控制系统DCS，或者现场总线控制系统FCS中，总是有各类PLC控制器的大量使用。PLC的生产厂商很多，如西门子、施耐德、三菱、台达等，几乎涉及工业自动化领域的工业控制设备都有上述生产厂商生产的PLC产品。

PLC产品在工业领域能够得到广泛使用，基于其以下两个方面的优势：

① 较高的可靠性。矿山运输系统中因现场环境差，要求控制设备具有很强的抗干扰能力，且能在恶劣的环境中可靠地工作，对可靠性要求很高。但PLC产品有着硬件与软件双重保护。硬件方面：具有良好导电性能的材料进行屏蔽，可防止干扰，并且I/O点位之间均采用光电隔离措施，能有效地隔离输入/输出信号的相互干扰；软件方面：基本只出现偶发性故障，且在出现故障后重新下载控制程序即可。

② 程序编程简单，容易上手。编程语言采用接触器及继电器触点形式的梯形图，继承了传统控制线路的清晰性，容易被技术人员及工程师所接受。

(2) 核心控制单元的作用

核心主控设备主要是“信集闭”系统的“大脑”——西门子 1500 系列 PLC。核心控制单元在集控室安装“信集闭”系统操作台一套，操作台上配置有两个显示器，用于实时显示列车在运输巷道的位置、列车序号、车速及信号灯、道岔和区间的状态，具有故障声光报警功能，并能显示故障的具体位置；自动记录运行过程数据，生成管理报表。其中，主控台配备工业控制计算机 2 台（一主一备各带 22 英寸以上显示器），配备 32 英寸显示器 1 台，用于系统的操作控制和显示。管理机 1 台（22 英寸显示器），用于对系统实时数据的存储、查询、报表管理打印及 Web 发布。同时经授权可对系统进行操作控制。配备打印机 1 台，用于打印生产管理报表。

主站控制箱安装在控制室内，与操作台控制计算机直接通过网线通信。作为核心控制箱，其主控制 PLC 和分站之间采用光纤连接联网方式，且分成两路组网。主控制柜采用标准尺寸的 2 200 mm×800 mm 柜子，如图 7-5 所示。柜内主要包含的设备有西门子 1500 系列主控 PLC、数字量输入模块、数字量输出模块、空开、光电转换、OLM 模块等，它们共同组成了“信集闭”系统的核心控制单元。

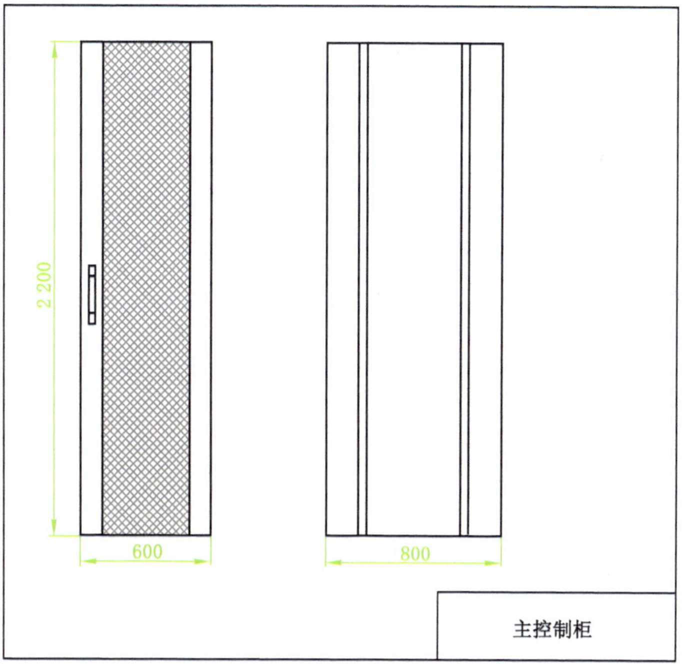

图 7-5 集控室控制柜

为方便一些特殊情况下“信集闭”系统的使用不受影响，通过在核心主控设备调试程序可实现自动、手动两种工作方式，二者之间根据需求可以进行功能转换。手动方式：人工调整井下车场的信号灯及司控道岔；自动方式：电机车运行过程中，传感器自动感应机车所处的位置，通过PLC逻辑运算输出相应的信号，控制车场的信号灯及道岔按照规定的路线进行动作。在主控制室上位机上能实时显示列车车号、运行位置、车速以及信号机、道岔和区段状态。

7.4.3 道岔自动控制及道岔保护功能

(1) 道岔自动控制

道岔的动作与否完全由转辙机进行驱动，所以道岔的自动运行其实是根据机车运行设定的目标，实现转辙机的自动动作，此功能能够保证列车按照规定的线路运行和控制，并检测“信集闭”分站设备的状态。

转辙机自动运行的基础是“信集闭”系统对轨道线路全部进行测量，在测量的基础上根据转辙机分布的具体位置，将此转辙机进行区间划分，且进行编号。在调度台分配好车辆进路后，电机车运行过程中根据电机车自身安装的速度传感器以及轨道标签，速度传感器在机车运动时能够测量出脉冲数，根据脉冲数换算出行走的距离，通过距离的变化能够测算出机车在相对参考位置下行走了多远，这样就知道了电机车的具体位置，从而判断机车当前位于哪一个转辙机的区间段，然后将电机车位置信息上传至主控1500系列PLC，主控PLC根据机车位置信息、运行目的地，将转辙机需要动作至主道或者辅道的命令下放至对应的转辙机控制分站，分站将具体执行动作的命令下发至转辙机，以此实现道岔的自动控制，且当机车在转辙机区间段内时转辙机自动锁闭，不可能再转换，当列车出此轨道区段后，道岔自动解锁。

(2) 道岔保护功能

道岔保护功能包括“道岔故障保护”和“道岔作业路径不满足保护”两个主要保护功能。道岔故障以及作业路径不满足两种情况对运行的电机车及矿车而言危害性是极大的，因此道岔保护功能就是检测道岔是否合严以及是否满足当前运行线路的一个重要检测手段，实现此功能后，可避免道岔在任何状态下导致电机车掉道的情况。

道岔故障保护是指道岔在运行至主道或者辅道过程中由于电气线路故障或者其他外部因素的干扰下，转辙机动作没有到位的情况，此时“信集闭”分站及主站均未接收到转辙机动作到位的反馈信号，主控PLC在接收不到到位反馈信息的情况下即判定为此道岔存在故障，并将机车停止运行的信号下发至电机车控制系统，不允许机车继续运行，以此实现机车停止运行。

道岔作业路径不满足保护功能：作业路径是指电机车牵引矿车在装矿或卸

矿过程中需要经过的道岔及路线，而“信集闭”系统的一个核心功能是在车辆自动运行情况下，根据电机车的运行目标，自动规划其运行路线或区域，然后按照道岔自动控制的方式将运行路线上的转辙机进行驱动。但在实际情况中，会存在部分转辙机误动作或者不动作的情况，因此需要对电机车运行线路上的道岔的动作状态进行实时检测，当某一个道岔未按照规定的线路动作时，“信集闭”分站会接收到这一个反馈信息，并将此信息上传至主控设备 PLC 进行判断，当判断出不是电机车需要的线路时，将电机车停止运行的指令下发至电机车控制设备，实现电机车及时停机，此保护的目的是防止电机车错误运行至非指定地点。

保护距离的设定：龙首矿电机车在用型号为 CJY14-7GP，重 14 t，每节牵引 4 m^3 矿车 14 节或 6 m^3 矿车 12 节，4 m^3 矿车长度 3.8 m，6 m^3 矿车长度 5 m，电机车长度 5 m，可推算车辆总长度不大于 70 m。按照相关规程，14 t 电机车制动距离最大为 40 m，如道岔故障或保护范围占道保护，则使电机车在 40 m 以外制动停车即可实现安全保护。因考虑极端情况，如前车位置信息故障，若后车触发保护边界的停车指令，则前车已行进 70 m，因此，在此基础上加上 40 m 制动距离，则触发边界到 110 m 距离；系统考虑再增加 10 m 冗余间距，最终设定道岔保护距离为 120 m，如图 7-6 所示。

7.4.4 车辆间距保护

车辆间距保护是自由开放式“信集闭”系统的重要内容，该保护以车辆精确定位为前提。当车辆通过编码器或射频标签确定的精确位置信息传递至核心控制单元后，核心控制单元进行数据处理及分析，如系统判断两台车间距达到了系统设定的保护间距时，触发停车指令，使电机车迅速停车，防止碰撞或追尾事故发生。该保护适用于所有开放性轨道线路，如道岔、卸载架、装矿点等固定间距保护点。

车辆间距保护区间设定：每列车长度为 70 m，如正常制动距离下，相向而行的车辆同时触发间距保护，则两列车间距 80 m 即可实现理论上的保护；同向行驶的两列车，40 m 即可实现理论上的保护。但需考虑极端情况，如相向而行的两列车，牵引车头位置信息均出现故障，此时位置信息靠后方电机车确定，相对位置即为后方的电机车位置，两列车长 140 m 加上两列车制动距离 80 m，即为 220 m 的理论距离；因自由轨道线路上车速较快，考虑保护间距充分满足特殊情况的安全要求及数据标准化、易设定推广的原则，在此基础上增加 80 m 冗余保护距离，将车辆间距保护设定为 300 m，如图 7-7 所示。

7.4.5 防冒进保护

防冒进包括走错道岔方向和冲出轨道两个方面，如图 7-8 所示。道岔防冒

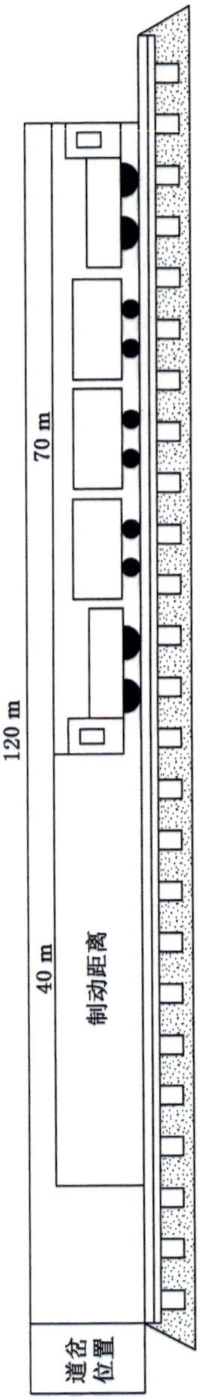

图 7-6　道岔保护区间示意图

图 7-7　车辆间距保护区间示意图

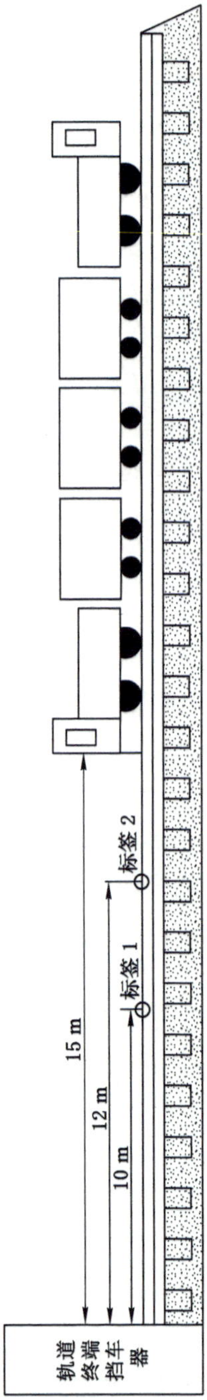

图 7-8　防冒进保护区间示意图

进在前文中已做详述，本节不再赘述，重点解析轨道终端防冒进功能。

龙首矿运输工艺为折返式，因此，在放矿点和卸矿点存在轨道终端，车辆必须在轨道终端处强制停车，防止冲出轨道。有以下几个措施：一是在卸载区域和放矿区域限速，根据卸载保护区间和放矿保护区间限速，达到大大减小制动距离的目的，也保证了该区域车辆的精细化操控；二是在终端前设置双重保护机制，包括编码器实时监测的位置数据，作为车辆强制停车的软触发信号，另在终端前处设定双重射频标签，当车辆扫到该标签时，触发硬件信号强制停车，达到防止终端冒进的目的。

终端强制停车位置距离：如图 7-8 所示，在放矿点和卸矿点，最大车速设定为 3 km/h，该车速下制动距离不超过 5 m，因此，在程序中设定车辆终端停车点距终端挡车器 15 m 处，视频标签分别设定在 12 m 处和 10 m 处，即使极端情况下，车辆也能在 5 m 位置处停车，达到终端防冒进保护的目的。

7.5 上位设计与应用

7.5.1 上位所需功能分析

核心控制设备安装地点均在集中控制室，操作员的操作台也布置在集中控制室，因此，如何构建操作台上位机模型实现对信号灯、电动转辙机进行一键式自动集中控制，电机车实现全程闭锁运行，避免电机车追尾事故的发生，不需要人员在现场手动扳动道岔，保证主运输系统的安全运行和现场无人操作的需求，也是设计者需要在集控室重点进行考虑的内容。

上位模型创建的基本原则是以图形方式还原实际轨道情况，因此首先需要对井下运输巷道进行实际测量，测量出整个运输巷道的实际长度，并且根据现场实际按照一定比例将井下运输巷道缩放，绘制出平面运输巷道，然后通过对应工业控制软件将运输巷道整体画面显示在上位机中，且画面必须包含道岔具体位置、道岔的开闭状态、道岔的反馈信息、电机车的运行位置信息等，均需要在上位机中能够显示。

7.5.2 “信集闭”系统上位画面

总体而言，“信集闭”系统控制上位机需要将现场轨道等信息全部模拟呈现，道岔信息、车辆信息等全部在现场模拟画面实时显示，操作人员可一目了然，道岔转换、车辆移动等信息实时更新，同时根据画面信息还可随时调度车辆，高效地支撑了现场车辆运行，使得系统出矿效率最大化。具体包括以下几个方面：

① 主控画面：各操作台所控电机车的位置能在画面中实时显示出来，并且

可手动/自动控制各道岔转辙机。其中,手动控制是指操作员在上位机中通过鼠标点击对应道岔实现远程扳道;自动控制是指道岔根据车辆运行线路自动扳道,无须人工介入。

② 车辆分配功能:可对3个操作台的前后机进行分配,并能限制操作台所控制车辆的速度,指挥列车安全运行。

③ 机车参数设置:如图7-9所示,上位画面可实现对机车参数的修改及监测。作为“信集闭”系统操作的上位机,需要负责所有运行车辆的调配及检测功能。

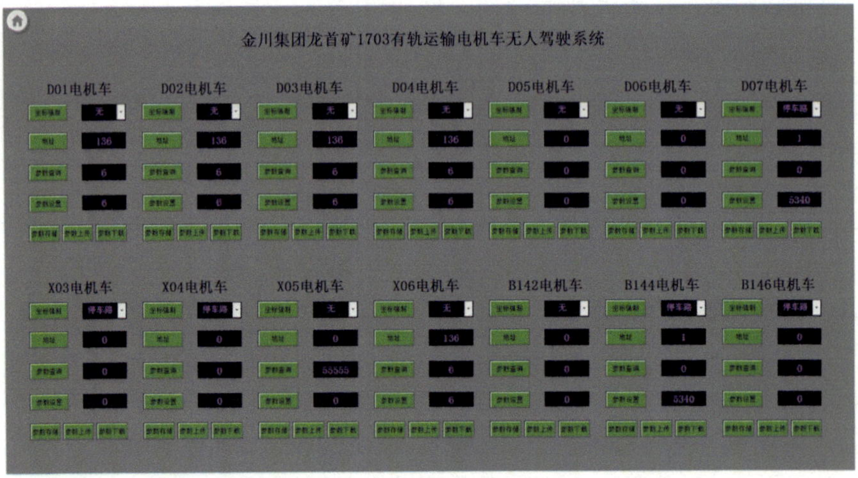

图7-9 机车参数设置图

④ 设备报警信息的显示:上位画面作为核心控制设备的具体显示媒介,需要能够时刻显示核心控制设备所接受的各类信息,及时显示并语音报警,以提示操作人员停机排查故障。

⑤ 数据记录功能:实现转辙机动作时间及直线动作、辅线动作的具体数据记录,涉及车辆运行的所有数据的自动记录。

⑥ 数据查阅功能:数据记录的一个重要方面是方便工程师在设备出现故障后,能够第一时间调取设备动作的时间,以及确定设备是否按照操作员的指令准确进行了执行。

⑦ 生产信息记录功能:“信集闭”系统的一个主要作用是车辆运行次数的记录。通过对车辆运行次数的记录,在程序中进行算法设计后,需要自动记录生产数据,以便操作人员统计数据。

7.5.3 操作与保护

上位画面内容是“信集闭”系统远程操作的基础条件，在上位画面真实还原现场轨道线路后，画面操作层面也需进行设计。首先需明确上位操作画面的核心操作设备为转辙机，以此实现道岔的主线及辅线控制。一般而言，“信集闭”系统建立后，现场道岔等设备可全时间段自动动作，但考虑到现场检修等特殊因素，需要设定道岔远程手动操作。此情况下，操作人员只需要点击上位画面中对应的道岔，以弹框的形式出现操作子画面、子画面设计主线及辅线操作按钮，点击对应的按钮后，道岔可实现主线及辅线的动作。还有一种特殊情况是“信集闭”系统出现故障，此时转辙机既不能自动运行也不能远程手动操作，在这种情况下可按照前文所述内容进行现场操作。

实际运行情况中不可避免会出现车辆道岔错误、作业路径不满足等保护功能被触发的情况，在这种情况下，需要将这些异常信息反馈给操作人员，目前采取的主要反馈方式为上位画面显示报警信息，同时在上位机安装语音播放系统，在出现异常情况时，报警信息能够在上位机显示并通过语音播放，随时提醒操作人员查看现场异常设备，确保了系统运行的安全性。

7.6 “信集闭”应用案例解析

龙首矿已完成地表 1703 水平、井下 1340 中段和井下 1100 中段无人驾驶系统的建设。三个中段无人驾驶系统中，1703 水平无人驾驶系统较为复杂，井下系统和 1703 水平“信集闭”系统较为类似，不做赘述，因此以下就以 1703 水平为案例进行解析。

7.6.1 系统简介

如图 7-10 所示，1703“信集闭”系统包括全程 2.2 km 双轨道并列的轨道线路，堑沟部分轨道存在 4 条轨道的并行线路，共有道岔 14 处、2 个装矿点、3 处卸矿点，有 4 m^3 和 6 m^3 两种不同车型，对应不同的卸载架，运行工艺较为复杂。

无人驾驶系统建成后，设计一个集控中心，配置核心控制单元、调度操作台、车辆操作台等。“信集闭”系统和无人驾驶系统高度集成，系统具备自动、半自动、手动三个模式，对应闭锁、半闭锁、解锁三个“信集闭”模式。在相应模式下，系统具有道岔自动扳道、远程扳道等功能，可实现电机车的自动运行、远程控制、远程放矿等无人驾驶核心功能，具备道岔保护、车辆间距保护、防冒进、放矿卸矿固定点的区间保护等安全保护功能；上位机可实时显示车辆位置信息、道岔状态

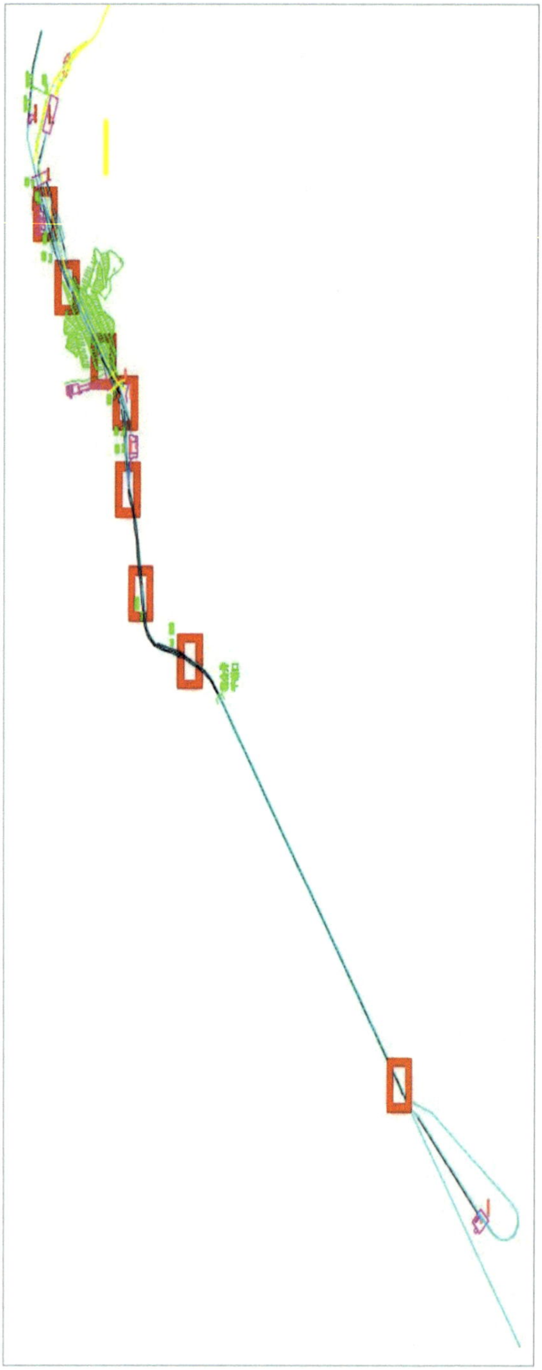

图 7-10　1703水平道岔控制点

信息、红绿灯状态信息、上下游料位信息、报警故障信息等，已实现了完全无人化的无人驾驶运行。

7.6.2 “信集闭”系统模式分析

根据 1703 水平工艺设定及实际情况，有 14 个道岔，分布较为密集，有 2 个装矿点和 3 个卸矿点，均属固定设备；折返式工艺下，轨道线路两端均为轨道终端。以上条件在自由开放式“信集闭”系统单纯的动态区间管控下，不易实现安全运行，因此，系统选择固定设备区间保护和电机车动态区间保护相结合的方式，实现系统的统一调度和安全运行。

固定设备区间保护：卸载架、放矿机、道岔均属固定设备，保护区间结合现场实际确定，120 m 范围内如有其他设备，则将其他设备作为保护边界，如无则以距离为准，见表 7-1。

表 7-1 区间保护范围统计

	地点	保护区间
放矿机	混合井	1 号道岔至中段掌子头
	新 1 号	9 号道岔和 6 号道岔间
卸载站	1 号	11 号道岔和 14 号道岔
	2 号	9 号道岔至轨道终端
	3 号	13 号道岔至终端
道岔	1 号	重车道卸载方向 120 m 至混合井
	2 号	空车道卸载方向 20 m 至混合井
	3 号	未参与远程控制
	4 号	前后 120 m
	5 号	前后 120 m
	6 号	混合井方向 20 m 和新 1 号
	其他道岔	均为两侧道岔区间

电机车动态区间保护：电机车动态区间均为 300 m，在以上未参与保护区间执行以上间距保护。系统无论动态或固定区间保护，只要有一种未满足要求，系统即触发相关的保护指令。

7.6.3 工艺设定及线路规划

根据轨道线路及放矿点和卸载点的布置，出矿线路设计三条运行线路，混合井 2 条，新 1 号 1 条，满足出矿需求。

混合井出矿线路：混合井矿石主要拉1号卸载架或3号卸载架，拉运量最大，运距最长，常态配置2列车运行，为使效率最高及运行交叉最少，2条线路分为空、重车道运行，使空车道和重车道相互独立，车辆循环运行，实现效率和安全最大化。

新1号出矿线路：新1号矿石主要拉往2号卸载架或3号卸载架，运距短，运量适中，将该条线路单独配置，不和其他线路交叉，达到安全高效的拉运目的。

当放矿和卸矿指令下达后，车辆将按照以上确定的运行线路设定，随着道岔根据保护间距边界触发执行扳道指令，达到线路自动规划和自动扳道的目的。

7.6.4 设备选型与安装

(1) 轨旁设备

以龙首矿1703水平现场轨道、信号机以及道岔的操作为例，参照图7-10，系统共有道岔有14个、信号机14个。在操作道岔时，只需要点击图中对应的道岔，然后点击道岔的主线与辅线，即可实现道岔的远程操控。现场层面根据现场转辙机及道岔等设备分布距离的远近，“信集闭”系统共计设计分站控制箱8个，达到控制14个转辙机的效果，图7-10中方框内为“信集闭”分站安装的位置及数量充分体现了“就近及功能最大化原则”。

图7-11所示为转辙机现场安装实物图。当分站箱打到远程时，转辙机受集控室上位机控制；当打到本地时，按下面板上的主道/辅道按钮可实现本地对转辙机的控制，安装本地/远程旋钮的目的是在检修等设备异常状态下，需要在现场进行设备检修或者调试时方便现场确认。如果只有远程集控室操作这一个功能，在现场出现特殊情况时，因联系确认不方便会导致设备调试出现不符合要求的情况。

(2) 核心控制设备

1703水平“信集闭”控制系统设计1个主站、22个子站，数据处理量较大，核心控制器选择西门子PLC1500系列设备，配套系统冗余通信交换机，集控室建立控制机柜，将子站数据全部汇集于此，达到数据快速处理及反馈的目的。

7.6.5 实现的功能

图7-12所示为龙首矿井下1100有轨运输系统“信集闭”调度画面，系统具有完备的“信集闭”系统全部功能，可在无人驾驶系统充分融合的基础上达到自动扳道、轨道线路自动规划、红绿灯自动联锁、道岔故障保护、防碰撞、防追尾、防冒进保护等功能，满足无人驾驶系统所有安全保护要求。

图 7-11　转辙机安装现场示意图

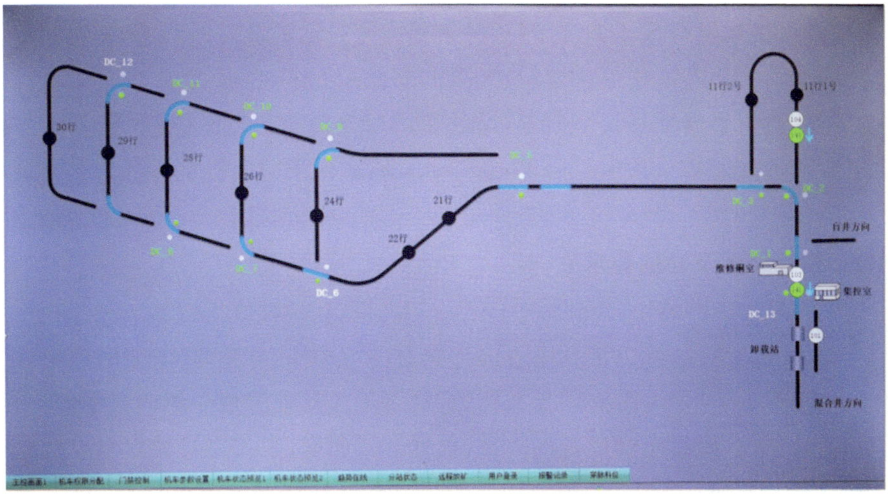

图 7-12　龙首矿井下 1100 有轨运输系统“信集闭”调度画面

第8章　集中控制中心

8.1　集中控制中心的创建

8.1.1　创建目的

电机车无人驾驶的最终目的是将有轨运输现场的电机车司机、扳道工、放矿工等人员由现场作业转移至室内远程操作设备，因此，无论地表还是井下有轨运输现场均需要建立可容纳操作人员以及操作设备的空间，即为集中控制中心（以下简称集控室）。

建立集控室后可将有轨运输无人驾驶运行系统涉及的通信网络、视频监控、远程放矿、“信集闭”系统等各个子系统融为一体，以最优行驶路线及成本效益核算方法对电机车进行优化调度运行，显著提高有轨运输线路的利用率，达到本质化安全水平，改善井下作业环境，最大限度减少井下作业人员。

综上所述，根据项目实际需求，通过使用成熟的、先进的工业硬件及软件控制，在合适的地点建立集中控制室，是井下有轨运输系统电机车实现全流程自动运行的首要条件。

8.1.2　设计原则及功能要求

(1) 设计原则

集控室的选址依据以下几个方面的因素进行选择：首先，一定要明确无人驾驶区域的“无人化”这一原则，“无人化”意味着无人驾驶区域在车辆正常运行时，现场没有任何可妨碍车辆运行的人员，根据这一原则，集控室要建立在有轨运输车辆运行区域之外；其次，要充分考虑现场设备分布情况及人员分配情况，集控室的建立要尽可能兼顾就近设备，以便于集控室人员可随时对重要设备进行查看。

集控室汇聚了无人驾驶系统中的全部数据信息，包括电机车控制系统、“信集闭”系统等各个子系统，通过核心交换机等设备进行连接并融为一个整体，其核心功能是要实现各个子系统之间的信息集成以及共享，因此，在设计之初就以共享原则综合考虑各个子系统之间的相互联系。

为保证设备远程安全运行，在集控室设计时需考虑操作人员的操作习惯、操作舒适性等问题，同时应能明确责任，集控室可分配生产运行人员操作权限，根据系统管理员对操作人员权限的分配，防止因人员操作不当或误操作出现安全问题。

(2) 集控室功能要求

集控室的首要功能是要能满足有轨运输现场所有设备的远程操控，故集控室一般包括调度操作台、电机车控制台等。在远程模式下，集控室能够实时监测有轨运输系统内电机车、道岔、放矿机等所有设备的实时运行状况，实时掌控生产动态信息及设备运行信息。在运行设备出现异常情况时，集控室应能及时进行报警提示，并能在第一时间执行保护性停机。集控室要满足系统扩展功能，当现场增加新的设备远程控制时，通过对应模块，将新增设备添加到上位控制界面，最后进行相关数据配置，新增设备可随时投入运行。

(3) 集控室应用案例

无人驾驶集控室用于远程控制轨道运输系统，集控室的大小(长×宽×高)需要根据室内需要容纳的设备数量进行确定，同时考虑人员的操作空间以及行走空间，由于龙首矿无人驾驶系统已普遍应用于多个中段(包含井下有轨运输中段，也包括地表有轨运输中段)，以操作台尺寸(1 850 mm×1 500 mm，长×宽)确定集控室的空间尺寸。

① 地表集控室。图 8-1 所示为龙首矿 1703 水平(地表)有轨运输系统电机车无人驾驶集控室。地表集控室不受空间限制，设计时，在满足操作台数量、摆放位置、线缆敷设等基本功能的基础上，还要兼顾安装控制系统核心设备，同时，地表集控室还需考虑升级扩容(将井下各运输中断的操作台安装至地表集控室进行统一调度、统一操作)。综合以上条件，地表集控室在空间设计上相比井下集控室要大；涵盖设备较多，为保证设备及操作人员处于适宜温度环境中，还需安装空调等设备。随着智慧矿山的发展，同时考虑到现场设备监控以及设备直观展示的要求，地表集控室应安装有 LCD 显示墙。

② 井下集控室。图 8-2 所示为龙首矿井下 1100 中段无人驾驶集控室平面设计图。首先开拓井下集控硐室，因受地压影响，硐室的空间外形及尺寸要求有所限制，在保证操作台能够完全容纳以及人员活动便利的条件下，确定硐室形状及开拓尺寸。根据集控硐室容纳设备，需放置 3 个操作台(1 850 mm×

图 8-1　1703 水平集控室

1 200 mm，长×宽），硐室掌子头需留置部分设备空间（2 m 宽），最终确定硐室尺寸为 12 000 mm×5 000 mm×4 500 mm（长×宽×高），为集控室美观考虑，所有线缆均为地沟敷设。图 8-2 中，中间凹槽部分为预留的操作台线缆沟。图 8-3 所示为井下 1100 中段集控室。

8.2　操控单元

8.2.1　操控需求分析

由于集控室涵盖了有轨运输系统的所有设备，因此，集控室在操控层面需要考虑现场所有设备的远程控制，一般有轨运输系统包含的需要远程控制的设备有电机车、道岔、分区开关、放矿机、卸矿防护网、门禁等主要设备，同时还包括部分安全附件。上述设备在电机车无人驾驶条件下，均需远程操作，一般根据设备分类以及设备远程操作功能需求，集控室操控单元包含有综合智能调度操作台（调度台）、车辆远程操作控制台（操作台）。

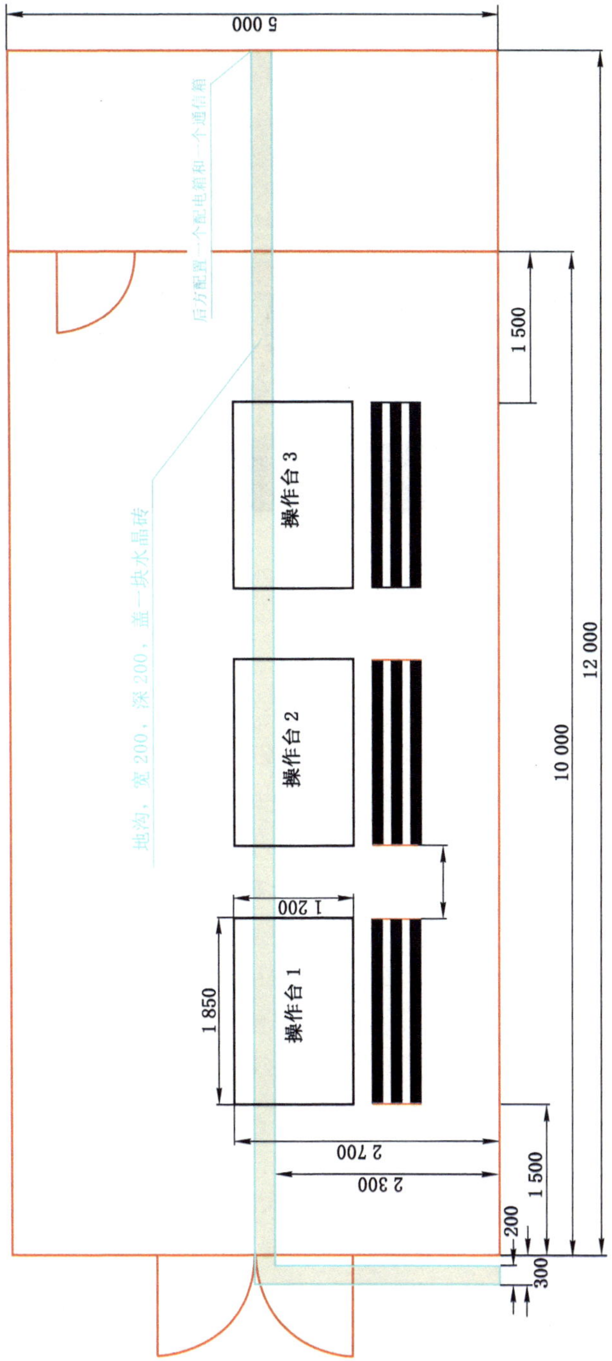

图 8-2　井下 1100 集控室平面设计图

图 8-3 井下 1100 中段集控室

8.2.2 操作台单元

(1) 操作台操控功能需求

车辆远程操作控制台的核心功能是电机车的远程操作(放矿、运矿、卸矿)功能。因此,在车辆远程操作控制台操控功能设计方面,重点对电机车操控所涉及的全过程进行功能设计。

① 操作台最基本的要求是具备电机车远程控制的功能。在机车控制过程中需考虑机车加减速、停车、目标选择、机车控制模式选择(全程自动/远程手动)等方面的设计。同时,操作人员应能时刻掌握机车动态位置、机车关键参数以及机车动态信息反馈,便于操作人员时刻跟踪了解机车信息。

② 操作台应具备远程放矿功能。放矿系统中应包含放矿机远程启停、状态监测以及放矿视频的实时显示,使操作人员时刻掌握放矿过程中的动态信息,便于操作人员进行对车放矿。

③ 机车运输过程中,操作台应具备轨道线路状态的实时显示以及机车行进过程中的道路画面监控功能。此功能的目的是操作人员在远程操控电机车的过程中,能够实时观察轨道线路是否满足当前行车路线要求,同时通过视频监控系统,掌握机车前方的道路是否满足当前行车要求,因此,"信集闭"系统涉及的红绿灯、转辙机交通管制控制必须在操作台能够实时显示。

④ 电机车卸矿自动控制。卸矿过程是电机车远程操控的最后一个环节，也是机车运输过程中容易出现故障的一个关键环节，该过程虽靠机械设备完成自动卸矿，但过程中有防护网的联锁起落、电机车的动力转换、受电弓的升降等过程，均是故障易发点，因此，该环节需要操作人员重点监管，机车自动卸矿环节监管也是操作台功能设计的一个主要方面。

⑤ 任务选择功能。操作人员可直接给某列电机车下达任务，包括装矿点选择、卸载站选择等；在自动任务生成时，人工下达的任务自动加入路线规划中，并且在操作台系统任务栏中显示。

⑥ 紧急情况处理功能。操作台功能设计时应充分考虑机车运输过程中可能会出现的车辆掉道以及车辆故障失控等意外情况的发生，操作人员应能够第一时间采取有效措施，防止事态扩大。

(2) 操作台设计方案

结合上述操作台功能以及生产工艺需求，综合确定集控室操作台数。但无论如何，在折返式工艺下，一个操作台对应控制一列电机车是合理且适宜的。

每台操控台安装一台计算机监控系统，此计算机具有多显示通道输出功能（具体为 3 屏幕显示），一个显示屏实时显示电机车运行的各种参数、振动放矿机的运行状态、各类故障信息、车辆位置信息；中间显示屏对车辆位置进行判断，当车辆出现在系统设定的任意一个装矿点进行装矿作业时，中间显示器自动将此装矿点的状态画面进行显示；为方便操作人员直观掌握电机车运行位置，左边的显示器实时显示车载摄像头采集的车辆运行前方画面。

图 8-4 所示为操作台整体设计示意图。

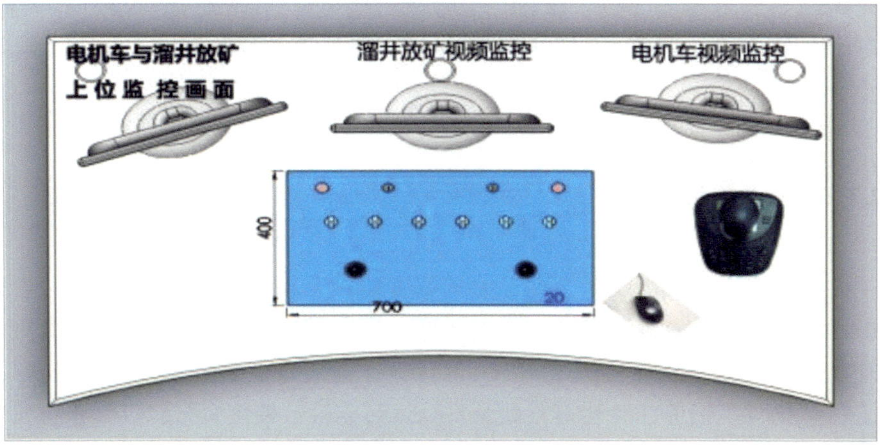

图 8-4 集控室操作台设计示意图

为方便操控电机车及放矿机，根据操作形式及操作需求在操作台台面上设计有控制电机车前进、后退、制动等的操作手柄，操作手柄有前、后、左、右四个方向的点位控制及深度模拟量控制，且手柄上还有 6 个不同的按钮开关，其控制功能可根据实际要求进行组合使用，大大方便了操作功能的集成。同时为方便车辆在装矿点进行装矿，在台面上也设计有按钮操作面板，用于控制放矿机远程放矿。图 8-5 所示为操作台实物图。

图 8-5　操作台实物图

8.2.3　调度台单元

(1) 综合智能调度台功能设计

综合智能调度台的设计首要目的是调度监控车辆安全运行、规划安全合理高效的行车路线以及创造无人的行车环境。调度台会根据生产指令下达每列车的任务指令，且所有运行机车的速度、位置等状态信息全部汇集于调度台，根据以上信息执行车辆的任务均衡分配及安全运行监管。调度台“信集闭”系统实时监测全部线路道岔情况，并执行道岔动作及监控贴合状态，为运行机车规划合理高效的行车路线，调度台还集成了现场所有门禁系统的开闭权限，在应急或检修等状态下执行门禁的开启及人员的出入确认工作。集控室大屏实时显示现场情况，调度台需具备适时调整功能。调度台应具备当班车辆运输列次以及各个操作台操作记录的存储功能，便于生产任务的统计分析以及时刻查阅设备参数，方便设备维护。因此，调度台在功能层面处于集控室核心枢纽位置。

根据上述功能分析，调度台包含的功能大致有以下几个部分：轨道线路规划、机车权限分配（任务分配）、门禁控制、机车参数设置、机车状态预览、电力监控、趋势在线（操作记录查阅）、运输列次、综合监控功能。

（2）调度台设计

结合上述调度台功能要求，智能调度台配置 3 台电脑主机，一台用于调度控制，一台用于视频监控，一台用于 LCD 大屏拼接、LED 控制等。调度控制和视频监控电脑显卡接口同 LCD 大屏控制台连接，实现视频画面和调度画面在大屏的实时显示；为方便操作，调度显示器配置在桌面中央，视频显示器配置在右侧，LCD 显示器配置在左侧。

如图 8-6 所示，以“信集闭”系统为核心的控制画面分为 8 个子页面：主控画面（“信集闭”监控画面）、机车权限分配、门禁控制、机车参数设置、机车状态预览、电力监控、趋势在线、运输列次。

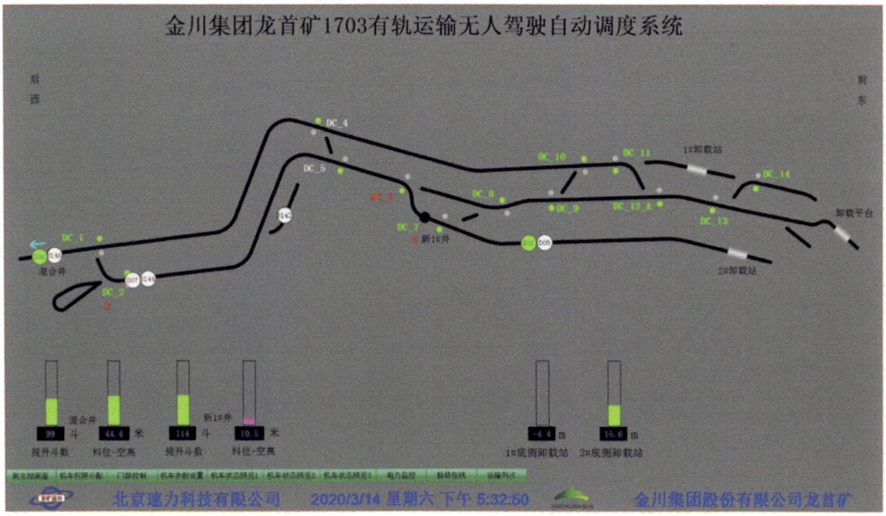

图 8-6　集控室调度台上位画面

由“信集闭”系统设定并控制运输路线，制定并按规则运行；电机车本体控制系统与调度控制中心系统进行数据交换，获取电机车的各项参数，包括电机车运行速度、运行距离、运行状态、位置信息等；在电机车精准定位的基础上，实现电机车的防碰撞保护、防追尾、进路冲突判定等。通过对不同区间设定电机车最佳运行速度，最终实现电机车的自动运行。

基于生产计划或调度指令，结合“信集闭”系统轨道线路占道情况，为电机车指定最优路线，并通过分析生产计划以及其他系统的输入信息，计算最优路径，锁定电机车运行路线，并控制电机车自动运行。

根据总体生产计划和实际的生产情况，可设定路线的优先次序；基于电机车的距离、溜井内矿石料位、最后一次装载时间等，优先指派电机车去往溜井。装矿完毕的电机车，在条件允许的情况下会被派往卸载站；在去往卸载站的过程中，系统会根据卸载站的许可条件及矿石料位，确定为电机车指派具体的卸载站。

在地表控制室的计算机显示屏上能实时显示列车在运输轨道的位置、相应区间的道岔、信号灯状态、危险区段报警等情况。调度员根据派(配)矿作业指令，统一协调指挥电机车运行路线和可开动时间，系统根据信号联锁规则，自动控制井下转辙机和信号灯的动作，自动控制电机车运行到指定装矿点位或卸载点位。

8.3 视频监视系统

8.3.1 系统概述

监控系统是由图像采集终端、信号传输、控制、显示、记录五大部分组成。视频监控可以获得有效图像、声音、视频，可实时对现场情况进行观察，对突发性异常事件的过程进行及时的监视和追溯，是设备远程集中管理重要的组成部分。

8.3.2 设计思路及系统结构

视频监控系统遵循信息共享、模块化控制的网络结构设计，参照实用性、成熟性、先进性等设计原则，实现高品质视频监控。系统设计采用技术成熟、性能卓越的设备及稳定点对点直传的模式，既能满足当前画面质量的需要，又能适应远程遥控的实时性。通过该系统的应用，提升主控室的智能化建设，提升数字化管理效率和水平，提高综合管理的经济效益。

系统在调度控制室设备间配置中心服务器平台，由画面分割器负责汇聚、转发、分发各个前端监控点的视频，并完成系统操作台的实时显示功能。图8-7所示为视频监控系统拓扑图。

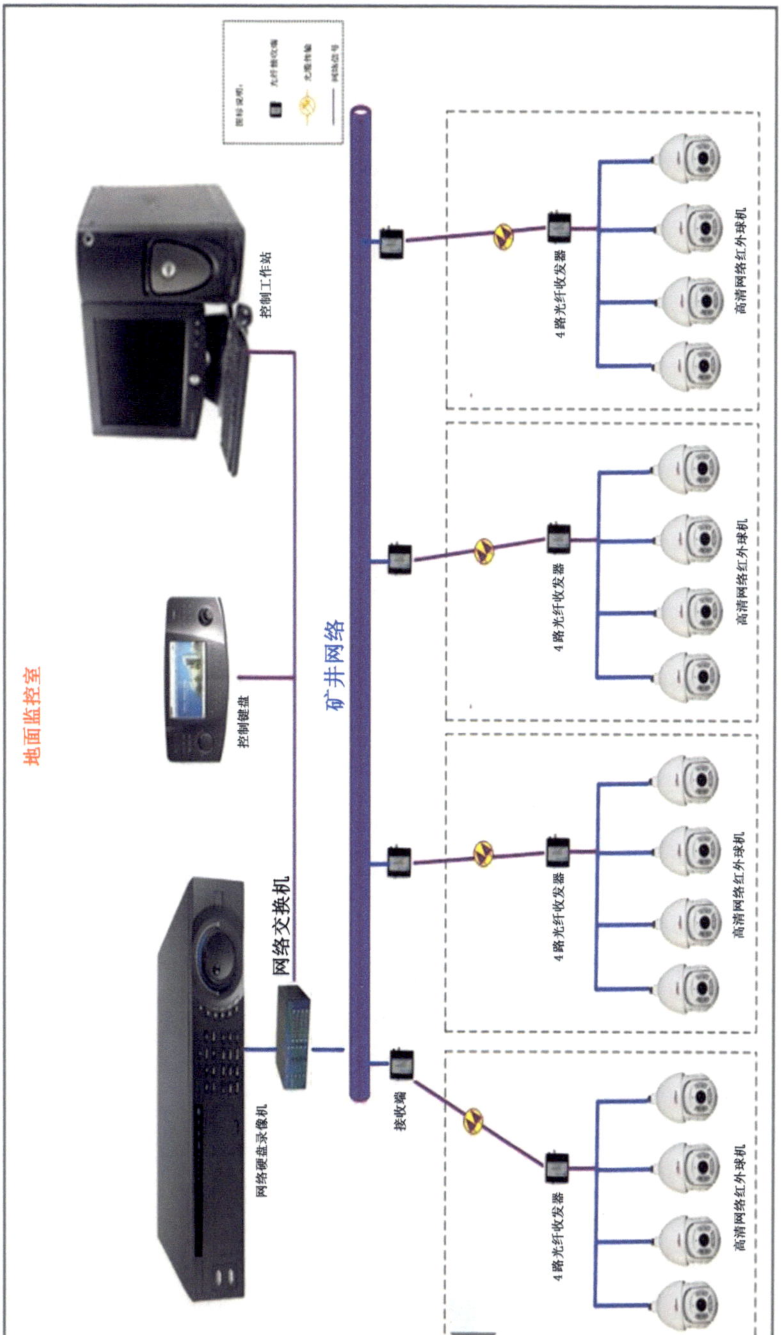

图 8-7　视频监控系统拓扑图

该系统不仅具有对网络上各路图像的切换和控制功能，同时还具有图像处理以及图像解压缩功能。本系统中心服务器一方面要把视频信息进行服务器录像，为以后异常追溯调取存储视频资源服务；另一方面接收网内具有权限的用户的点播，把未经过解码的音视频信息送到该用户的计算机上，由用户的计算机解码，实现监控图像、声音的播放。中心服务器上的中心平台管理软件还可实现对客户端接入、前端接入、用户的权限分级、日志查询、报警联动设置、语音交互等功能。

前端视频服务器完成视频、音频、报警等信号的采集编码，并提供传输的一体化前端设备。另外，系统支持报警联动，当前端产生报警时，根据报警联动设置，系统会自动将报警的视频源切换画面弹出，同时进行报警录像等。在前端监控点的建设上，根据实际现场环境选择不同的传输方式及架设的选择等。

8.3.3 视频的分类应用

无人驾驶系统安全运行的基础条件是现场基础设备的全方位监控，前述电机车操作台、智能综合调度台均涉及大量的视频监控画面，按照视频用途分类，可分为固定摄像头和移动摄像头。因无线视频监控只针对电机车，在前文已有详细描述，本节不再进行赘述，只针对有线视频监控进行分析。

(1) 模拟视频监控

模拟视频是对延时要求高的视频采集的重要方式，在视频发展初期应用较为广泛。无人驾驶远程放矿环节对视频的延时性要求较高，项目初期数字摄像头存在延时不稳定、影响远程放矿实时性的问题，即选择了模拟摄像头作为远程放矿的主要视频媒介，虽当前数字化摄像头已解决了延时不稳定及时延大的问题，但模拟摄像头仍会在部分环节应用。

在放矿机正前方安装模拟量摄像头，通过同轴线缆将信号传输至模拟量光纤收发器，将模拟量信号通过光纤传输至集控室，集控室借助模拟量信号处理器及画面分割器将视频信号分别传输至三个操作台，并且使信号共享，达到操作台随时调用任何模拟量画面的目的。图 8-8 所示为远程放矿模拟量摄像头画面。需要重点说明，模拟量信号在画面分割器处理后，通过串口 RS485 通信传输至操作台控制 PLC，实现控制系统和模拟量视频信号的融合。

(2) 辅助视频监控

对实时性要求不高的点位，如用于观察溜井下方轨道、平硐口、道岔口、卸载站等区域安装网络数字摄像头，实现对整个运输水平的视频监控。所有网络视频监控系统通过主干网络连接到主控室，在主控室视频监控上位机实时显示，实现对监控点位的实时在线监视。如操作人员需要了解溜井正下方区

图 8-8　模拟摄像头采集放矿画面

域的清洁程度或某区段现场情况，可通过视频操作来调整摄像机，达到远程查看现场的目的。

8.4　UPS 备用电源系统

为保证集控室操作台及核心设备的非正常断电保护能力，在集控室安装不间断电源(UPS)作为备用电源。UPS 基本工作原理是：当市电正常时，市电经整流器整流为直流给蓄电池充电，可保证蓄电池的电量充足，一旦市电异常乃至停电，即由蓄电池向逆变器供电，蓄电池的直流电经逆变器变换为恒频恒压交流电继续向负载供电。因此，从负载侧看，供电不受市电停电的影响；在市电正常时，负载也可以由逆变器供电，此时负载得到的交流电压比市电电压质量高，即使市电发生波动时，也能获得正常的恒压恒频正弦波交流输出，并且具有稳压、稳频的性能，可继续用于无人驾驶系统 PLC 站、动态信号机、通信分站及包含的所有设备的正常供电。UPS 的工作原理电路图如图 8-9 所示。

根据集控室设备功能特点，依据安全性原则，将核心控制 PLC、通信交换机、操作台等设备接入 UPS 供电系统，根据设备功率情况选择 6 kV · A 的 UPS 供电系统，可支持 2 h 非市电环境下的稳定运行。需要注意的是，大屏为辅助监视设备，且耗电量大，不在 UPS 供电范围内。

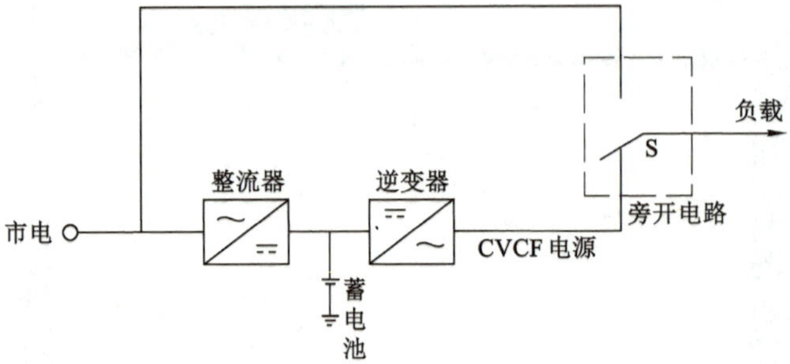

图 8-9　UPS 工作原理图

8.5　数据库

8.5.1　数据类型分析

数据库就是把一定的数据按照一定的逻辑关系存储起来的文件的集合，狭义的数据库仅仅是指存储数据的文件，广义的数据库还包括建立、管理数据文件的软件。无人驾驶系统正常应用后，系统数据量是比较庞大的，为方便系统维护，需要定时对数据库进行查看，并通过分析系统数据，及时发现设备故障并第一时间做到处置，确保数据的实用性和有效性。数据库具有故障分析、生产预警、系统自主学习等功能，可实现系统数据自动上传，为系统提供实时、真实、可靠的数据，以此确保系统长周期稳定运行，因此建立完整的数据库是无人驾驶系统的一个重要内容。

数据库具备系统全部功能中各种类型数据的储存，并分类统计，便于查阅。由于无人驾驶系统各部分功能均由 PLC 完成，因此，数据库数据类型有数值数据类型、字符数据类型、数组数据类型、时间数据类型等，这些数据类型综合起来保证了无人驾驶系统数据的完整性，因此，数据库需要将所有数据类型进行存储。

8.5.2　数据库选择

数据库是按照数据结构来组织、存储和管理数据的仓库。数据库技术是管理信息系统、办公自动化系统、决策支持系统等各类信息系统的核心部分，是进行科学研究和决策管理的重要技术手段，数据库的类型粗略来说可以分为关系型数据库和非关系型数据库。

数据库的存储核心是存储服务器，服务器对有轨运输系统电机车自动运行系统中涉及的所有重要数据进行记录和保存，便于对生产情况进行统计并及时对设备故障进行分析和处理。

有轨运输系统选择创建 SQL 数据库，依托于“5G＋电机车无人驾驶”系统，以系统设备运行参数及生产数据采集为数据基础，收集单班矿石转运车数、井位信息、设备状态信息、故障信息等内容，为智能生产管控平台的建立提供数据支撑。

8.5.3　数据库实现的功能

存储功能：数据库将所有现场数据进行自动存储，大容量存储硬件可满足超 4 T 的数据存储和超 3 年期的数据保留，为数据的统计和使用提供巨大的硬件支撑。

查阅功能：数据库软件可对数据进行分类存储和统计分析，同一个数据可从时间或设定参照下生成曲线，并支持调阅查看，为数据的使用和现场管理提供极大的便利。

设备运行管理：所有设备信息均分类存储，系统可按照实际需求对数据进行边界设定，可在特定的时间点或其他边界点发出提醒，为设备的预知性维修和定期管理提供数据支撑。

生产信息系统：系统可收集现场所有生产信息，如车数、列数、井位信息等，为智能化生产决策系统提供重要的数据支撑，达到智能决策的目的。

图 8-10 所示为数据库中电机车方面的数据曲线记录。根据此曲线记录，可随时查阅机车运行中对应时刻的运行参数。

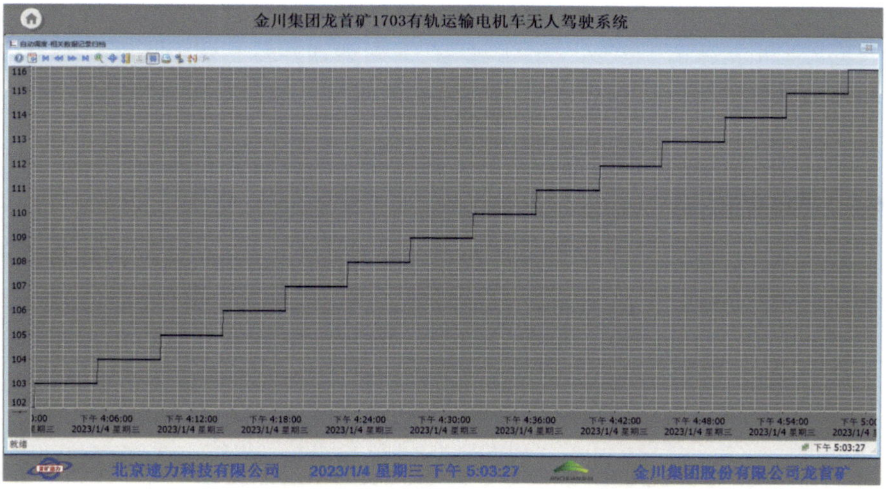

图 8-10　电机车某参数数据曲线图

8.6 生产智能管控平台

8.6.1 平台建立的目的及意义

生产智能管控平台建立的首要目的是设备的智能管控以及生产的智能调度和通过对生产数据的统计分析实现调度的智能决策。另外，智能管控平台可实现对设备的智能管控，对设备运行数据进行分析，达到对设备故障的及时预判和定期维护检修的目的。

在当前智慧矿山快速发展的背景下，智能管控平台是智慧矿山建设的基本要求，平台应用后可对矿石从采场到入选堆场全过程管理，过程中各个环节对应的管理人员、维修人员可根据自身角色参与整个矿石的生产及运输的全部过程，以及对过程中生产及设备运行状态、异常情况进行实时监控，再根据获取的数据及时进行处置，实现对各个系统智能调度管控的目的。

8.6.2 总体设计

基于数据库数据资源，构建无人驾驶系统三维模型，生成可视化的三维管控平台，所有生产工艺实时展示，设备运行情况、生产任务情况实时展示，系统可在三维画面查看对应现场的实时视频画面，达到系统孪生效果；系统具备上下游数据联控能力，在三维模型的支撑下，结合上下游溜井井位情况，在设定约束条件下自动规划生产任务，自动生成配矿方案，并智能调配设备组织生产；实现电机车远程装矿及自动驾驶，执行有轨运输全流程的无人驾驶运行；按要求生成各类报表，并定期、定向发送给相关岗位人员，如图 8-11 所示。

8.6.3 平台功能

工艺展示：智能管控平台建立的三维模型基于孪生现场的条件下创建，可将现场工艺流程在画面中对应展示，可通过平台内容直观地了解全系统状态。

视频追踪：平台模型视频点和现场一一对应，可在平台上追踪开启对应地点的视频画面，也可设定跟踪目标，根据电机车等目标的移动实现视频画面的追踪调整。

系统监测：基于数据库，平台可实时监测现场所有采集信息，并重点推送和展示，可在平台上查看重要系统信息，达到系统实时监测的目的。

智能调度：系统根据上下游生产信息，可智能判断和决策生产指令，也可根据设备运行情况，进行车辆的智能调配，达到智能调度的目的。

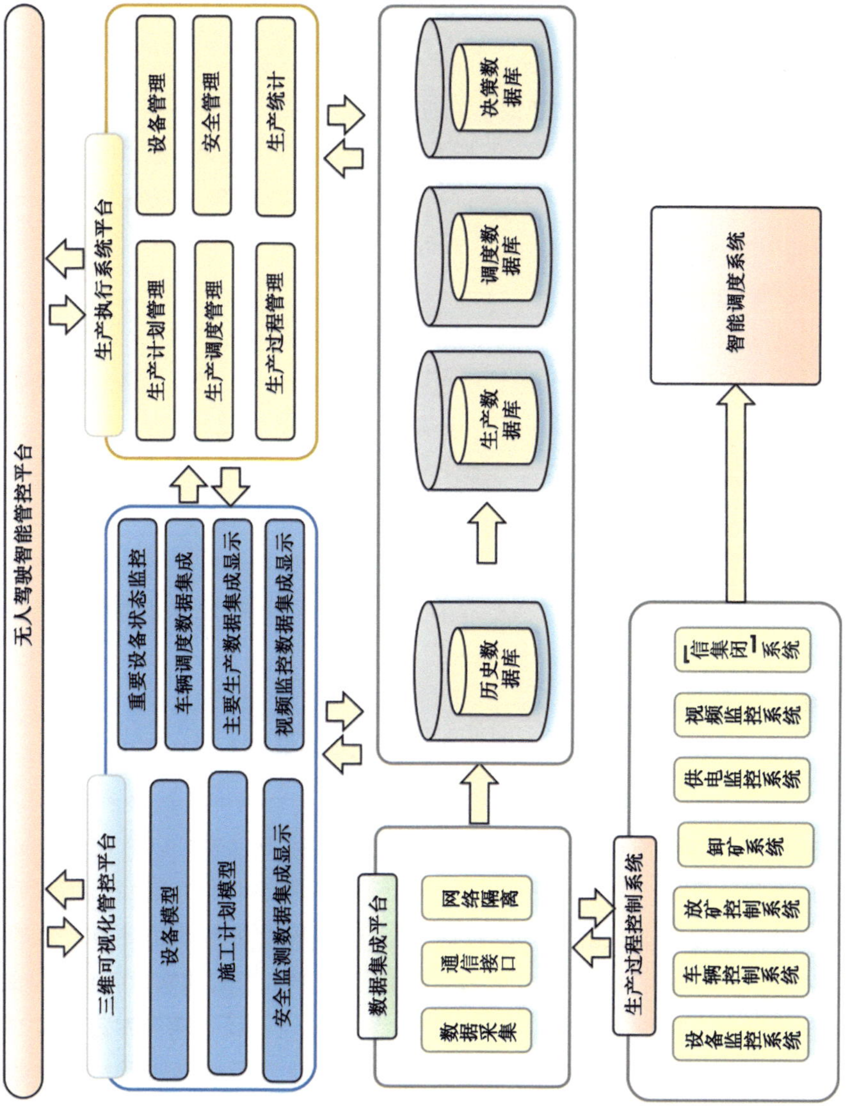

图 8-11　智能管控平台结构图

智能预警:所有数据参数设定预警边界,一旦出现异常数据,平台可实时提醒,并达到预警和保护的目的。

报表生成:平台会根据报表要求设定生成各类报表,满足不同岗位人员对数据的需求,并可定向、定期发送报表信息,实现全员参与生产经营的目的。

8.6.4 智能生产决策

管控平台核心服务器将收到的信息完整地显示在数据平台画面上,同时保存到数据库,以备随时查阅。结合井下全域地形图,可以实时显示某个区域内人员分布,对无人驾驶无人化运行环境进行确认;可以自动显示现场设备运行情况,智能调配现场车辆及规划运行线路;可以实时掌控上下游井位信息,并生成最优生产决策指令。

在上述功能基础上,当确认现场无人,具备无人驾驶电机车行车条件时,通过溜井监测系统的料位信息,与车辆运行信息数据互通,实现生产指令的自动生成、车辆智能分配,使车辆能够准确前往需要的装矿点以及卸矿点,同时在矿石运输过程中检测运行情况,完成生产统计数据、计划完成指标数据、产量数据以及记录车辆运行次数的统计,形成生产作业统计表。

生产作业统计表是对生产调度数据进行的进一步加工、处理,根据实际需求定制生产统计报表,形成生产管理所需的日报、周报、月报、季报、年报,同时具备所有报表的信息查阅功能。

8.6.5 辅助设备管理

平台可以对生产工艺过程中涉及的设备进行模拟仿真,在三维场景下实时显示工艺生产线设备的运行状态信息,对关键设备进行基本信息编辑与展示,包括设备基本信息和设备相关操作人员的基本信息,在平台中可以方便地对以上信息进行查看。同时生产数据平台读取无人驾驶车辆运行信息、设备重要参数,将设备运行状态等有关数据进行直观显示,当读取的设备参数超过预定值的情况下,以报警形式提醒操作人员对设备进行检查维护。最后建立设备台账管理,通过系统可随时查阅设备详细信息。设备管理人员以及设备操作人员可随时接收设备运行数据,根据设备出现报警信息的等级及时进行故障原因判断并及时组织维修处理,记录维修过程及故障统计(图 8-12)。

生产数据平台的设计综合考虑了当前多中段有轨运输无人驾驶系统,在一个平台对所有中段的生产数据进行统计并展示,形成综合智能管控平台,并考虑后期龙首矿智慧矿山的建设需要,在设计之初考虑与其他系统的兼容性,方便后期与提升系统、辅助系统等所有辅助性系统的融合，形成龙首矿生产智能管控平台。

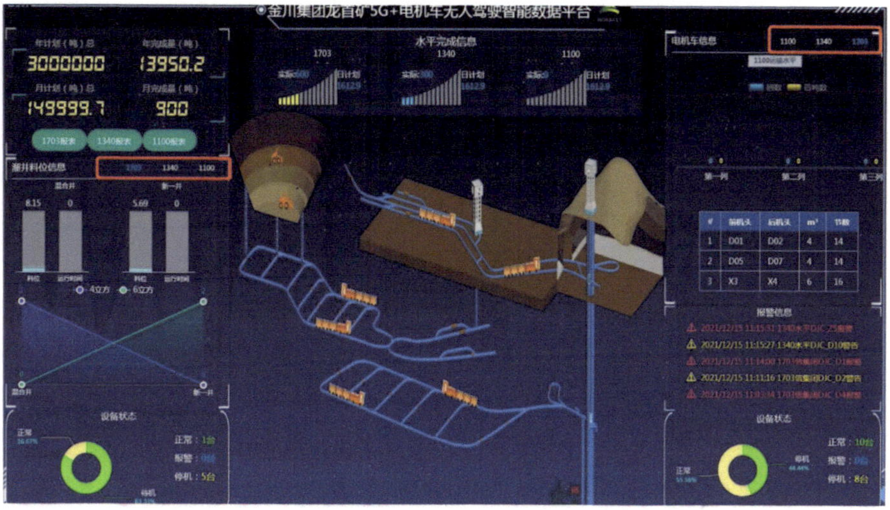

图 8-12　龙首矿有轨运输系统智能管控平台

第9章 安全配套子系统

9.1 远程放矿系统

9.1.1 放矿系统简介

龙首矿放矿系统采用振动放矿机放矿，放矿机结构为振源附着式，驱动靠振动电机。项目涉及3个运输中段，1703水平放矿点主要为混合井放矿点和新1号放矿点，混合井放矿机为双台板并联结构，单台板规格为1.2 m×3.5 m，振动电机功率为5.5 kW；新1号放矿机规格为1.4 m×2.8 m，振动电机为功率5.5 kW；井下1340中段穿脉放矿机规格为1.6 m×3.2 m，振动电机功率为7.5 kW，共7个穿脉，每个穿脉放矿机结构一致；井下1100中段穿脉放矿机规格为1.4 m×2.8 m，振动电机功率为7.5 kW，共8个穿脉放矿点，所有放矿机结构一致。放矿机斜对面配套放矿硐室，硐室内安装配电箱及配置消防设备，也为本地放矿人员提供安全操作点。

放矿机结构方面，龙首矿振动放矿机台板角度均为17°±1°，台板和下矿口垂向最小间距为900 mm、最大间距为1 400 mm，根据矿石直径最大500 mm的粒度控制以及矿石质量的管控，以上角度可有效地避免跑矿等问题发生，所以，龙首矿放矿机上方无防跑矿闸板等装置。

放矿操作有两种模式：本地放矿和远程放矿。本地放矿时，操作人员位于放矿机斜对面的放矿硐室内，操作电铃按钮，以铃声为车辆运行指令，指挥司机驾驶车辆对车；当矿车和放矿机对车完成后，放矿人员操作放矿按钮进行装矿。当装矿完成后，放矿人员继续打铃指挥司机进行下一节矿车的对车，循环以上操作完成装矿。远程放矿时，操作人员位于集控室，远程操作电机车和放矿机完成对车、放矿等操作。

9.1.2 远程放矿系统设计

远程放矿是电机车无人驾驶系统中的关键环节，在正常运行模式下，放矿均采取远程放矿的方式，但一些应急处置等特殊情况还需要本地放矿操作，因此，放矿机控制在满足远程放矿的同时，需保留本地操作功能。

系统从功能性和安全性方面综合考虑设计，根据放矿工艺，全过程有“对车、装满度确认、放矿操作”三个重点工艺环节，针对放矿机运行故障特征，需要有“过流、缺相、接地、紧停”等安全保护，因此，远程放矿设计内容主要解决以上问题，结构设计如图 9-1 所示。

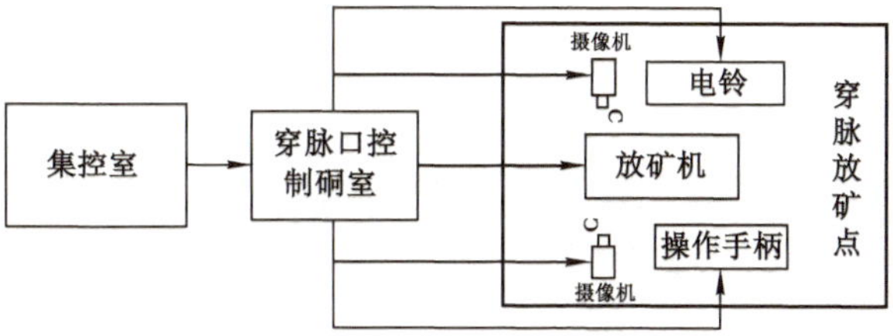

图 9-1　远程放矿结构设计图

功能性方面：

① 对车：在本地操作模式下，对车环节主要通过现场放矿人员查看矿车和放矿机相对位置，并通过打铃给司机动车指令，司机操控电机车完成对车操作；在远程操作模式下，对车环节主要通过远程视频的方式，操作人员远程查看矿车和放矿机位置，若电机车本地驾驶，则远程操控电铃下达电机车运行指令进行对车；若电机车无人驾驶，则直接在集控室操作电机车运行完成对车。

② 装满度确认：在本地操作模式下，装满度确认主要通过现场放矿人员查看矿石装载情况，并操控放矿机启停控制；在远程操作模式下，装满度主要通过远程视频的方式查看装载情况，并远程操控放矿机启停控制装载量。

③ 放矿操作：放矿操作有本地和远程两种模式。本地操作时，在本地放矿硐室设置操作按钮，控制放矿机启停操作；远程操作时，远程操作台配置操作按钮，控制放矿机的启停。

④ 保护方面：从底线思维方面考虑，放矿机极限保护操作为及时停车，为防止控制接触器黏连引起的不能及时停车问题，设计双接触器串联的方式，确保放矿机可及时停车；在振动电机过流、缺相、接地等保护方面，配置电机保护器，通过互感器等采集电流、电压等信息，设置相应的电机功率，实现振动电机车的保护。

9.1.3　电控设计及改造

电控设计改造依据“功能性、安全性、适应性”等原则进行。根据放矿机系统设计，电控部分分为本地控制单元和远程集控单元。

(1) 本地控制单元

电机车无人驾驶系统采用集散式控制系统，按照系统构架，放矿机控制单元设置在放矿点，根据现场环境条件及后期稳定运行需求，在每个放矿点穿脉口开辟控制硐室，规格为 3 m×3 m×2.5 m，根据控制单元供电和通信需求，穿脉口控制硐室配置通信箱、配电箱和远程放矿控制柜。

通信箱配置在通信系统章节已做说明，不再赘述，本章重点围绕放矿及控制部分进行说明。

① 依据接触器防黏连保护停车要求，如图 9-2 所示，放矿机控制箱主控制回路设计双接触器串联结构，两个接触器同时吸合时，方可执行放矿操作，若有一个接触器黏连，放矿机可通过另一个接触器的断开执行停车操作，且接触器反馈信号可触发故障报警，实现放矿机停车保护。

② 主回路增加电机保护器，配套三相电流互感器，可实现电流、电压信号的采集，配置电机保护参数，并通过 485 串口和放矿机控制 PLC 通信，实现电机车过电流、缺相、过电压等保护。

③ 放矿控制单元为 PLC，根据控制点位需求，控制 PLC 选用西门子 SMART200 系列 SR20 结构，满足 20 个 I/O 点的控制，具备以太网通信端口，可实现以太网通信。

④ 控制箱内除放矿机 AC 380 V 动力电外，还需要 AC 220 V 和 DC 24 V 控制电源，根据功率要求，配置一台 AC 380 V 变 AC 220 V 的变压器，功率为 400 V·A，为确保备件的通用性，配置一台 AC 220 V 转 DC 24 V 的适配器，实现控制箱内各种电压等级需求。

⑤ 控制硐室功能配置：将本地/远程控制模式选择配置在控制箱面板，为确保现场操作安全，该处模式选择为最高权限点；电机保护器显示画面镶嵌于操作面板上，可随时查看电流、电压、报警等参数；控制单元重要状态指示灯配置在面板，如电源、模式、故障、运行、停止等，可随时查看放矿机状态，便于现场状态判断；面板配置紧停按钮，一旦有特殊情况，此处也可将放矿机停止，现场安装如图 9-3 所示。

⑥ 放矿点操作功能配置：放矿点是本地放矿操作的位置，主要配置操作手柄；手柄按钮有权限开关、电源开关、启动按钮、电铃按钮；开关类属于旋钮式开关，可保持，按钮开关为点动模式，即放矿操作和电铃操作为点动操作模式。通过以上开关配置，实现放矿本地操作。

(2) 远程集控单元

远程集控单元设置在集控室(井下运输中段在集控硐室)，根据控制单元供电、通信需求，集控室配置通信柜、配电柜和核心控制柜。

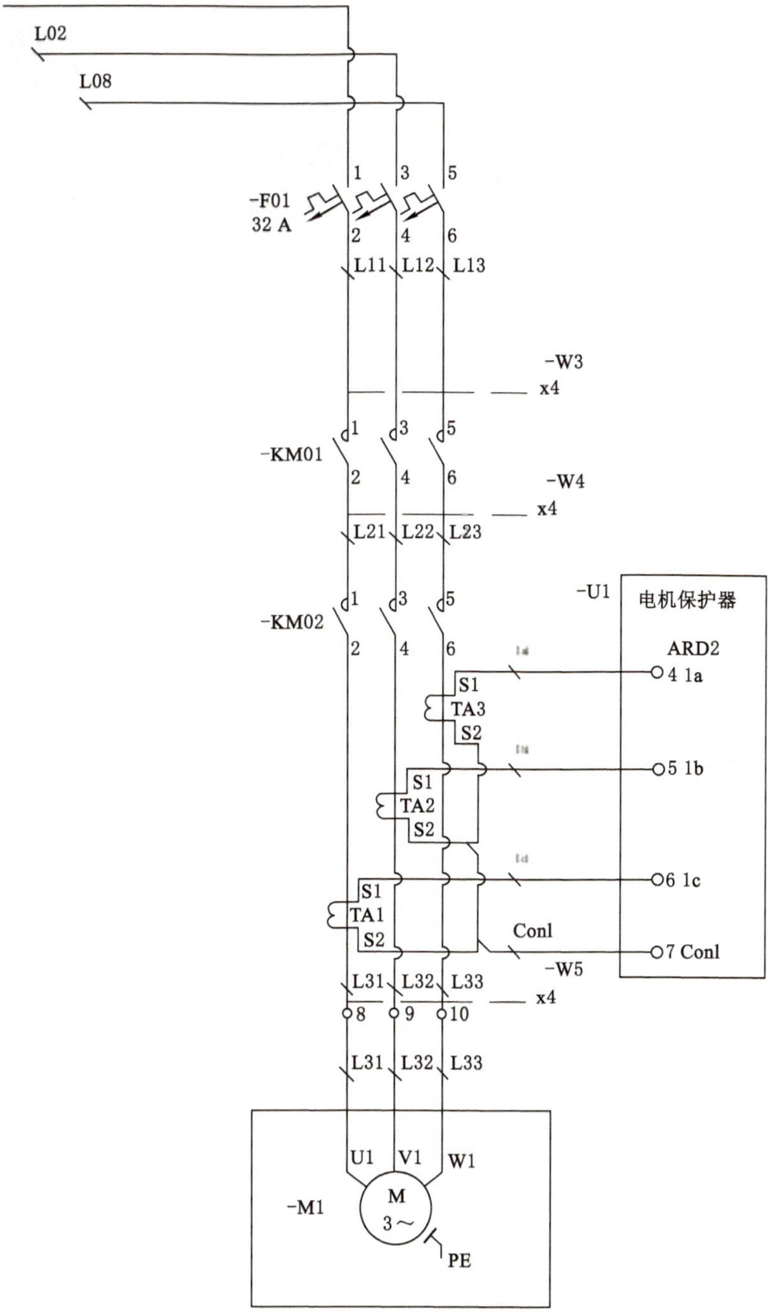

图 9-2　远程放矿电气原理图

图 9-3　远程放矿控制硐室

① 集控单元：因系统采取 DCS 集散式控制系统，远程放矿控制单元在穿脉控制硐室，集控单元共用无人驾驶核心控制 PLC，通过核心 PLC 和穿脉放矿控制单元之间通信，实现相互间数据的传输。

② 远程放矿操作：集控室操作台配置远程放矿操作按钮，远程操作时，放矿和车辆控制均由操作人员完成，因此，集控室操作台按钮有电源钥匙开关、启动旋钮开关、紧停按钮，同本地操作相比，减少了电铃操作按钮。

③ 操作台控制：因放矿操作人机适配的特殊性，操作台除上位画面外，还配置操作开关，因此，操作台配置控制 PLC，选用西门子 SMART200 系列 RR20 规格，当操作信号传输至操作台 PLC 后，PLC 将操作数据传送至核心控制 PLC，核心控制 PLC 再将数据传送至穿脉放矿机控制单元，实现远程放矿。

9.1.4 视频监视

远程放矿需要依靠视频画面判断对车及装载情况，视频画面的质量及延时是其重要指标。

(1) 视频画面

根据对车视频要求，对车摄像头安装在放矿机正前方偏上 45°角位置，画面将放矿机和对位矿车全部包括在内，便于完成对车确认；龙首矿井下放矿机限于放矿点空间问题，选择焦距 2.8 mm 半球机，实现放矿机和矿车全部进入画面。

根据装满度确认视频要求，装载量摄像头单靠正前方对车摄像头还不能准确判断，须在放矿机斜上方位置安装摄像头，画面将矿石和矿车的上下纵向相对位置包括在内，便于查看装载量；因该位置距离要求不高，普通作业现场可实现矿石和矿车全部进入画面。

(2) 画面延时

因视频实时性要求较高，系统需避免不均衡延时，比照无线最大延时 105 ms，放矿点和集控室视频通信采用光纤通信直连的方式，信号收发设备采用千兆级别，实现视频信号的独立传输，减少信号交换频次，满足延时需求。

根据现场实测，光纤传输放矿画面延时为 20 ms。

9.1.5　上位及保护

放矿上位组态画面为无人驾驶重要组成部分，需将放矿机运行过程中所有状态信息全部显示，如图 9-4 所示，包括：运行状态、故障报警、电压、电流、控制单元通信状态等。

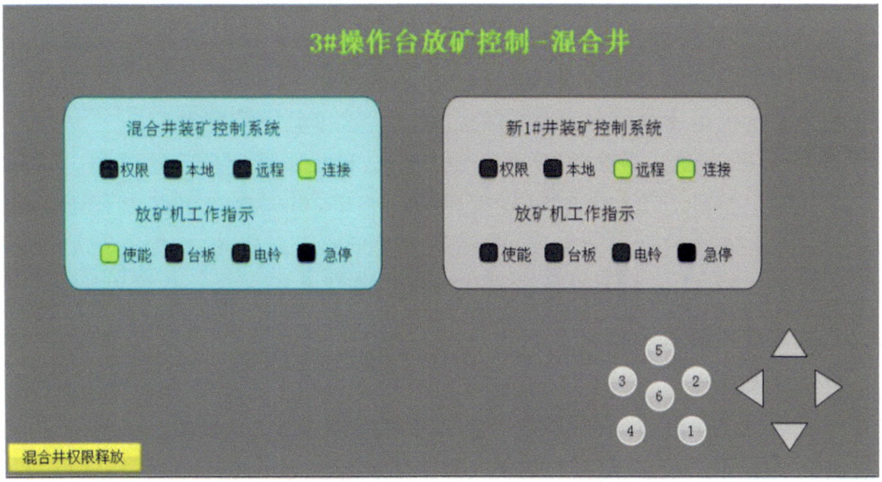

图 9-4　远程放矿上位画面

针对无人驾驶系统和远程放矿系统的融合，系统间实现了关联变量的联锁保护，主要有以下保护功能：

① 漏斗下方无车辆时禁止放矿：基于电机车的精准定位，当系统识别到电机车未在放矿点时，联锁放矿机禁止放矿，防止误操作放矿。

② 电机车运行方向和放矿方向不一致时禁止放矿：系统设定放矿运行工艺并固化放矿方向，避免反向对车或调整车辆时发生误放矿。

③ 放矿画面联锁跳转功能：每个运输中段对应不同的放矿点，当车辆进入目标放矿区域后，放矿画面会自动跳转到对应放矿点的放矿画面，避免人员根据放矿需求跳转视频画面，有效提高放矿效率。

9.2 自动装矿系统

9.2.1 系统概述

龙首矿 5G+电机车的无人驾驶系统具备车辆智能调配、机车自动控制、轨道线路自动规划及自动扳道、自动卸矿等功能，现场无人值守。但装矿环节还需要人员远程视频识别操作，是影响系统全流程自动化运行的工艺环节，实现自动装矿的技术难度主要表现在以下方面：① 对车难度较大，矿车连接装置为弹性碰头，相互间缓冲误差较大，且矿车对位控制核心是电机车，以位置信息为控制要素的方式不易实现高效对车；② 装满度自动识别难度大，因矿石粒度和矿车外形差异等因素，装满识别方面效率较低；③ 矿石质量管控难度大，因采矿工艺限制，矿石中难免出现铁器杂物、大块等问题，需要系统及时预警处置，该方面识别报警和处置的技术支撑不足。

现阶段电机车无人驾驶系统操控过程中，每列车还需要对应一名远程操控人员，无人驾驶改造还不够彻底，人员没能完全退出系统岗位设置序列。如能将系统现有唯一需要干预的装矿环节实现自动装矿，可完全实现矿山有轨运输系统电机车无人驾驶的全自动运行，实现真正意义的无人驾驶，在提高劳动效率和智能化水平的同时，也助力智慧矿山建设向智能化和无人化稳步推进。

9.2.2 总体技术路线及框架

总体技术路线：通过工业视觉图像分析技术与计算机技术相结合，以图像标识为检测基准，实时监测矿车位置及矿车中料位变化情况；根据放矿机和矿车标识信息检测结果，输出电机车控制指令，完成矿车和放矿机对位；根据料位标识信息检测结果，对比系统装满度设定，输出放矿机控制指令，完成矿车自动装矿；当每节矿车完成矿石装载后，系统根据机车位置信息和矿车图像识别标识自动判定整列车的装载情况，确定拉运卸载或移至下一节矿车继续装载。

结构框架如图 9-5 所示，系统主要由网络摄像机、特种光源、现场控制箱、传输设备、工控机、显示器、数据发送模块及安装附件等组成。

9.2.3 自动装矿原理

(1) 对车控制原理

图像识别的核心是标识的采集与设定，在对车图像标识采集中，车辆和放矿

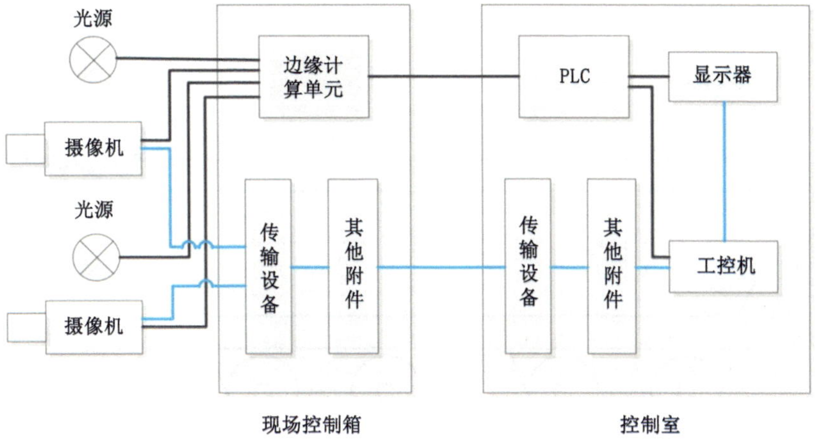

图 9-5　自动装矿系统结构图

机的标识点采集尤为关键，根据现场实际，一是对矿车行进方向两端的车帮边界进行标识，二是对放矿机的下矿口边沿标识，系统识别到图像标识内容，可根据设定相对位置进行判定是否完成对位。另根据放矿机尺寸和矿车的对位情况，对判定标准进行提前设定，如一次对车，判定标准具有唯一性，如两次对车，将由前后两次不同标识位置判定。当对车完成后，计算机输出完成信号至无人驾驶系统，控制电机车运行。

(2) 大块矿石检测原理

在大块矿石检测中，需要对采集的图像做进一步处理，主要包括滤波、图像增强等基本图像处理操作。增强后的图像做形态学变换，用分水岭算法进行矿石分割，然后计算分割后的矿石的面积，推算出矿石的直径，并根据设定的大块矿石的阈值判断此矿石是否是大块，如果阈值对比后是大块，则报警信号发出并停车。

(3) 矿车装满度检测原理

装满度检测中，判断核心也是图像的标识设定，根据现场实际，图像标识确定为线形结构。如图 9-6 所示，确定三道标识线，分别为矿车边缘标识线（标识线 1）、装矿过程标识线（标识线 2）、最大装满度标识线（标识线 3）。首先检测采集到的图像中打在矿车边缘的标识线 1，以此线作为矿车边缘基准，通过判别标识线的状态来确定矿量是否超过矿车边缘；如果检测不到标识线 2 或标识线比较虚，说明是正在装矿或未装满的状态；如果检测到比较清楚和稳定的标识线 2，并实时监控标识线 2 的位置变换，来确定矿车超过边缘的百分比，并可根据现场实际设定报警阈值；如果检测到标识线3，则说明料车的装载量已经超过极限高度，报警并停止装矿。

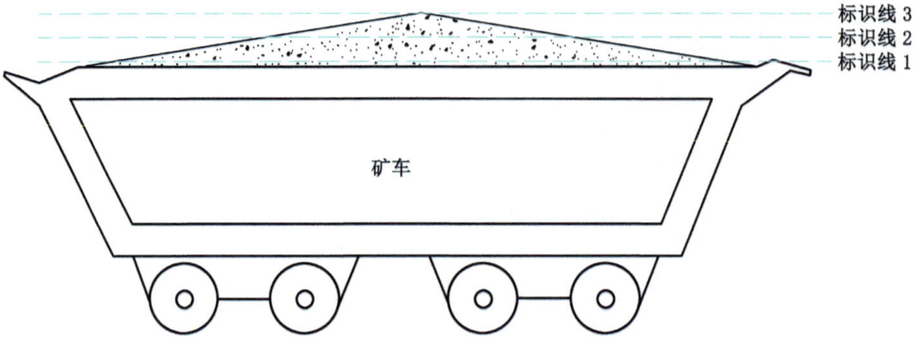

图9-6　矿车装载量检测原理示意图

(4) 电气控制原理

现场图像由摄像机采集后，经光电转换器转换为光信号传输至现场控制室；控制室的光电转换器将现场的光信号转换为电信号进入边缘计算单元图像处理服务器分析处理，分析结果通过I/O模块输出至无人驾驶控制系统，参与系统总体控制。

在检测矿车装满度时，以标识线为基准分析装矿过程中矿石与矿车空间占比，避免矿石装不满或外溢情况的发生，装载程度按预设的级别输出开关量；大块检测时，系统会根据矿车的装满度及设定的对应大块阈值，分析当前矿石块径是否继续装矿，输出指令类型为开关量，关联放矿机启停及系统报警；当矿车已经装满时，系统自动发出开关量指令，放矿机停止的同时，结合无人驾驶系统判断车辆卸矿或转移至下一节矿车装矿。

9.2.4　实践案例解析

龙首矿1703水平有轨运输系统主要有两个装矿点，分别为混合井装矿点和新1号井装矿点，均成功应用基于图像识别的自动装矿技术。系统配置矿车为6 m^3底侧卸式车型，连接方式为自动车钩，两端为搭接结构，矿车尺寸为：4 696 mm×1 800 mm×1 700 mm(长×宽×高)。混合井常态化运行2列矿车装矿，新1号常态化运行1列矿车装矿，放矿机均为振源附着式放矿机，放矿机距轨面高度均为2.0 m，根据矿车结构和架线高度限制，装满度最大高度为1.9 m。

(1) 新1号自动装矿系统

放矿机为单台板结构，宽度1.4 m，装矿过程中需要两次对车。根据对车原理，如图 9-7 所示，在放矿机两个侧边沿和矿车两端设定标识点，由标识点的相对位置控制车辆运行；根据装矿均衡性要求，放矿机标识点和矿车标识点进行触发间距设定；具体运行时，当放矿机标识点 1 和矿车标识点 1 间距为 500 mm 时，触发停车信号，执行对车点 1 状态确认；当放矿机标识点 2 和矿车标识点 2 间距为 500 mm 时，触发停车信号，执行对车点 2 状态确认；当车辆在对车点时，如图像识别装满度未达最大装满度标识线时，触发放矿机启动指令，启动装矿操作，当矿石装满度达到最大装满度标识线位置时，触发放矿机停止信号，该对车点完成装矿。

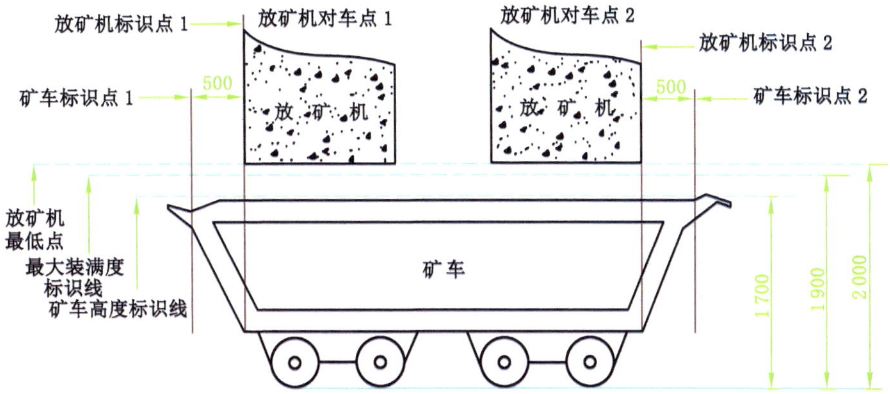

图 9-7　新 1 号自动装矿原理示意图

(2) 混合井自动装矿系统

放矿机为双台板并联结构，宽度 2.5 m，装矿过程中只需一次对车。对车原理同上，具体运行时如图 9-8 所示，当放矿机标识点 1 和矿车标识点 1 间距为 1 100 mm 时，或者当放矿机标识点 2 和矿车标识点 2 间距为 1 100 mm 时，任意条件满足均可触发停车信号，执行对车点状态确认；当车辆在对车点时，如图像识别装满度未达最大装满度标识线时，触发放矿机启动指令，启动装矿操作，当矿石装满度达到最大装满度标识线位置，触发放矿机停止信号，该对车点完成装矿。

(3) 上位控制系统

上位控制装矿画面中，如图 9-9 所示，将放矿机本地控制系统、控制分站、自动装矿系统等状态信息全部汇集并显示，可实时查看放矿机运行情况。放矿操作包括远程放矿和自动装矿两种模式，模式切换由操作台旋钮开关控制，在放矿机控制系统运行完好的情况下，可选择自动装矿模式。自动装矿功能包括图像

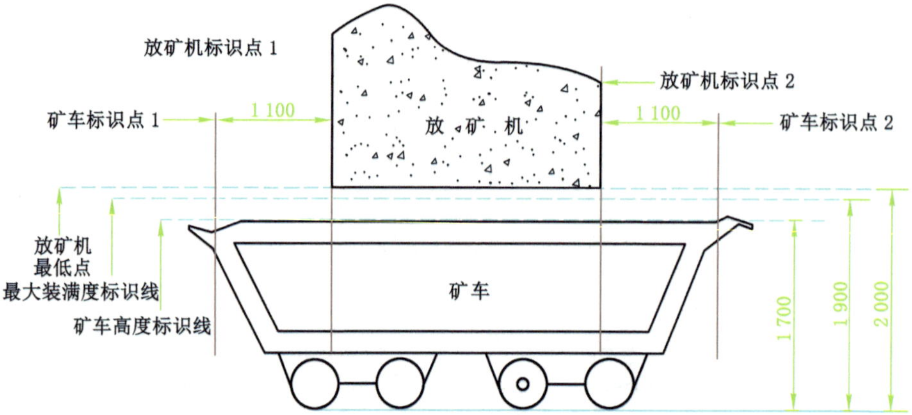

图 9-8　混合井自动装矿原理示意图

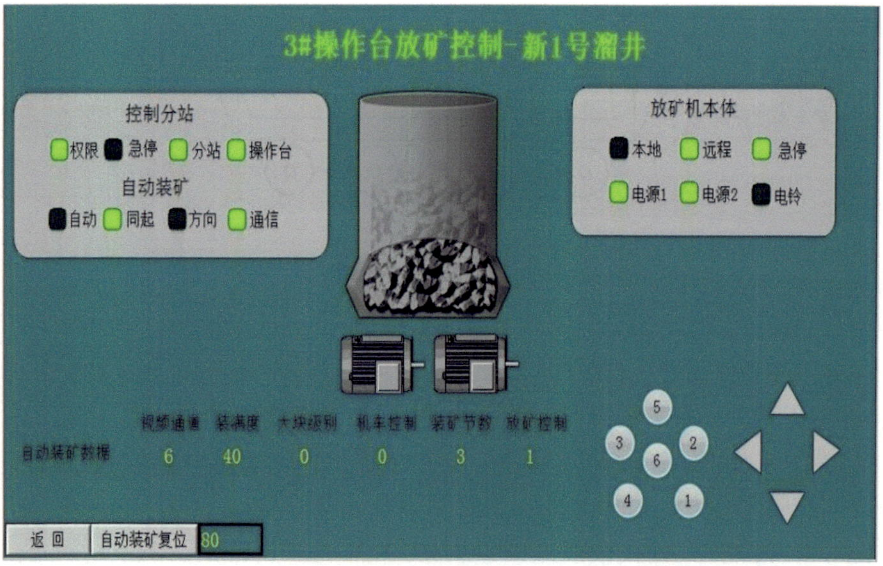

图 9-9　自动装矿上位控制画面

识别视频通道显示、装满度实时显示、大块级别、机车控制参数、装矿节数统计、放矿控制参数等。以新 1 号井上位控制画面(图 9-9)为例,可实时监控自动装矿系统运行状态。另根据矿石质量,可对矿石装满度进行设定,系统将矿车边沿标识线标定为 60%,最大装满度标识线标定为 100%,如矿石粒度较大时,为防止矿石外溢撒矿,可将装满度设定为 80%,即矿石完成最大装满度 80%即可触发放矿机停止指令，实现装载量的调控；当识别出现大块杂物时，系统会执行停止放矿指令，并同时触发上位画面和语音报警，实现大块杂物的及时处置。

9.3　卸载区自动防护系统

9.3.1　卸载区简介

4 m^3 矿车卸矿时，电机车牵引矿车进入卸载架，由引轨上车器引导矿车卸载臂前端卸载轮进入卸载架，随着卸载轮在卸载架踏面的导向运行，支撑卸载臂将矿车车厢侧向翻转顶起，矿车车门钩也由重力作用自动打开，完成矿石的卸载，矿车出卸载架时，卸载轮由卸载架引导将车厢拉回复位，矿车恢复运行状态。

6 m^3 矿车卸矿时，电机车牵引或顶车运行，矿车进入卸载架后，车厢由翼板支撑在卸载架托辊上，底板卸载轮支撑在卸载曲轨上，随着车辆运行，底板由卸载轮支撑引导侧向打开，完成矿石的卸载，矿车出卸载架时，底板卸载轮沿曲轨引导运行，将底板门闭合，矿车恢复至运行状态。

由以上卸矿工艺决定，卸矿时，矿车和卸载架之间的机械结构配合，将矿车的直线运动转化为车厢或底板的回转运动，实现自动卸矿。

9.3.2　防护需求

金属矿山主流系统工艺决定，有轨运输系统将矿石由矿车卸载翻倒至矿石溜井，进入下一个工艺环节。因卸载区溜井存在坠井安全风险，该区域作为安全管控最高级别“红区”进行管控；为避免人员坠井等安全事故，卸载架卸矿口安装常闭防护网，当卸矿时，防护网打开，完成卸矿工作，当不卸矿时，防护网闭合，确保溜井口防护安全有效。

无人驾驶区域全部实现封闭管控，但清理积矿、撒矿、应急处置等工作不能完全避免，还需要人员进入现场操作，卸载区域又是人员现场处置的高频次地点，因此，卸载区防护是无人驾驶系统卸载区域重点安全措施。

9.3.3　防护网设计及改造

因 4 m^3 侧卸式和 6 m^3 底侧卸式卸载区域结构不同，防护措施也有所差异。

4 m^3 卸载溜井设置在轨道旁，溜井口为长方形结构，井口敞开，无其他设备设施；根据现场结构及防护效果，设计平铺式溜井口防护网，如图 9-10 所示，护网根部设计转轴，防护网可随着转轴旋转打开或闭合；当卸矿时，防护网沿转轴旋转打开，满足卸矿要求，当不卸矿时，防护网下降闭合，实现井口防护。防护网旋转牵引由慢速卷扬带动，防护网开启侧安装钢丝绳，钢丝绳另一端缠绕在慢速卷扬上。当卷扬启动，钢丝绳牵引防护网旋转打开，当卷扬反向旋转，防护网由

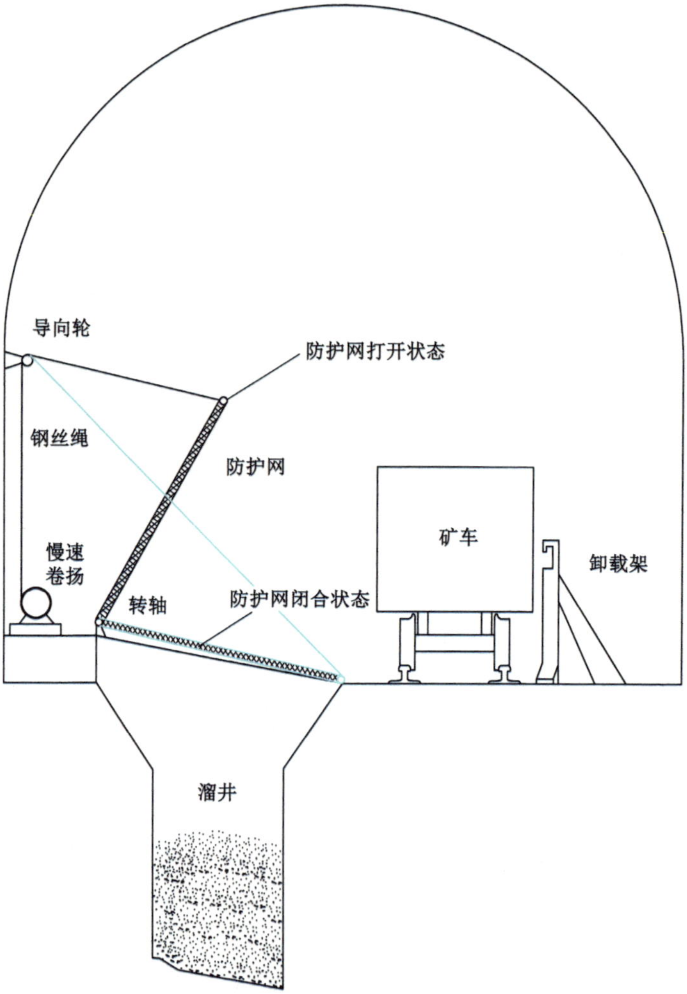

图 9-10　侧卸式卸载溜井防护网结构示意图

自身重力下降闭合，达到开闭的目的。为防止防护网开闭过度，在开闭位置安装保护开关，当防护网到位时，触发保护开关进行保护性停车。

6 m^3 卸载溜井侧为卸载托辊，溜井口只有进出车端敞开；根据现场结构及防护效果，在进出车端设计卷帘式溜井口防护网，如图 9-11 所示，防护网由两根垂向钢丝绳悬吊横向的防护栏杆组成，防护网可随着垂向钢丝绳牵引上下移动，实现打开或闭合；当卸矿时，防护网随垂向钢丝绳上升打开，满足进车卸矿要求，当不卸矿时，防护网下降闭合，实现井口防护。防护网垂向钢丝绳牵引由慢速卷扬带动，牵引钢丝绳一端和垂向钢丝绳连接，通过导向轮换向，另一端缠绕在慢速卷扬上，当卷扬启动，钢丝绳牵引防护网上升打开，当卷扬反向旋转，防护网由自身重力下降闭合，达到开闭的目的。为防止防护网开闭过度，在开闭位置安装保护开关，当防护网到位时，触发保护开关进行保护性停车。

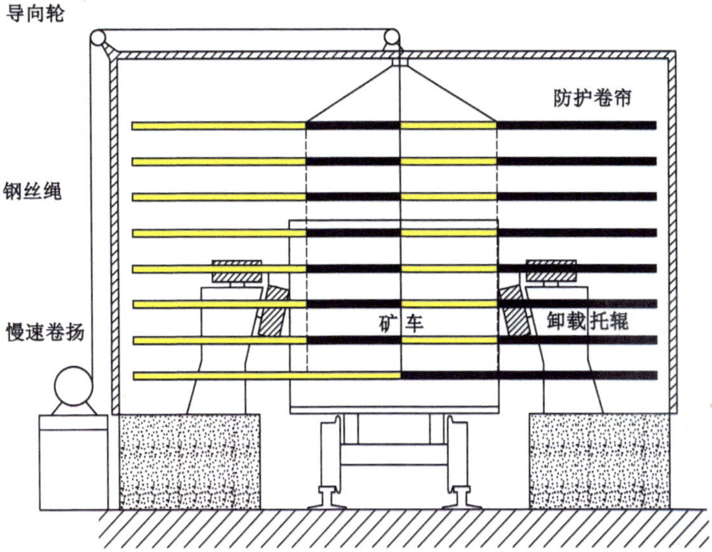

图 9-11　底侧卸式卸载架防护网结构示意图

9.3.4　电控系统设计

4 m^3 侧卸式平铺防护网和 6 m^3 底侧卸式卷帘防护网虽机械结构不同，但开闭均由慢速卷扬控制，电控系统一致，如图 9-12 所示。

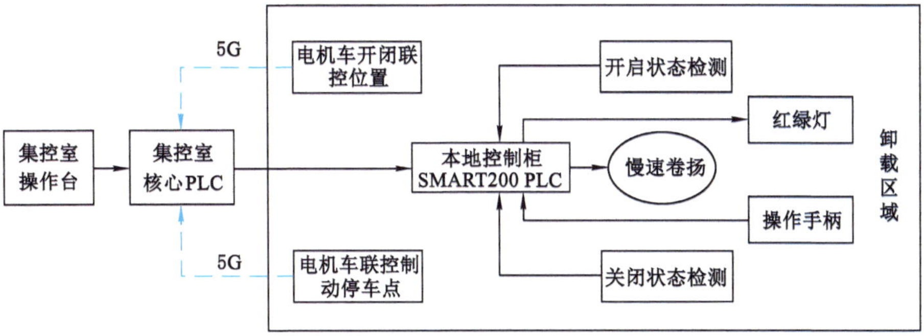

图 9-12　卸载红区安全防护设施电控原理图

防护网控制需实现本地、远程和无人驾驶系统联控三种控制方式，基于此控制需求，在卸载区域配置控制子站，根据控制点位数量，选择西门子 SMART200 系列 SR20，接入工业控制通信网络，和集控室核心控制 PLC 通信，实现控制系统数据共享和联控。

保护功能：为防止防护网开启过度或钢丝绳过卷，在防护网开启和关闭的两个位置点安装“开启到位”和“关闭到位”检测开关，当防护网触发检测开关，可联锁慢速卷扬停车并抱闸，确保防护网安全有效。

本地模式下，在卸载架旁配置按钮开关，直连现场控制柜，实现防护网的开闭控制。

远程模式下，在上位画面上设计控制按钮开关，需要远程开启时，操作远程上位画面启停按钮，实现远程控制。

无人驾驶“联控”：基于电机车精准定位，在卸载区域标定两个触发点，较远点为防护网开闭触发位置，较近点为电机车制动停车位，根据车辆运行目标位置和方向判断，当电机车卸矿时，运行至卸载区域防护网开启触发位置，可触发防护网开启，当电机车运行至制动停车位时，如检测防护网已开启，电机车可正常运行，如系统检测防护网未正常开启，电机车紧急制动停车，并在集控室上位报警提示；当卸矿完成后车辆驶离防护区域，机车运行至开闭触发位置会启动防护网自动关闭。

9.4 直流供电控制系统

9.4.1 直流供电系统简介

龙首矿有轨运输系统牵引机车为架线式电机车，机车动力靠架线直流电提供，架线电压均为 DC 550 V。

(1) 整流系统

在运输系统所在中段，配置整流变电所，为架线提供直流电源。

如图 9-13 所示，整流所具备井下中央变电所提供的交流 6 kV 电源，配置整流变压器，二次输出电压为(480±5%) V，6 kV 电源送至外置矿用干式整流变压器经变压后，将 480 V 交流电源送至整流柜内断路器的输入端。整流装置采用三相桥式全控整流回路，经整流后的直流电经直流开关柜输出至负载。

整流柜型号：KZL-1500/600，进线电压：(480±5%) V，额定直流电流输出：DC 1 500 A，输出电压：DC 600 V，控制方式：三相全控桥，具备大范围调压功能，调压范围：0～650 V。

整流柜配置一套西门子 SMART200 系列 PLC 控制器及相应触摸显示屏，

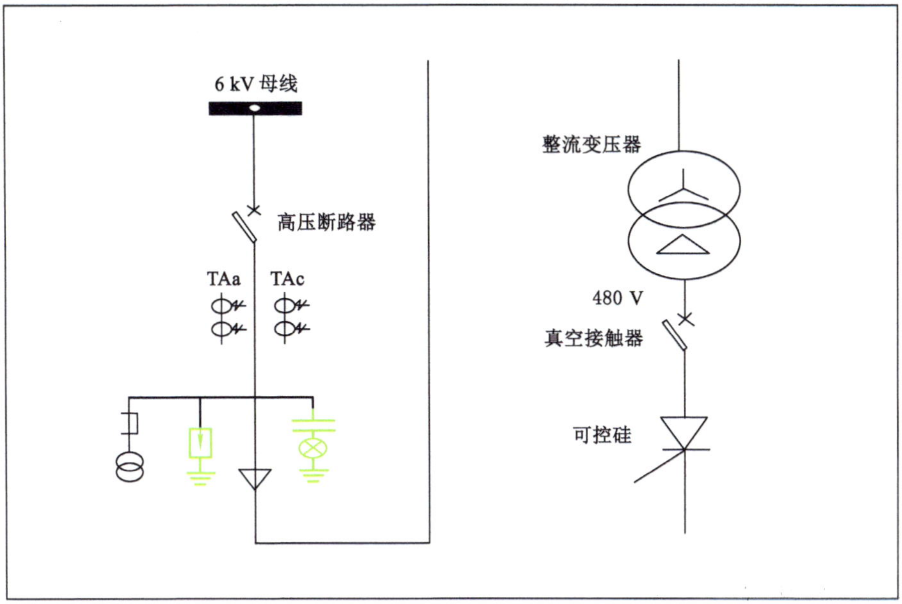

图 9-13　整流系统原理图

通过采集输入三相交流电压、输入三相交流电流、输出直流电压、输出直流电流、设备故障等信号并送至 PLC，由 PLC 通过 RS485 通信送至触摸屏。触摸屏具有操作记录、故障记录调阅功能。PLC 具有将检测信号上传网络的功能，采用 Modbus 通信协议，具备远程操作和本机操作功能。

(2) 直流架线系统

龙首矿三个电机车无人驾驶中段运输线路较长，地表 1703 双轨道总长达 4.4 km，井下 1340 中段和 1100 中段单轨道折返式线路也均超过 4 km，因工艺确定线路布置，系统设置放矿点较多，线路随之匹配岔口较多，架线布置较为复杂。在此背景下，有轨运输系统直流架线要实现电机车受电弓平稳运行，对其敷设标准和结构要求较高，因此，架线敷设在严格遵守《金属非金属矿山安全规程》基础上，根据无人驾驶系统运行要求，部分指标有所调整，具体如下：

① 井下沿脉道架线高度距轨面高度为 2.2～2.4 m，所有直线段架线相对轨道中心直线度为±20°，弯道处可扩大为±25°。

② 所有瓷瓶外侧拉线(架线为中心)应横向布置，防止受电弓刮擦接地。

③ 所有接头均为双线卡固定，接头上翘高度相对架线不得大于 100 mm。

④ 地表悬吊钢丝绳和拉线间距不得小于 500 mm、大于 800 mm，绝缘子和拉线间距不小于 0.2 m。

⑤ 电机车运输的滑触线应设分段开关,分段距离应不超过 500 m,每一条支线也应设分段开关。上下班时间,距井筒 50 m 以内的滑触线应切断电源。

⑥ 架线式电机车运输工作中断时间超过一个班时,非工作区域内的电机车线路电源应切断;修整电机车线路,应先切断电源,并将线路接地,接地点应设在工作地段的可见部位。

根据电机车无人驾驶系统应用情况,系统分区段检修时,为便于架线断电,提高断电效率,架线电源控制也采取分段控制的方式,达到架线电源快速断电和分区段架线受电状态信息实时显示的目的。

9.4.2 控制系统设计

如图 9-14 所示,该设计部分包括两个方面:一是整流变电所整流柜源头控制;二是架线分区段控制。

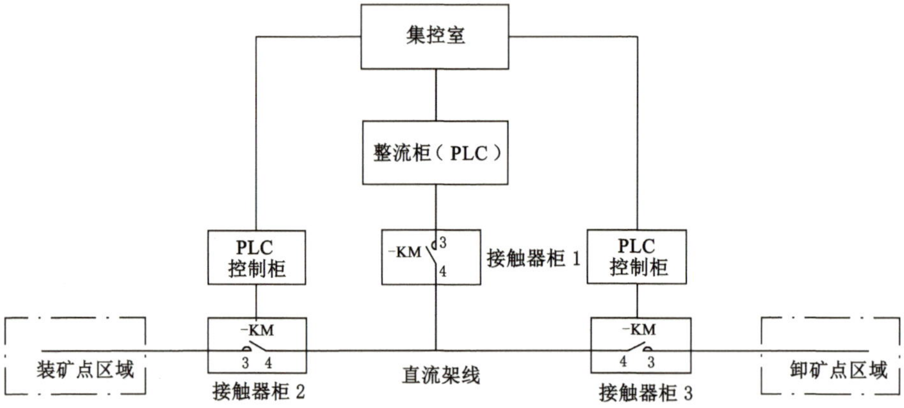

图 9-14 整流供电系统电控结构示意图

(1) 整流柜控制系统

直流供电是无人驾驶电机车的能量源头,在系统设计中,一旦车辆发生失控或其他极端异常情况,从源头切断电机车直流电源是其重要的保护措施;直流电也是电机车运行的重要保障,基于全流程管控理念,直流供电系统应纳入无人驾驶系统管控范围内。

在直流柜控制系统中,本身自带 PLC 控制器,且具备基于 Modbus 通信协议的工业网络通信功能,因此,采用无人驾驶系统核心 PLC 直接和整流柜控制系统进行网络数据通信,实现相互间的数据交换。

数据采集后,集控室可实现两部分内容:状态监测和远程操控。

状态监测:如图 9-15 所示,基于整流柜本身数据集成内容,系统可实时显示

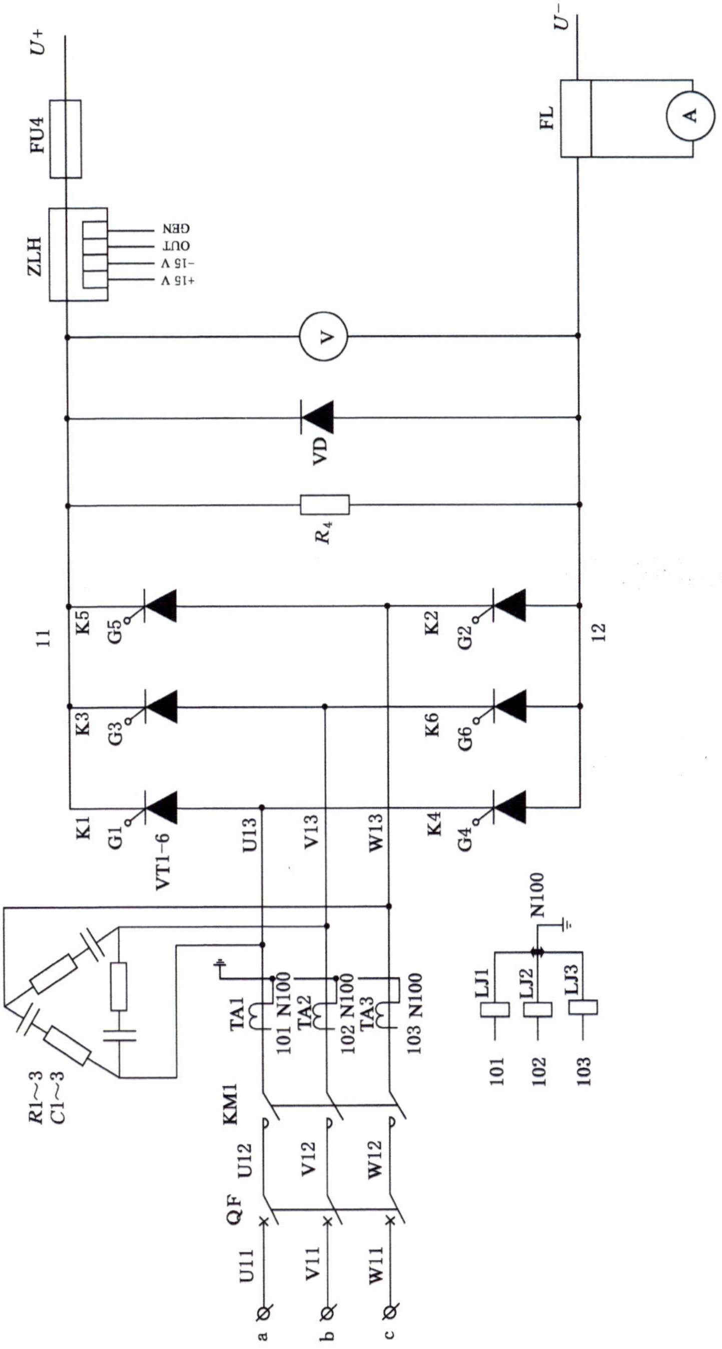
U+
FU4
ZLH
+15 V
-15 V
OUT
GEN
U−
FL
A
V
VD
R4
K1
K2
K3
K4
K5
K6
G1
G2
G3
G4
G5
G6
11
12
VT1-6
U13
V13
W13
R1~3
C1~3
TA1
TA2
TA3
101 N100
102 N100
103 N100
N100
LJ1
LJ2
LJ3
101
102
103
KM1
U12
V12
W12
QF
U11
V11
W11
a
b
c

图 9-15　整流柜原理图

交流侧电压、直流过压、开关等状态信息；对过流、过压、欠压、短路、过负载等保护功能实时显示，具备过往报警或保护信息的查询功能。

远程操作时，集控室上位控制指令通过核心 PLC 通信网络传送至整流柜本身 PLC 控制系统，发出控制指令，控制交流接触器动作，实现整流系统的断电保护。

因井下供电系统严禁重合闸，因此，送电功能需对整流柜及架线供电系统确认后，方可现场送电。

(2) 架线分区段控制系统

从有轨运输系统实际应用出发，现场主要分为穿脉放矿区段、沿脉区段、卸载区段，因此，对以上三个区段做架线独立供电控制设计。

控制系统配置现场控制柜，控制开关柜门板配置状态指示灯和现场操作按钮，具备本地和远程停送电功能，具备开关接触器的状态信息采集和本地实时显示功能。

直流控制开关选择大功率接触器，因电机车本身配置 200 A 自动开关，且同时段、同区段最多 2 台车全负荷运行，因此，配置 400 A 规格接触器。

接触器控制线圈选择现场适配的 AC 220 V 电源，现场配置控制 PLC(也可就近选择远程放矿或道岔控制 PLC)，如单独控制，可选用西门子 SMART200 系列 SR20，实现线圈的启停控制和接触器状态的监测。

9.4.3 上位功能

上位直流电控制画面中，将整流系统、架线分段控制等状态信息全部汇集并显示，可实时查看整流电供应情况。

整流柜监视显示中，包括三相交流侧电压、电流实时监测显示，直流侧电压电流实时监测显示，保护报警指示、开关状态指示等；整流柜远程操控方面，设置有“请求权限、启动、停止、复位”按钮，停止按钮不受权限限制，可实现一键断电，其他功能均需请求权限调度台允许后方可操作。

架线分段控制上位画面中，对分段架线直流电状态和电压实时显示，可远程查看架线直流电情况；设置远程操作“启动、停止”按钮，停止按钮不受权限限制，可实现一键断电，启动功能调度台允许后方可操作。

9.5 料位采集与联控

有轨运输系统属矿山水平运输方式，两端衔接垂向溜井矿石转运系统。有轨运输系统如要实现全流程智能管控，上下游溜井料位是其参与系统管控的重要技术指标。

9.5.1　料位监测点统计

基于料位检测服务于有轨运输系统智能管控目的，本节料位检测统计仅限于有轨运输上下游关联溜井或料仓。

根据龙首矿有轨运输工艺，料位统计点如图 9-16 所示，1703 溜井料位采集点主要包括混合井矿仓、新 1 号井矿仓、地表矿仓；1340 中段上下游包括采场溜井和主溜井系统，料位采集包括采场溜井料位、主溜井料位、原矿仓料位；1100 中段工艺结构近似于 1340 中段，料位采集点类似。

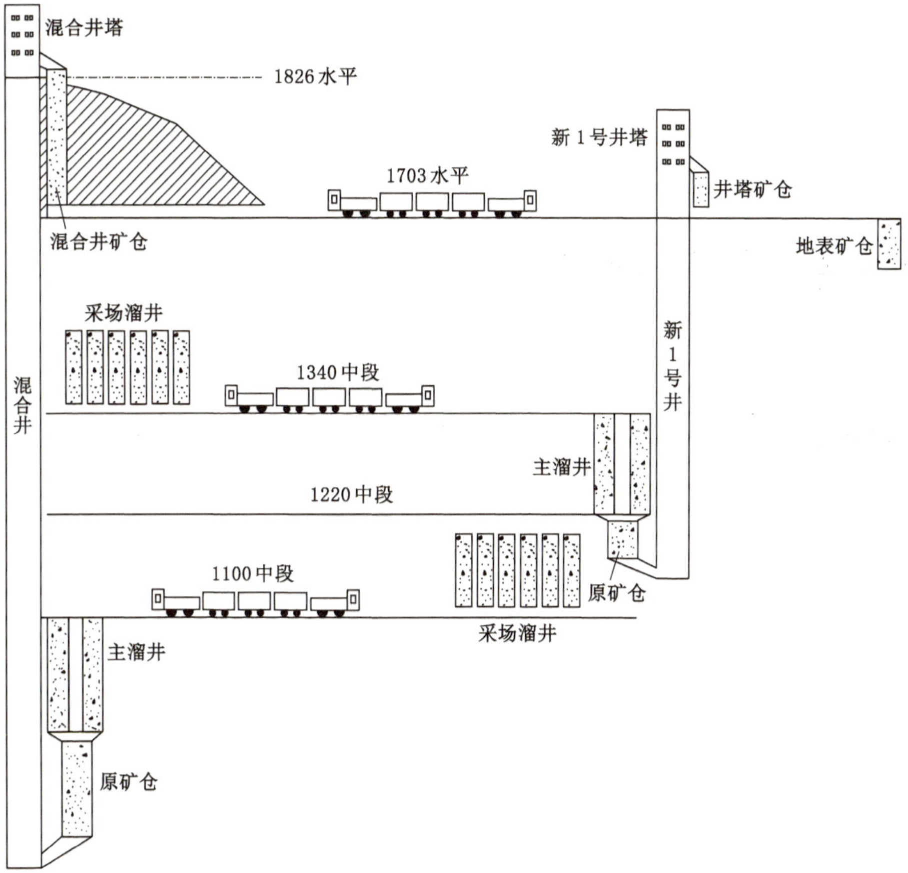

图 9-16　龙首矿料位统计点示意图

料位点统计见表 9-1，1703 中段有 4 处料位采集点，1340 中段有 10 处料位采集点，1100 中段有 9 处料位采集点，合计共 23 处料位采集点。

表 9-1　溜井料位统计表

系统	装矿区域							卸矿区域		
1703 水平	混合井矿仓	新 1 号矿仓						地表 1 号矿仓	地表 2 号矿仓	
1340 中段	20 行溜井	22 行溜井	24 行溜井	28 行溜井	29 行溜井	30 行溜井	32 行溜井	1 号主溜井	2 号主溜井	原矿仓
1100 中段	11 行 1 号溜井	11 行 2 号溜井	21 行溜井	26 行溜井	29 行溜井		1 号主溜井	2 号主溜井	原矿仓	

9.5.2　料位采集系统设计

(1) 料位采集环境

料位采集均在井口处，从溜井所处环境位置可分为两类，一是系统上游的动态采场溜井，二是主系统及地表的固定环境溜井。溜井均为卸载矿石场所，因此粉尘较大是其重要的共同环境特征。

依据不同的位置工艺属性，采场溜井由铲运机卸矿，井口设备设施存在碰撞、剐蹭等风险，因采场潮湿，溜井料位采集需具有较好的防护及防潮功能。井下下游固定主溜井环境比较稳定，主要环境影响因素是粉尘和防潮；地表溜井相较井下溜井避免了粉尘等问题，但存在季节交替带来的稳定差异影响，因此，地表料位设备应具备较宽温度阈值(−30～50 ℃)范围的功能要求。

(2) 料位计选择

国内矿山溜井井位传统测量采用原始的人工垂铅测定法，即：测量人员把测量用的绳索丢入溜井井下，再把绳索拉上来，测量出放入溜井中绳索长度，把所测数据上报到矿生产调度中心。也有个别矿山采用自动垂铅测定法设备，但因测量距离短(60～70 m)、检测速度慢、检测设备故障多、铅锤易脱落、无网络自动传输测量数据等原因停用。

目前，随着智能化矿山建设的不断推进，数字化、自动化料位计在溜井料位检测中已普遍应用，主流料位计主要有激光料位计和雷达料位计。

雷达料位计是基于时间行程原理的测量仪表，雷达波以光速运行，运行时间可以通过电子部件转换成物位信号；探头发出高频脉冲向发射方向传播，当脉冲遇到物料表面时反射回来被仪表内的接收器接收，并将距离信号转化为物位信号，实现料位的检测。

激光料位计由半导体激光器发射连续或高速脉冲激光束，激光束遇到被测物体表面进行反射，光线返回由激光接收器接收，并精确记录激光自发射到接收之间的时间差，从而确定从激光雷达到被测物之间的距离。

由料位计原理可知，雷达料位计和激光料位计本质不同点在于检测仪器发出的“波形”。雷达波为电磁波，可以穿透空间蒸汽、粉尘等干扰源，但遇到障碍物易于被反射，被测介质导电性越好或介电常数越大，回波信号的反射效果越好。激光波为光波，测量光束具有发散角小、方向性好、量程大、测距远、盲点少等优势，但也存在易受测试波段光源干扰、深色被测物吸收等问题，价格偏高。

基于料位计特点及使用环境综合考虑，因现场核心干扰因素粉尘、潮湿蒸汽等原因，选择 HZH-JD 系列雷达料位计，具体参数如下：

① 最大量程：120 m。

② 数字输出和模拟输出：通信 RS485 标准 Modbus 协议、数显料位 4～20 mA输出。

③ 防护等级：IP67(防止灰尘和水汽浸入)。

④ 支持手机蓝牙调试，方便现场人员维护工作。

⑤ 工作温度：－40～85 ℃。

⑥ 外壳材质：不锈钢。

⑦ 设备重量：约 2.5 kg。

(3) 系统设计

料位计采集的料位信息汇集在本地料位显示箱，并搭配触摸屏，实现本地查看料位信息及调整料位计参数。如图 9-17 所示，因料位信息最终汇集于电机车无人驾驶系统，在采集料位区域集中配置基于西门子 PLC 的数据处理控制柜，和无人驾驶系统核心控制 PLC 实现通信，将料位数据传送至系统，实现系统的料位数据共享。

9.5.3　料位联控系统

在溜井管控中，主要有两个指标：一是不能将溜井矿石卸放过深，防止倒入溜井矿石因过大冲击将溜井内矿石砸瓷，增大堵井风险；二是不能将矿石过分卸放，超出溜井井口最高料位线，避免卸载曲轨掩埋造成设备运行故障，或造成卸载坑积矿影响矿石自溜入井。

依据以上两个指标，进行溜井料位联控设计。如图 9-18 所示，根据料位计检测原理及溜井控制工艺，井位控制由两个因素确认：一是溜井下方放矿机，可控制下限井位；二是溜井上方卸矿车辆或卸矿放矿机，可控制井位上限。因此，可确定溜井联控要素。

联控一：采场溜井应防止放矿过深，系统将井位信息和下方有轨运输系统中放矿机进行联控，当井位小于系统设定井位下限后，放矿机联锁停机，禁止放矿。

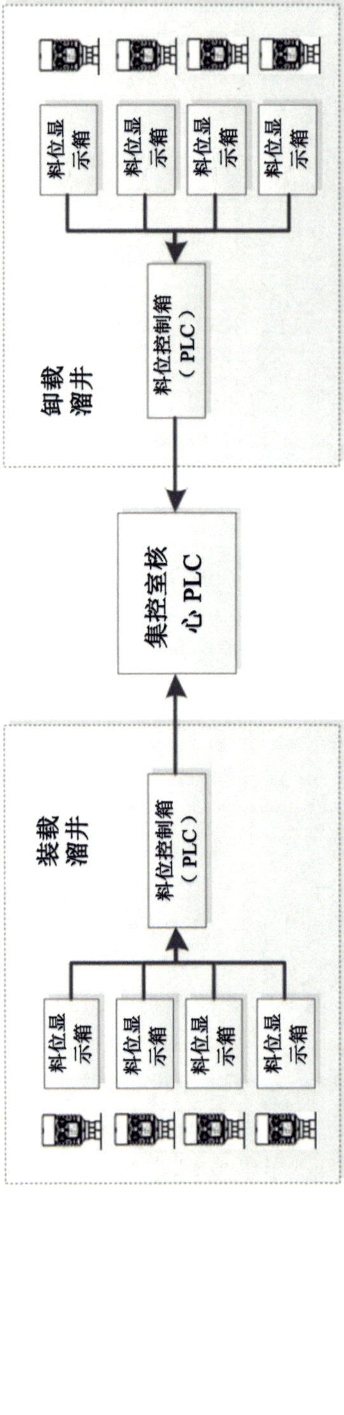

图 9-17　井下料位采集系统结构示意图

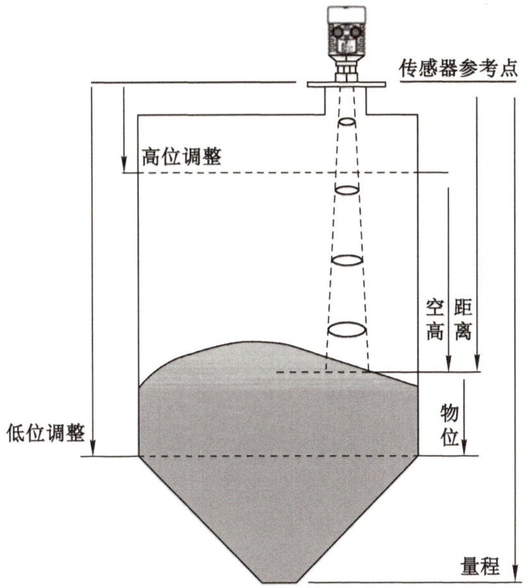

图 9-18　料位信息采集原理图

联控二：主溜井系统既要防止放矿过深，又要防止上方积矿，因此，系统将井位信息和下方放矿机及上方矿车卸矿进行联控。当井位小于系统设定井位下限后，下方放矿机联锁停机，禁止放矿；当井位大于系统设定井位上限后，上方卸载架防护网禁止打开，联锁电机车停车，实现禁止填矿的目的。

联控三：地表矿仓要防止卸矿过多形成积矿，系统将井位信息和上方矿车卸矿进行联控，当井位大于系统设定井位上限后，上方卸载架防护网禁止打开，联锁电机车停车，系统禁止卸矿。

联控四：根据上游井位信息，“信集闭”系统从矿量的多少可智能调度车辆，分配装矿指令，对系统的智能调度和自动决策提供数据支撑。

9.5.4　应用效果

龙首矿 1703 水平、井下 1340 中段和 1100 中段全部实现上下游井位联控。

根据生产工程中工艺限定，1703 水平混合井最低受限井位设定为 35 m，井位信息采集及联控后，井位始终在可控的范围内，有效地防止了矿石冲击砸瓷造成的堵井；下游矿仓井位上限设定为 6 m(一列车可填井 2.5 m，卸载曲轨最大高差为 2.5 m，留有 1 m 安全间距)，有效防止了积矿填埋曲轨，避免设备故障。

1340 和 1100 工艺类似，穿脉放矿溜井有效管控，保障了采场出矿通道，且为采场提供了充裕的矿量调节空间；主溜井上下同时联控，始终处于动态调节范围内，确保了主系统畅通，也充分发挥了主系统溜井储矿功能，对生产节奏的调节起到了积极的作用。

9.6 门禁及对讲系统

矿山有轨运输智能管控系统最核心的目的是现场无人化，可视对讲门禁系统又是现场无人化管控的重要技术手段，针对各中段封闭管控的实际特点，设计形式多样的门禁系统，均实现现场和集控室准入的可视对讲及远程开闭智能门禁功能。

9.6.1 各中段环境简介及门禁需求

门禁基于通道设定，根据前章所述现场环境特点，均为全封闭区域，封闭措施本章不再赘述。

1703 水平为露天和平硐环境，现场较为复杂。露天封闭区域内包括了放矿区、运行线路区和卸载区，因露天封闭区以外通道不受限，封闭区内部基于便捷、可靠的人员进出原则，设计多个人员门禁通道；平硐内只有两个人行通道，平硐口包括在露天封闭区内，共享露天封闭区门禁系统，无单独出入门禁，平硐内还有通往井口的人行通道，在该处设置一处人行门禁通道。

1340 为井下运输中段，人行通道有三处，分别为副井井口方向人行通道，28 行斜坡道口人行通道，18 行火药库斜坡道人行通道，因此，在以上三处设置门禁系统。

1100 也是井下运输中段，人行通道也有三处，分别为混合井井口方向人行通道，盲井井口方向人行通道，26 行斜坡道口人行通道，该中段也设置 3 处门禁系统。

门禁通道主要针对两种不同需求，一种是人员通行，另外一种是服务与车辆通行，如 1703 水平，毛石车辆需要从封闭区域穿行至副井井口，该处门禁从门的开度和人行通道有较大区别，同一种驱动方式不能适用，需按需设计。

门禁系统应具备本地和远程两种开启方式，远程控制在集控室统一管控。为便于详细管控出入人员信息，应在门禁外设置可视对讲系统；门禁系统应具备应急处置措施，当出现应急事件，门禁系统可在本地或远程紧急开启。

9.6.2 平开式门禁设计

平开式门禁主要在空间受限条件下及人行通道设计。

(1) 机械结构

因井下巷道空间受限，平开门选择侧开式结构，如图 9-19 所示，侧开式门禁平开门由门扇、转轴、门框等组成，门扇匹配封闭护栏结构，通常设计为带框形的护栏状，栏杆材质为薄壁焊管；门框作为门扇开闭的载体，且需安装侧装式开门机，需有基础固定，具备一定的承载能力。

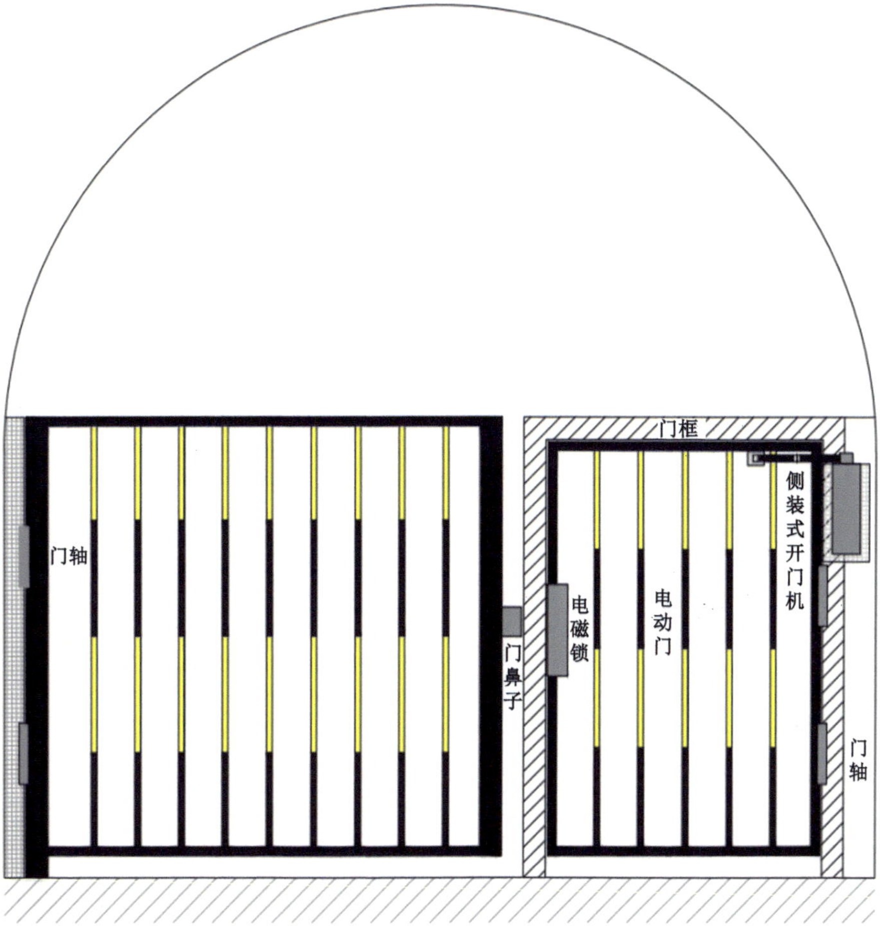

图 9-19 井下侧开式门禁结构示意图

因门禁设计侧装式开门机，为单开门结构，只能向一个方向开启。门禁匹配现场护栏的高度，平开门设计 1.8 m 高，宽度为人行通道，根据现场实际位置，设计在 800～1 200 mm 之间。

根据门禁使用要求，除实现平开门的开闭外，还要实现锁闭，因此，在门鼻处设计电磁锁结构，实现门禁闭合时的锁闭。

(2) 开门机选择

平开门开门机选择为侧装式平开门机。

功率方面:根据设计门形的最大尺寸1 800 mm×1 200 mm计算,平开门最大重量为20 kg,侧装式开门机需满足该型门的开闭负荷。

电源方面:现场电源常用为AC 220 V或者DC 24 V,考虑现场为人行通道,选择DC 24 V电源实现开门机驱动,也确保漏电或其他异常情况的用电安全。

安装结构:基于门框位置,开门机结构应适配受限空间的尺寸需求,不宜过大,且安装结构简单。

防护等级:因井下存在潮湿、粉尘等危害因素,开门机选择防护等级为IP65等级。

综上所述,系统选择型号为LS-160侧装平开式开门机,输入电压DC 24 V,功率45 W,重量7.8 kg,适配最大门宽2 500 mm,门重小于200 kg,安装尺寸400 mm×310 mm×130 mm,满足受限空间安装要求,具备开度限位可调、本地遥控功能。

9.6.3 平移式门禁设计

该门型主要针对地表横向空间较大、开度要求高的场合,典型案例为1703水平6号门禁,主要作用为车辆向副井井口的通道实现封闭管控。

(1) 机械结构

平移门由门扇、导轨、齿条等组成,如图9-20所示,门扇匹配封闭护栏结构,设计为带框形的护栏状,栏杆材质为薄壁焊管;导轨作为门扇开闭的限位支撑,确保门扇开闭过程中不会偏移位置;齿条为门扇开闭的传动机构,由开门机驱动带动门扇水平移动。

门禁匹配现场护栏的高度,平移门设计1.8 m高,宽度适配车辆通过时所需宽度,根据现场实际位置,预留宽度为2 500 mm。

(2) 开门机选择

平开门开门机选择为平移式开门机。

相较侧装式开门机,平移式开门机负荷增大,平移门最大重力50 kg,安装空间较为充裕,电源要求与侧装式开门机一致,防护等级同为IP65等级。

由以上要求确定选择型号为BC-D59平移式开门机,输入电压AC 220 V,电流3 A,速度12 m/min,具有过流、过压、过载等保护,具备远程控制、本地遥控功能。

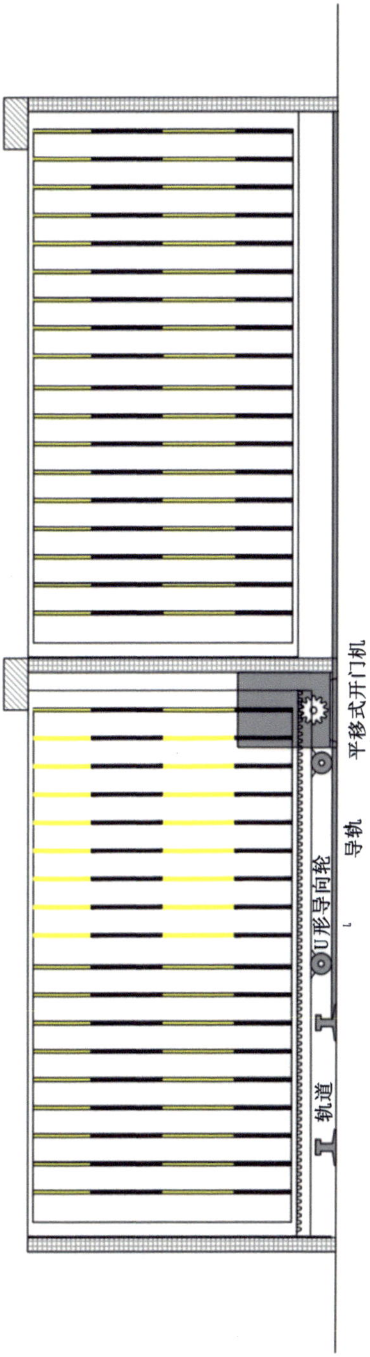

图 9-20　平移式门禁结构示意图

9.6.4 电控设计

门禁系统属门禁点和集控室人机交互系统，如图 9-21 所示，需实现的功能主要包括遥控开启、可视对讲、远程开闭、状态监测等。

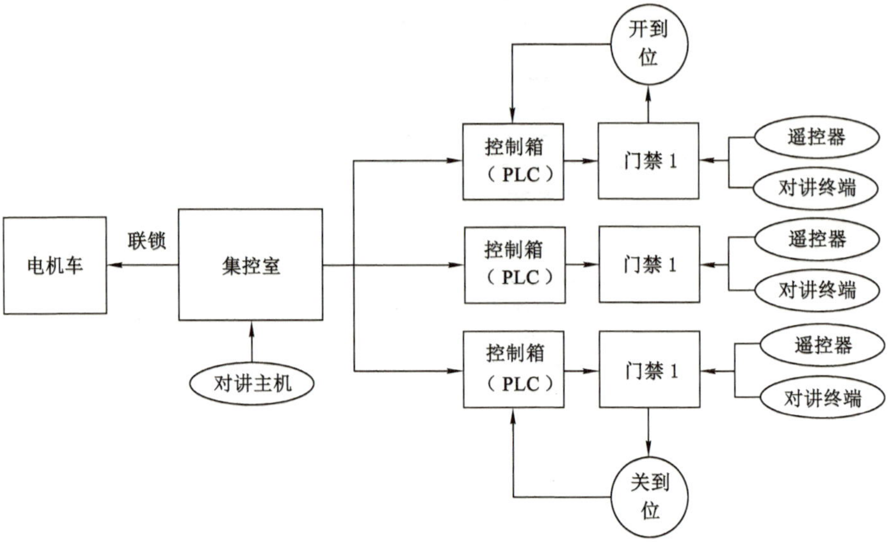

图 9-21 门禁系统电控结构设计图

(1) 可视对讲系统

门禁由集控室统一管控，其目的是详细掌握出入封闭区人员情况，在门禁外设置可视对讲系统，便于实时和集控室取得沟通确认，因此，系统需具备双向的图像和语音识别功能。由封闭区向外通行不受限制，门禁封闭区内部不设置可视对讲系统。

另集控室调度台岗位需同时兼顾全运输中段的门禁，可视对讲系统采取“集散式”结构设计，综合以上内容，系统选择型号为 AL8000T 语音可视对讲系统主机，适配电源 AC 220 V，通信协议适用 TCP/IP 协议，配置 10 英寸液晶触摸屏；选择型号为 AL8000KC（Q）语音可视对讲系统终端呼叫机，适配电源 AC 220 V；通信协议适用 TCP/IP 协议，配置通用 RJ45 接口。

可视对讲系统由集中控制台和门禁终端组成，为避免干扰及运输系统运行安全，可视对讲系统独立于无人驾驶控制系统，其参数配置在控制台和终端匹配完成，只要物理链路通信接通，即可自动识别并追踪建立通信联系，实现控制台和终端的通信。

集控室配置控制台，具有外放鹅颈话筒和电话听筒，可根据工矿条件选择通话方式。控制台配置屏幕，可实时显示门禁终端处人员画面。

门禁终端配置摄像头、补光光源、拾音器、扩音器、画面屏幕、呼叫按钮等，在和集控室终端台建立通信后，以上终端配置均开启，实现可视对讲功能。

(2) 远程控制

侧装平开式开门机和平移式开门机虽机械结构不同，但电控系统基本一致。

门禁控制需实现本地和远程两种控制方式，基于此控制需求，在门禁区域配置控制子站，根据控制点位数量，选择西门子 SMART200 系列 SR20，接入工业控制通信网络，和集控室核心控制 PLC 通信，实现控制系统数据共享和联控。

保护功能：侧装式开门机具备开度调节功能，可通过开度调节保护开门机适度运行；平移式开门机在齿条两端有电磁保护装置，可防止门扇开闭过度。系统为进一步保护门禁安全有效，且状态信息随时采集，在门扇开启最大位置和关闭位置点安装"开启到位"和"关闭到位"检测开关，当防护网触发检测开关，可联锁开门机停车，确保门禁安全有效。

本地模式下，现场配置控制箱按钮，也可用遥控器在短距离开闭。

远程模式下，在上位画面上设计控制按钮开关，需要远程开启时，操作远程上位画面启停按钮，实现远程控制。

(3) 联锁控制

为确保现场绝对避免人车交叉运行，门禁和无人驾驶系统间建立联控。基于门禁系统状态信息的精确采集，当门禁未在调度指令下异常开启或紧急开启时，区间内运行电机车立即制动停车，并在集控室上位报警提示；当电机车运行前，如检测门禁异常开启，电机车联锁无法正常启动。

应急联锁：应急操作具备本地和远程模式。每个门禁处配置自锁紧急处置开关，当出现应急情况时，可随时按下紧急开关，门禁开启；集控室上位画面设计门禁"一键应急"按钮，当出现应急情况时，集控室可执行门禁"一键启动"，确保紧急情况下门禁全部开启；无论任何状态下门禁开启时，电机车均联锁制动停车。

9.7 5G+智能检修车

9.7.1 智能检修车概述

为保障系统正常运行，设备设施的点检是其重要手段，传统的设备点检靠人工徒步利用卷尺等方法测量点检，不仅存在较大的误差，且有轨运输系统线路较长，点检工作费时费力，同时，也存在车辆伤害、触电的风险，且不利于无人驾驶系统流畅运行。在日常维(检)修作业中，尤其是大型检修作业中，工器具、材料备件均为人工搬运，转运实为不便，不仅使检修效率极大程度上受到影响，且增加到了检修人员的劳动强度。因此，在当前无人驾驶模式下，急需将点检、检修环节向自动化、智能化方面转变。

智能检修车由两部分组成：智能巡检车和检修车，如图9-22所示。巡检车辆具备现场设备设施的智能点检、数据自动上传和分析、故障报警等功能，实现无人驾驶现场智能巡检；检修车具有集成性特点，对轨道线路重要检修工器具集成配置和运输，可大大提高现场检修效率。

图9-22 5G+智能检修车实物图

9.7.2 检修车载体

(1) 检修车载体需求分析

根据智能巡检车的功能特征和实际需求，巡检车母体应具备两项基础特征：一是要有自主动力牵引功能；二是应具备远程控制功能。

动力牵引：在现有架线和轨道条件下，实现自主动力牵引有两种方式：架线式和蓄电池电机车。基于巡检车巡检条件的最大适应性考虑，即在架线断电时也可实现智能巡检，采取蓄电池电机车作为母体，如图9-23所示。

远程控制：电机车最基本的远程控制功能有方向、速度、制动、照明、喇叭等，巡检车应具备以上功能的远程控制。

图 9-23　检修车改造载体——废旧蓄电池车

(2) 巡检车母体改造

动力系统：根据修旧利废理念，回收一台 2.5 t 废旧蓄电池电机车作为巡检车母体进行改造，一是将废旧蓄电池电机车更换电解液、改造充电头等，满足动力源需求；二是更换损坏电机和传动齿轮，满足车辆运行传动需求。改造后，电机车正常运行，达到检修车改造母体需求。

控制系统：原蓄电池电机车操作方式为司机在驾驶室内本地操作，司控器是用手轮的方式选择方向和速度，停车制动为手轮机械制动；根据检修远程控制需求及车辆接触子式控制特点，如图 9-24 所示，将接触子用全部用直流接触器、中间继电器等电气元件替换，用旋钮开关等电控操作实现电机车的本地操作，也为远程控制奠定基础。

制动系统：原有刹车方式采用传统的手轮机械制动，无电制动和气制动，根据远程控制要求需对其改造，一是选用 100 mm 行程的推杆电机，提供制动动力源；二是改造制动机械结构，将原来手轮回转机构改为摇臂式回转机构，并将推杆电机固定方式改为铰接固定方式，实现推杆电机的直线运动转为制动轴的回转运动。改造后，本地刹车采用按钮点动电控的方式，且满足本地/远程双重操作功能。

将电机车照明、喇叭等全部用继电器控制的方式改造，具备满足本地/远程双重操作功能。

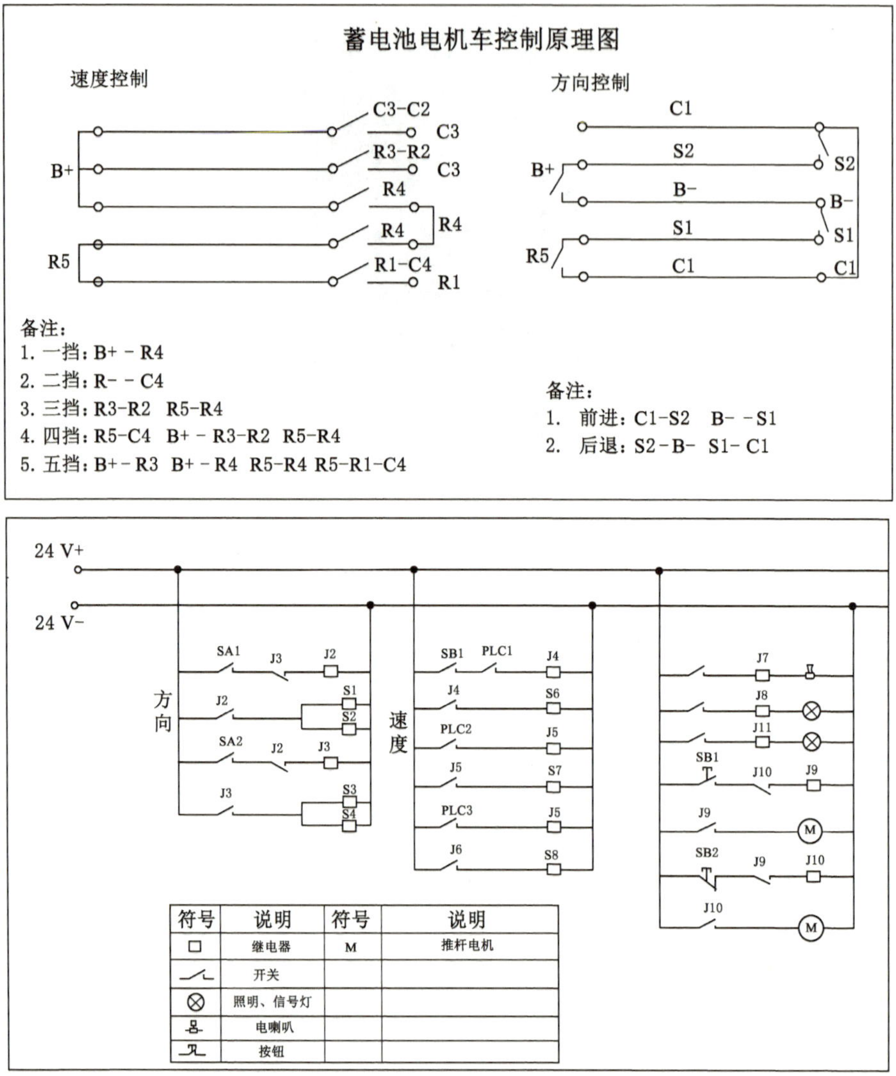

图 9-24 检修车控制原理图

9.7.3 架线高度自动检测

架线高度是无人驾驶系统重要的保障性技术参数，也是现场点（巡）检的重要内容。因架线高度上下存在一定的偏差，高度采集装置应具备自主调节和偏差补偿的功能。

(1) 检测装置设计

根据机车结构及检测要求,检测装置由受电弓、弹簧、基座、拉绳传感器等组成。如图 9-25 所示,受电弓结构和传统受电弓类似,通过拉紧弹簧始终保持向上的张力与架线紧密贴合,具有上下调节的功能;拉绳式位移传感器与受电弓弓架相连接,实时检测受电弓上下位移,采集受电弓上下浮动的高差,浮动参数通过控制单元数据处理,可得到架线高度,实现参数补偿。

图 9-25　架线高度自动检测装置

(2) 数据采集

当检修车辆运行时,受电弓根据架线高度的不同产生上下位移,拉绳会随着受电弓的上下移动而伸缩,传感器实时收集拉绳的位移值,以模拟量的数据形式上传至 PLC,上位机会实时显示出架线高度测量数值并记录。

9.7.4　轨距自动检测

在车辆下方贴近轨道处设计安装弹簧式位移传感器装置,如图 9-26 所示。装置由两部分组成:一是设计“倒锥形”弹性走行轮,轨道两侧对称布置,弹性走行轮由两个可调支架和一个弹性支架组成,可调支架使得走行轮具备上下调节功能,确保踏面贴合道面,弹簧支架使得走行轮保持向轨道外侧的张力,确保轮缘贴合轨道内侧,为准确测量奠定基础;二是采用拉绳传感器采集轨距变化数据,拉绳固定在两个走行轮之间,当车辆行走时,走行轮间距随轨道发生变化,拉绳长度随之变化并采集数据,经 PLC 计算实现轨距检测。

9.7.5　检修车厢

设计加工检修车辆,如图 9-27 所示,内置“蜂窝式”存储空间。检修时,将主

图 9-26　轨距自动检测装置

要的有轨运输现场检修工器具全部放置在检修车内，便于现场检修，放置工器具包括电焊机、电源线、气焊工具、弯道器、起道器、道轨配件等。

图 9-27　检修车结构图

检修车厢严格遵守工器具存放和运送要求，如蜂窝内均具有限位和防撞配置，氧气、乙炔等危化品存放格保持物理间隔和良好的通风散热条件；根据便于收纳和使用的原则，电源线设计快速收纳和使用的简易转盘机构，配置多种电源快速接头，满足不同场合的电源快速接入。

9.7.6　5G+远程控制系统

(1) 5G 无线终端

① 通过对 5G 终端路由器进行脚本配置，实现 5G 网络通信协议与 PLC 控制系统通信协议的融合互通，实现检修车的远程通信及控制。② 根据终端设备用电需求，对机车供电电压 DC 48 V 输出进行改造，采用逆变器、适配器等电气元件，实现 DC 19 V、AC 220 V 等供电电源，满足 5G 终端的供电需求。

(2) 控制系统

设计开发机车运行控制箱，控制箱由 PLC 控制模块、中间继电器、交换机、电源装置等组成，实现了机车控制信息和检测信息的集成，具备“本地/远程”操作功能。编写电机车控制程序，制作上位控制画面，如图 9-28 所示，融入无人驾驶控制系统，实现车辆前进、后退、刹车、喇叭、照明等基础功能，同时轨距、架线高度等采集数据通过程序修正后远程输出，实现了车辆的远程智能巡检。

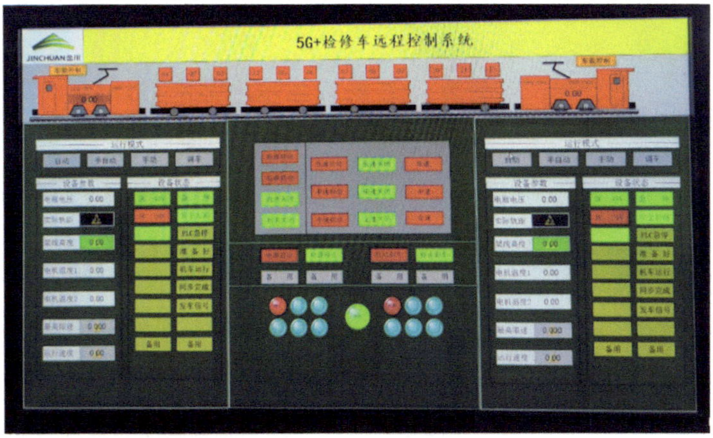

图 9-28　检修车远程控制上位画面

第10章　无人翻毛系统

10.1　系统简介

矿山废石俗称毛石，是矿山建设掘进的重要产物。井巷开采建设中，井下产出的毛石需要提运至地表，并翻卸至毛石堆场存放，为井下掘进及开采工程创造空间。龙首矿东中部毛石均通过新2号副井提升至1703地表，并通过该水平有轨运输系统拉运翻卸。本章重点就1703水平毛石无人翻运系统做简单介绍。

10.1.1　毛石拉运系统

1703水平有轨运输系统矿石拉运已实现电机车无人驾驶时，毛石拉运尚处在人员现场操作阶段，当新2号副井将2.3 m^3 毛石车提升至井口后，通过人工方式将车辆用链环串接起来，由7 t电阻调速电机车人工驾驶拉运至毛石翻卸系统，简称“毛桥”。

如图10-1所示，毛石拉运为单车牵引，拉运线路两端设立车场，分别为新2号井口车场和毛桥车场。当电机车牵引井口重车拉运至毛桥重车道后，通过人字形车场将矿车顶入斜坡卷扬翻车机，然后电机车和矿车脱钩，电机车通过车场行驶至空车道，将翻毛结束后的空车通过链环连接起来，拉运至井口空车道，再次在井口人字形车场将空车送入井口或料场，车辆到位后继续将电机车和矿车脱钩，电机车行驶至重车道，拉运重车；每班按照以上工艺往复循环，完成毛石的拉运。

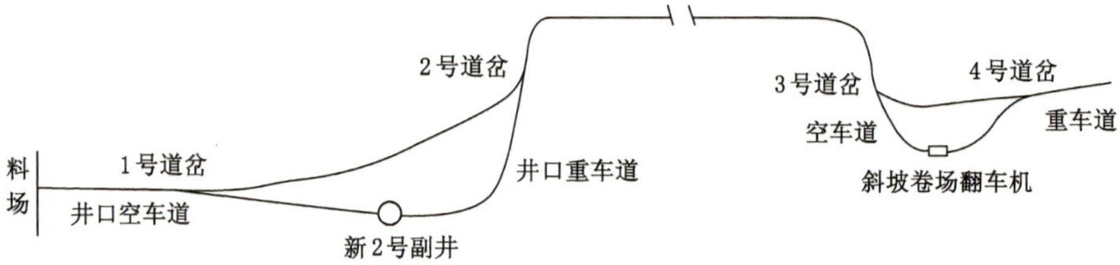

图10-1　1703毛石拉运轨道线路示意图

10.1.2　毛石翻卸系统

毛桥使用一台 130 kW 的 JTP-1600 型卷扬机，带动斜坡自卸翻车机翻卸毛石，卷扬翻车机如图 10-2 所示。卷扬设备由锦州矿山机械厂于 1991 年 8 月生产，1992 年 1 月完成安装调试并正式投产，使用时间较长，设备老化严重，毛桥每天最大翻毛量约为 200 车。

图 10-2　原毛桥斜坡卷扬翻车机

老毛桥作业工艺：每次翻车机从毛桥底部提升一台 2.3 m^3 矿车至桥坡顶部卸载点，通过翻车机撞锤与毛桥铁轨上的启动器接触，将翻车机的直线运动转化为回转运动，带动车辆翻转实现翻车机自卸，自卸完成后将翻车机下放至坡底，将矿车进行替换，由此完成一次作业循环，每次作业时间约为 4 min，加上各类准备工作（含摘、挂车，车辆检查及影响翻车的杂物清理工作）每车作业时间约为 7 min，总体运行效率低。

由于现有毛桥翻车机机械结构原因，经常发生大块毛石卡住翻车机、砸坏部件等情况，需要人员沿斜坡上至桥坡顶端卸载点进行故障处理，毛桥卸载点距地面 17 m 且为悬空结构，故障处理过程中难度大、风险高，加之斜坡卷扬存在跑车风险，翻毛作业属于高风险工艺环节。

10.1.3　无人翻毛必要性

龙首矿毛石拉运及翻卸全部由人员现场完成，新 2 号副井提升至地表 1703

水平的 2.3 m^3 毛石重车在井口由人工用链环和插销串接，串接后的矿车连接电机车进入有轨运输系统，通过人员驾驶电机车将毛石车拉运至毛桥，再经毛桥的斜坡卷扬单车翻车机人工操作进行翻卸。

(1) 原系统情况

① 生产方面：新 2 号副井为双层罐笼，每班最大提升毛石量为 120 车；运输系统每趟牵引 15 台矿车，单趟运行时间 20 min，完全满足提升毛石量的拉运任务；斜坡卷扬单车翻车机每翻一台车需要 7 min，每天最大翻毛量 200 车，已成为阻碍井下毛石翻卸的主要环节，影响矿山建设工程进度。

② 设备方面：副井系统已实现自动化集控，车场摘挂车限于工艺和车辆结构，人员现场操作；运输系统电机车为 7 t 电阻调速电机车，属高耗能淘汰产品；毛桥斜坡卷扬单车翻笼建于 20 世纪 80 年代，设备老旧，翻车工艺落后，斜坡单绳卷扬存在较大安全风险。

(2) 存在的问题

针对毛桥斜坡卷扬单车翻车机翻毛效率低、安全风险高等问题做重点分析：

① 老毛桥自 1992 年投用 30 年以来，仅在 2015 年对电控系统进行了改造，其余设备主体部分均未进行任何升级改造，毛桥存在桥架倾斜、主体钢梁金属老化等问题。目前，毛桥卷扬机主电机已被列入高能耗设备目录，属淘汰设备。

② 满足有轨出毛的需要，目前毛桥每天翻毛车数为 200 车，已经达到毛桥最大生产能力，随着龙首矿产量增加，井下开拓、采准、返修等项目随之加快进度，出毛量将进一步增加，毛桥将无法满足出毛需求，最终成为提升井下出毛系统产量的瓶颈。

③ 毛桥运行每班需要 3 名操作人员，人力成本消耗较大；设备老化、长期满负荷运转导致设备维修量较大；由于卷扬机为特种设备，需要定期检验，也需要消耗部分资金成本。

④ 毛桥采用的工艺导致风险点较多，风险防控难度大；加之翻毛过程中经常出现由于大块毛石造成的翻车机卡在卸载点上或将部件砸坏，需要操作人员和维修人员到距地面 17 m 的悬空卸载点进行处理或检修，存在较大的安全风险。

因此，对毛桥及翻毛系统进行改造十分必要，且改造的需求十分迫切。

10.1.4 无人翻毛需求

由以上分析可知，翻毛系统已不能满足生产需求，且存在巨大安全风险，亟须改造；有轨运输系统也存在设备不符合要求、工艺落后等问题，需要升级。

翻毛系统：虽受毛石存放和地形限制，但根据斜坡卷扬存在的问题，斜坡卷扬翻车机显然已不能适用于当前毛石翻运系统，需从工艺设计、设备选型方面全方位改造；结合目前和有轨运输系统匹配的常规翻毛系统，水平翻车机结构可解决以上问题。

运输系统：毛石拉运电机车为电阻调速，不满足节能设备要求，需要更换为变频调速电机车；出矿运输系统已改造为无人驾驶，同处在一个运输系统中的出毛运输还是传统的人员本地操作，与运输系统一体化智能管控的目标不相符，应升级改造为毛石无人拉运系统。

综上所述，毛石翻运系统应在工艺升级的基础上向全流程无人化方面改造。

10.2 工艺设计

根据毛石无人翻运需求，需解决在有轨运输区段全流程的无人化管控，即从井口重车拉运开始至井口空车段终止，毛石车全流程无人拉运和无人翻毛，实现运输全过程无人化。

10.2.1 总体设计

依照前章内容，系统在变频电机车和水平翻车机基础上进行工艺设计。

(1) 传统工艺分析

系统需要解决全流程无人化，就需要梳理传统工艺下需要人员参与的环节，进行逐个技术攻关，实现无人化。

传统毛石拉运可分为四个阶段：一是井口摘挂车拉运阶段；二是运输区段拉运阶段；三是翻毛点拉运阶段；四是翻毛作业阶段。按照以上四个阶段逐一分析。

① 井口摘挂车拉运阶段：当装满毛石车辆通过罐笼提升至井口时，矿车是单个的个体，转至运输系统拉运前，很重要的环节是通过人员对车辆进行连接，目前采取的连接方式为链环串接，过程中如需车辆调整，现场人员通过井口绞车和挡车器配合完成；车辆串接完成后，在前车处由电机车串接牵引，转入有轨运输阶段。需要人员介入的操作为单个车辆的串接(链环的摘挂)、车辆位置的调整(操作绞车拖拽车辆)。

② 运输区段拉运阶段：当电机车牵引毛石重车时，由电机车司机驾驶电机车，向翻毛点行驶，过程中车辆控制、道岔扳道等均由现场人员完成，当车辆行驶

至翻毛点车场重车道，进入下一个阶段。需要解决的问题为道岔的自动扳道和电机车的无人驾驶。

③ 翻毛点拉运阶段：当车场重车道最后车辆通过道岔停车后，由扳道工转换道岔方向，并指挥电机车司机将毛石车顶入翻车机重车道，并将车头和毛石车摘解，毛石车进入翻毛作业环节，电机车通过车场轨道行驶至空车道，串接翻毛完成的空车拉运至井口车场。

④ 翻毛作业阶段：当毛石车停放在翻车机重车道时，由翻毛人员将毛石车摘开，形成单个的个体，然后通过推车机将毛石车推入翻车机，启动翻车机进行翻毛，毛石翻完后的空车，由下一个重车进入翻车机时顶出，进入空车道，依次循环，完成毛石的翻卸。该环节推车机操作和翻车机内车辆的定位全部由人员完成，且车辆的摘挂也全部由人员现场完成。

(2) 需要解决的问题

在当前工艺条件下，电机车可改为变频电机车，翻车机可采用水平翻车机.基于此，需要人员介入的场合为：毛石车的摘挂、驾驶电机车、扳道、翻毛作业等；需要解决的问题为：车辆无须摘挂或自动摘挂、电机车无人驾驶、自动扳道、自动翻毛等。

根据需要解决的问题逐个分析：

① 毛石车的摘挂：该环节可从两个方面考虑，一是可否做到无须摘挂，二是可否做到自动摘挂。摘挂车方面：经工艺分析，井口提升机单个提车，车辆必须分离；翻毛点摘挂车最大的限制在于单车牵引车辆的转向，毛石车之间使用同轴链环可实现不分离情况下的翻毛，电机车转向可通过运输工艺设计实现。自动摘挂车方面：目前车辆使用单轴链环结构，尚无自动摘挂车案例，加之工艺限制，不易实现自动摘挂车。

② 电机车无人驾驶：该技术应用成熟，可通过技术实现。

③ 自动扳道：同上。

④ 自动翻毛：尚无应用先例，根据水平翻车机运行原理，基于电机车无人驾驶，可通过自动化技术、车辆定位技术等实现无人自动翻毛。

(3) 总体工艺方案设计

如图 10-3 所示，通过新式水平翻车机的安装改造，设计单车牵引自动转向的运行工艺及轨道系统，在井口外不摘挂车辆的前提下实现电机车的拉运和翻毛；基于更换的变频电机车，通过电机车自动控制改造，利用成熟的检测、计算机、通信、视频监控及精确定位等先进技术，形成电机车自动控制系统、精确定位系统、电机车运行保护系统、自动翻毛系统、通信系统、视频监控系统等，实现有轨运输电机车的无人驾驶和自动翻毛；提运交界处建立集控室，兼顾井口本地操作和运输系统无人操作，结合原 1703 矿石拉运无人驾驶系统，利用先进算法及上位软件，实现龙首矿 1703 有轨运输系统全流程一体化管理和智能化管控，进一步提高龙首矿生产效率及安全生产管理水平。

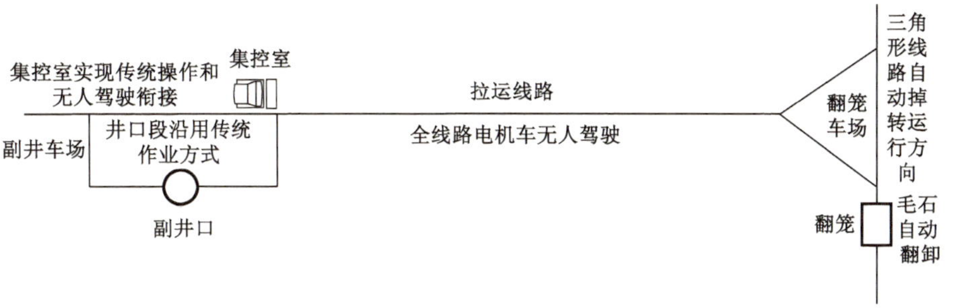

图 10-3　毛石无人翻卸工艺设计图

10.2.2　井口段拉运工艺

井口段涉及从提升系统向运输系统的过渡，包括人工操作向无人驾驶的转换；根据井口段的工艺属性，在井口段重车道岔口处（即提升系统和运输系统的交界处）建立集控室，作为两种模式的转换点，在此基础上设计井口段拉运工艺。

重车段工艺：毛石车从提升罐笼推送至轨道开始，由井口操作人员用链环将矿车逐个串联，因轨道长度及拉运载荷限制，限定每列最多可连接 14 节矿车，当所有车辆用链环连接好后，由电机车司机本地驾驶电机车，和井口人员配合，将电机车和连接好的矿车用链环串接，由电机车牵引矿车行驶至无人驾驶起始位置。

空车段工艺：当翻完毛石的空车牵引至停车点后，转为本地驾驶，由电机车司机驾驶电机车，牵引空车驶向井口空车道，在空车道停车点将车辆链环摘解，由料车专用电机车配合，将矿车牵引至料场装料或直接供往井口。

10.2.3　翻毛段拉运工艺

翻毛段要实现毛石车的无人拉运，需解决单机牵引电机车在不摘挂车的情况下即可实现自动转向，避免长距离顶车，还可实现不摘挂车翻毛。

（1）车辆自动换向

传统的自动转向轨道模式为环形轨道，通过车辆的回转运行，达到换向的目的。但该方式占用空间较大，对场地要求高，根据实际地形情况，现毛桥场地不具备建立环形车场的条件。

根据项目需求及现场实际条件，设计三角形轨道模式，通过道岔变换方向和电机车前后运行操作配合，实现小范围内的车辆换向。具体设计如图10-4所示。

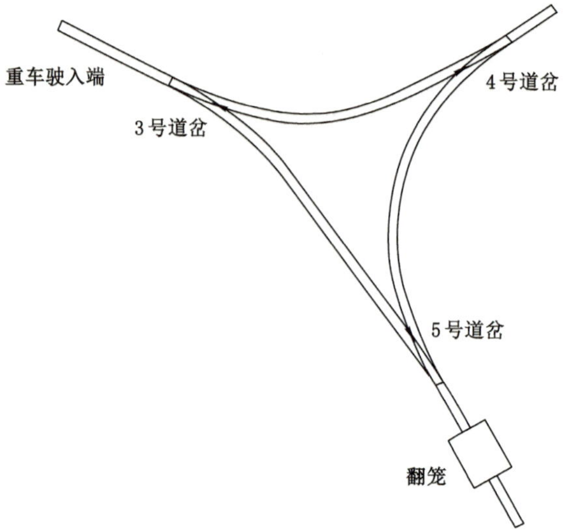

图10-4　翻笼三角形车场轨道结构示意图

当重车驶入3号道岔后，向4号道岔行进，当车辆完全过4号道岔后停车，4号道岔换向至5号道岔方向，车辆启动换向顶车，当将所有矿车顶入翻笼时停车后，此时将5号道岔切换至3号道岔方向，电机车换向牵引车辆，通过牵引翻毛作业，作业完成后，电机车沿着5号道岔至3号道岔方向行驶，换向完成。

(2) 毛石车不摘挂车翻毛

矿车为单机牵引，根据翻笼结构，矿车进入翻笼须顶车进入，因此，在三角形轨道基础上，翻笼位置确定在其中一角延伸线上，可确保电机车顶车进入。

翻车时，因链环结构，需要在翻车过程中对车环保持张紧力，确保插销反向时不至于掉落，因此，翻车工艺采取拉运翻车，即重车全部顶入翻笼后，由电机车牵引逐个定位翻车。

10.2.4　控制工艺

控制部分包括三方面内容：一是控制核心的建立，即集控室的建立及功能性要求；二是电机车的控制，包括远程控制及全程无人驾驶；三是翻笼的控制，包括远程控制及全自动运行。具体设计如图 10-5 所示。

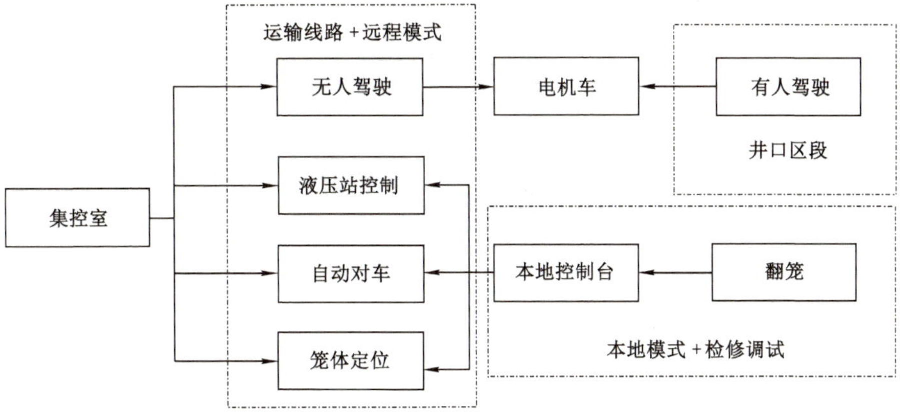

图 10-5　毛石无人翻卸控制系统结构设计图

（1）控制中心

根据工艺设计，毛石拉运及翻卸可分为三个工艺段：一是井口段，本段完全由人员本地完成，集控室操作人员须介入完成该段操作任务；二是电机车拉运阶段，该阶段可通过电机车远程操控或自动运行完成，集控室需具备电机车远程操控功能；三是翻毛场地阶段，该段由道岔的切换、电机车控制、翻笼控制等需求，集控室均具备以上功能要求。

综上所述，根据第一阶段任务，集控室应建立在井口提升系统和运输系统交叉处，即 2 号道岔处，人员可兼顾本地操作和远程控制的就地切换，集控室如图 10-6 所示。在控制方面，应具备电机车控制、道岔切换、翻笼控制等功能。为便于实时查看现场情况，建立视频监视系统，集控室可随时查看现场情况。

（2）机车控制

根据井口段和拉运段需求特点，在 2 号道岔处设立停车点，即本地与远程切换点，当重车本地驾驶由井口至 2 号道岔停车点时，司机将车辆转至远程模式，并下车至集控室，在集控室操作电机车运行。

2 号道岔至 3 号道岔间，按照区段速度设定自动运行，依据速度设定原则，直线段 10 km/h，弯道处 6 km/h，道岔处 3 km/h，顶车时 2 km/h，翻笼翻毛拉运时 1 km/h；当车辆由 3 号道岔驶向 4 号道岔后，在 4 号道岔终端处自动停车，此时，集控室确认 4 号道岔处车辆是否完全通过，并远程扳道，将 4 号道岔切换至 5 号道岔方向；同时，电机车启动并切换方向，将车辆缓慢顶至 5 号道岔，进入翻笼。

图 10-6　1703 毛石无人翻运集控室

当翻毛开始后，电机车变为牵引运行，同时 5 号道岔切换至 3 号道岔方向，翻毛完成后，电机车牵引毛石空车驶向井口，速度按照系统设定速度运行，至 2 号道岔停车点时停车，转换为本地模式，由人员驾驶向井口或料场供空车。

(3) 翻笼控制

翻笼作业时，应做好两方面工作：一是确保车环具有张紧力；二是毛石车在翻笼内的定位。毛石车在翻转翻卸毛石时，当车辆旋转 180°，插销大头朝下，需确保车辆之间保持张紧力作用，防止插销掉落；毛石车在翻笼内时，需保持沿翻笼中心轴向的定位，确保翻转过程中移位卡顿造成设备故障。

根据车辆结构及翻卸工艺，设计挡车器＋电机车双向控制的结构，既可实现车辆连接链环的张紧力，又能对车辆进行轴向定位。当电机车将第一个毛石车顶入翻笼时，由挡车器限位，电机车持续给予向前牵引力，达到车环张紧和车辆在翻笼内定位的作用。当第一个毛石车翻卸结束后，松开挡车器，车辆向前牵引，当第二个毛石车进入翻笼后，挡车器闭合，进入第二个毛石车翻卸过程，依次循环，完成所有车辆的翻卸。

10.3　机车拉运系统

无论矿石拉运或毛石拉运，无人驾驶电机车在基本原理方面是一致的，内容已在第 6 章详述，本节不再赘述。本节重点对毛石拉运无人驾驶电机车一些特性和特殊工艺点做分析阐述。

10.3.1　电机车更换及配套改造

项目实施前，龙首矿 1703 水平毛石翻运系统有两项重要背景：一是电机车为电阻调速电机车，需更换为变频调速电机车；二是直流架线电源为 DC 250 V，需调整为 DC 550 V。以上两项内容为毛石拉运无人驾驶电机车所需解决的问题。

（1）新电机车主要参数

电机车黏重：10 t。

控制方式：计算机智能牵引控制。

调速方式：直-交变频调速。

电压：DC 550 V。

轨距：600 mm。

轴距：1 220 mm。

轮径：ϕ680 mm。

牵引高度：430/320 mm（插销式结构）。

受电弓工作范围：1 800～2 400 mm（气动升降，滚动受电器，滚筒宽度 600 mm）。

在此基础上，对电机车进行了无人驾驶改造，具体参考第 6 章内容。

（2）架线改造

原出毛线路架线电源由单独直流柜供电，现直流电压和出矿电机车直流电压统一后，将出毛架线直流电源和出矿架线直流电源统一。具体实施为：在变电所直流屏供电电源线接出后，进入总控制分区开关，在此开关处并联接出单独电源线，并串接分区开关，由此分区开关电源接入至出毛线路架线供电，即可保证出矿出毛线路供电同源，又能做到分区管控，做到故障时独立供电。

10.3.2　5G 网络延伸

因毛石无人翻运系统建设较晚，和出矿无人驾驶系统不同步，受毛石翻卸场地限制，原 5G 网络未能完全覆盖，需重新组建 5G 网络。

组网方面：根据理论计算站间距，经过现场实地勘测，现选定 2 个站址，分别在维修大厅和桥头，每个站址各 2 个扇区，新增电缆、光缆等全程沿架线拉线杆敷设。具体点位如图 10-7 所示。

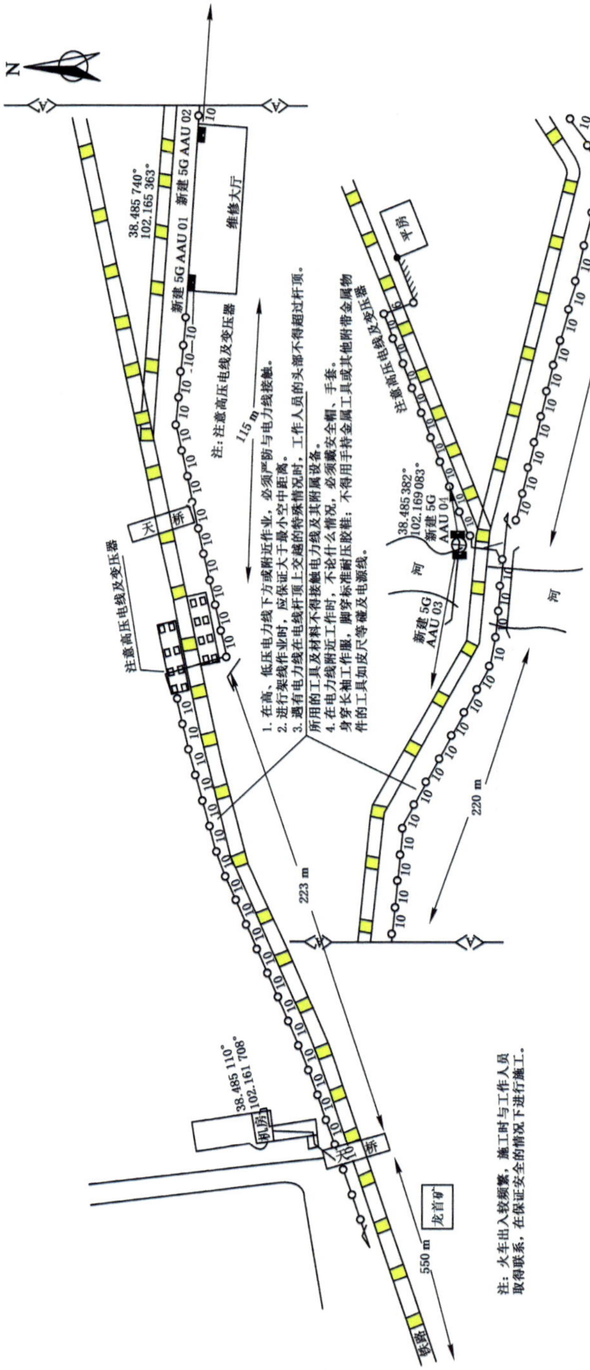

图 10-7 毛石拉运轨道 5G 通信组网示意图

目前，2 个物理站址的 5G 设备需要重新引电。共计 4 个 5G 设备。其中，每个 5G 设备为 1 100 W，共计总功率 4 400 W，总电流为 32 A，根据通信电源用耐火阻燃软电缆参考载流量表，选择总输入电源线为 RVVZ-3×10 mm^2。

车载系统和出矿电机车 5G 车载系统一致，可参照第 5 章内容。

10.3.3　道岔联锁控制

道岔需实现远程控制功能，功能需求和出矿"信集闭"系统道岔系统一致，道岔改造主要有转辙机安装、红绿灯安装等，具体可参照第 7 章内容。

控制工艺需和出毛系统运行工艺匹配，因此，道岔联锁控制方面，需实现电机车和道岔的匹配化联锁。

1 号道岔：该道岔在井口段，属本地驾驶范围，扳道有本地和远程两种模式，无自动联锁功能；本地模式下，在本地控制箱直接操作，实现道岔切换；远程模式下，在集控室上位控制画面切换。

2 号道岔：该道岔和 1 号道岔类似，控制功能同上。

3 号道岔：3 号道岔在翻毛拉运阶段，属翻毛车场的进车端第一个道岔，扳道有本地、远程和自动三种模式，本地和远程功能同上。自动模式下，和电机车进行联锁控制，当电机车在非翻笼车场，选择"4 号道岔终端"目标点，可在 3 号道岔前 120 m 触发道岔切换指令，实现道岔自动切换；当电机车在翻毛结束后，目标点选择"井口"，可在直接触发道岔切换指令，实现扳道。其他位置均无联锁控制。

4 号道岔：4 号道岔在翻毛拉运阶段，属翻毛车场的进车端第二个道岔；因 4 号道岔为翻笼车场的换向关键道岔，考虑单机牵引车辆尾车不易定位问题，该道岔只设计本地和远程两种模式，无自动模式。

5 号道岔：5 号道岔在翻毛拉运阶段，属翻笼前的关键道岔；道岔控制设计有本地、远程和自动三种模式，本地和远程功能同上。自动模式下，和电机车运行及翻笼运行联锁控制。当电机车将毛石车顶入翻笼停车后，车辆方向选定为井口方向时，5 号道岔自动切换至 3 号道岔方向，同时允许翻笼操作，当道岔方向不对时，电机车和翻笼均联锁不能启动。

10.3.4　单机牵引控制

毛石拉运电机车和矿石拉运电机车运输工艺本质不同，矿石拉运电机车为双机牵引折返式运行模式，毛石拉运电机车为单机牵引模式。因此，其无人驾驶系统控制工艺有显著差异。

根据毛石拉运工艺设计，无人驾驶毛石车辆有三个作业区域，也设计三个控制工艺转换点(井口本地/远程转换点、4 号道岔终端顶车转换作业点、翻笼翻毛作业点）。控制工艺转换点最大的不同就是车辆方向的选择和运行方式的不同。因此，根据控制工艺差异及控制工艺转换点，设计三个电机车运行目标点位，即井口、4号道岔终端、翻笼三个目标点。车辆根据三个目标点可确定行进方向，实现单机牵引车辆的模式转换、作业工艺转换、行车方向转换等，达到单机牵引车辆控制目的。

10.3.5 翻车牵引控制

翻车过程需要翻笼和电机车同时联动控制，当电机车将毛石车顶入翻笼开始，进入翻毛过程，翻毛开始前，需将第一个车进行对位校准，此时，由操作人员远程操作电机车进行顶车作业，当第一个车进入翻笼后，并将挡车器准确地阻挡在翻笼后第二个矿车车轮之间时，第一个车对车完成，此时进入下一个阶段——翻毛作业。

翻毛作业开始时，电机车方向转换（如方向和井口方向不一致，翻笼联锁不动作），此时选择全自动模式，车辆点动前行，当检测位置不变时，气制动抱闸停车，给予车环张紧力，翻笼开始翻转；当翻笼翻转一周完成后，挡车器自动打开，联锁电机车前行，第二辆车至翻笼定位后，重复以上动作，直至毛石车全部翻卸完成。当毛石车全部翻卸完成后，电机车转为全自动模式，向井口方向牵引行进。

10.4 翻车机

翻车机是实现毛石无人翻运的重要设备，由10.1节内容可以看到，翻毛系统由原来的斜坡卷扬翻毛改造为翻车机翻毛是无人翻毛项目改造的重要内容。翻车机结构原理简单，但无人翻毛国内尚无先例，有许多未知工作需要探索。基于对无人翻毛过程中的工艺设计，翻车机本体结构应具备远程控制、笼体精准翻转、挡车机精确控制等功能。本章对翻车机本体结构进行分析，达到适配无人翻毛的目的。

10.4.1 传统翻车机功能结构分析

如图10-8所示，传统翻车机由人员现场操作，其结构简单，车辆定位、笼体定位、笼体驱动等均需人员现场操作，系统保护功能单一，如实现远程翻毛操作，还需对传统翻车机详细结构及工艺分析基础上进行适配性改造。

（1）翻车机结构

翻车机主要由基座、托辊、轴承座、笼体、电机、减速器、抱闸、挡车器等组成；基座固定下翻笼基础上，构成了翻车机的承重核心；基座上固定托辊、轴承座等，

图 10-8　传统翻车机

托辊分为主动托辊和被动托辊，托辊由轴承座支撑，被动托辊在轴承座的支撑下可自由旋转；笼体两边轴向贯通踏面支撑在托辊踏面上，形成笼体旋转的接触面；电机、减速器配套连接在主动托辊轴上，形成翻笼的动力驱动系统，抱闸装置配套在制动轮联轴器上，实现驱动系统的制动控制；挡车器在翻笼笼体出车端，由操作人员手动操作，实现车辆的定位。

(2) 翻毛操作

传统翻车机属现场人工操作，站位为挡车器操作位置，当毛石车进入翻车机笼体后，现场操作人员打铃指挥电机车运行(一声停、二声前进、三声后退)，行进过程中将挡车器准确推入轨道，同时响铃停车，将车辆进行定位，然后操作手进行翻车操作。翻车操作靠作业点按钮开关，按钮开关由“正转、反转、电铃、制动”等按钮组成。翻车时，根据现场情况，选择“正转”或“反转”启动翻车机，按钮为“点动”模式，翻毛完成后松开按钮，笼体靠自重回位，如需制动，则按下制动按钮，制动抱闸动作；翻笼回正后，操作人员手动摘除挡车器，打铃指挥车辆前进，进入下个车辆的翻车程序，依次循环。

(3) 工作原理

传统翻车机属现场人工操作，当车辆进入翻笼，挡车器人员操作定位后，现场人员按钮翻车指令，按钮控制驱动电机接触器，此时电机接触器吸合，电机驱动减速器开始运转，带动主动托辊旋转，主动托辊依靠旋转过程中和笼体踏面的摩擦力带动笼体周向旋转，当旋转180°时，毛石车翻转开口向下，将毛石全部翻卸，此时可松开启动按钮，笼体靠惯性继续旋转，当旋转360°时，翻卸完成的毛石空车回位到初始状态，并由笼体自重回归到初始位置，如惯性过大需要制动控制，可按下制动按钮，联锁抱闸控制线圈，制动主动托辊轴转动，带动托辊反摩擦力作用，使得笼体快速制动定位。

(4) 优缺点分析

优点：结构简单、操作简便，笼体和托辊间靠摩擦传动，具有一定的过载保护作用。

缺点：人员现场操作安全性差、笼体翻转控制不精准、车辆不易定位、过分依赖人员经验辨识操作，自动化程度低。

(5) 系统需求分析

根据工艺需求，新翻车机应具备远程控制、笼体翻转控制、笼体定位控制、挡车器控制等功能需求。远程控制方面，传动电驱传动系统可实现远程控制，但挡车器属手动操作，需要进行改造。笼体精确控制方面，笼体翻转靠托辊和笼体踏面间摩擦力，一旦摩擦力不够时，如负荷加大、冬季踏面结冰等，笼体翻转不易控制，不能实现精准控制，需要改造。笼体定位方面，传统靠自重进行定位，定位误差受车辆重心影响较大，需要人工多次对位，在远程控制中存在对位难题，将出现联锁反应车辆拉运掉道等问题。其他保护及定位方面，由人员辨识的部分均需要由自动检测和控制装置完成，系统对翻车机机械机构要求较高，在传统翻笼基础上，改造点较多。

10.4.2 总体设计

综合翻车机具备远程控制、车辆精确定位、笼体精准控制等要求，如图10-9所示，新翻车机动力系统采用液压动力，应用液压马达、液压缸等执行机构，实现所有执行点的远程控制；传动系统采用齿轮传动结构，可实现笼体的精确控制；依托液压系统液压缸应用特点，实现挡车器的远程精确控制及车辆定位。

10.4.3 传动结构设计改造

(1) 传动系统概述

机械传动是指利用机械方式传递动力和运动的传动。主要分为两类：一是靠机件间的摩擦力传递动力的摩擦传动；二是靠主动件与从动件啮合或借助中间件啮合传递动力或运动的啮合传动。

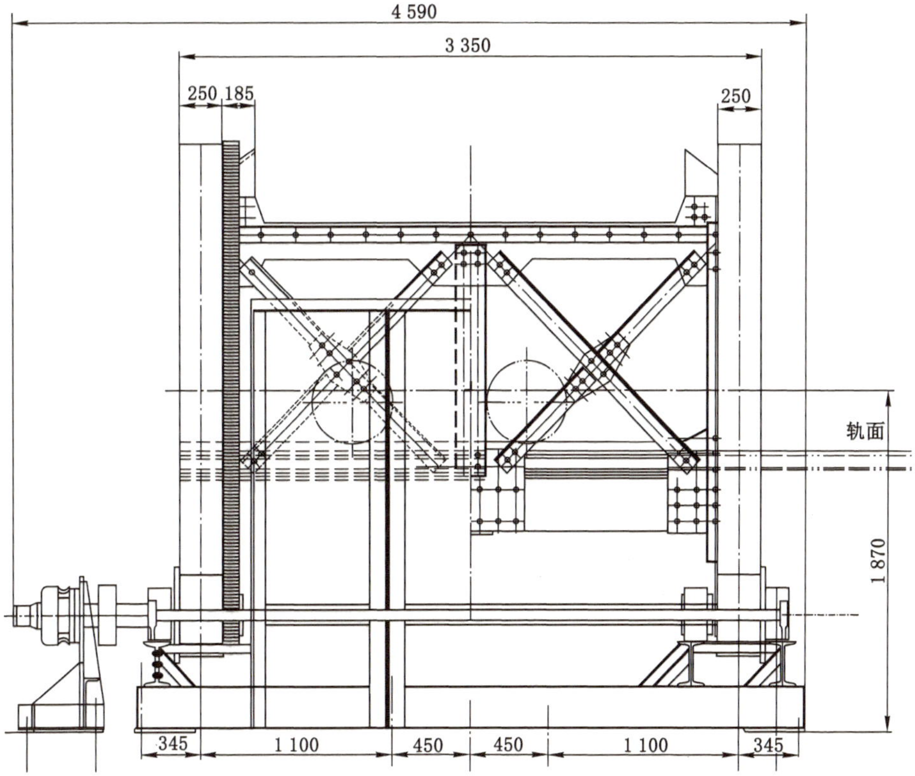

图 10-9　新式翻车机结构示意图

摩擦轮传动是利用两轮之间相互压紧所产生的摩擦力传递运动和动力的传动。其优点是:结构简单、制造容易、运转平稳、过载可以打滑(可防止设备中重要零部件的损坏)。缺点是:运转中有滑动、传动效率低、结构尺寸较大、作用在轴和轴承上的载荷大,所以只宜用于传递动力较小的场合。

啮合传动主要有两类:齿轮传动和链传动。

齿轮传动的适用范围很广,传递功率较大,主要的优点是:工作可靠、使用寿命长;瞬时传动比为常数、传动效率高、结构紧凑、功率和适用范围很广等。缺点是:齿轮制造需专用机床和设备,成本较高;精度低时,振动和噪声较大;不宜用于轴间距离较大的传动等。

链传动是在两个或两个以上的链轮之间用链条作为挠性拉拽元件的一种啮合传动。与带传动比较,链传动的主要优点是:没有滑动;效率较高,$\eta \approx 98\%$;不需要很大的张紧力,作用在轴上的载荷较小;能在温度较高、湿度较大的环境中使用等。缺点是：只能用于平行轴之间的传动；瞬时速度不均匀，高速运转时不如带传动平稳；不宜在载荷变化很大和急促反向的传动中应用；工作时有噪声等。链传动与齿轮传动相比，其主要特点：制造和安装精度要求较低；中心距较大时，其传动结构简单；瞬时链速和瞬时传动比不是常数，传动平稳性较差。链传动除广泛用作定传动比的传动外，也能做成有级链式变速器和无级链式变速器。

综上所述，翻车机精确控制应采用齿轮传动。

(2) 笼体齿轮传动应用

翻车机笼体为中空被动旋转体，在笼体支撑面踏面保留的情况下，齿轮啮合面只能在笼体外侧。因此，设计笼体外侧齿轮圈，配套平行于笼体中心驱动轴的一级齿轮，实现笼体的齿轮啮合传动。

在一级齿轮设计方面，由于4个角托辊踏面必须保留，因此在托辊基础上延长托辊轴，在托辊内侧预留齿轮安装空间，安装一级齿轮，在原结构不做重大调整基础上，将驱动电机、减速器更换为液压马达，实现主动托辊轴带动下的尺轮啮合传动。

该结构原摩擦传动继续保留，只是并行啮合传动，使得啮合传动为主、摩擦传动为辅，实现了笼体的精确传动控制。

传动比核算：

传动比＝从动轮齿数/主动轮齿数＝主动轮转速/从动轮转速

即：

$$i = z_2/z_1 = n_1/n_2$$

笼体采用对齿轮结构，因此采用对齿轮传动比计算。

翻笼笼体转速按照传统翻笼计算，笼体转速为8 r/min，液压马达转速为44 r/min，因此，笼体齿轮传动比 $i=44/8=5.5$。

根据齿轮传动比选择对应的齿轮及齿数，参照标准齿轮规格型号表，选择 $z_1=25$ 和 $z_2=135$ 齿轮。

齿轮传动比：$i=z_2/z_1=5.4$，反推笼体转速为8.15 r/min，满足翻笼转速要求。

新翻笼现场应用如图10-10所示。

10.4.4 动力结构

工业驱动系统按动力源可分为液压、气动和电动三种。

液压技术是一种比较成熟的技术，具有动力大、力(或力矩)与惯量比大、快速响应高、易于实现直接驱动等特点，适于在承载能力大、惯量大等场合。但液压系统需进行能量转换，效率比电动驱动系统低，液压系统的液体泄漏会对环境产生污染，工作噪声也较高。而气动驱动则是相反，具有速度快、系统结构简单、

图 10-10　翻车机现场应用图

维修方便、价格低等特点，适于在中、小负荷的工业控制中采用，但难于实现伺服控制。电机驱动技术较简单成熟，这类系统不需能量转换，使用方便、控制灵活，是目前应用最广泛的驱动系统，但都与减速器相连，直接控制较为困难。

翻笼控制具有动力大、惯性大、驱动点多等特性，综合以上驱动系统特点，选择液压驱动系统。

根据驱动点，选择液压驱动执行方式。笼体旋转驱动属于转动驱动，由于所需动力大、惯性大的特点，选择液压马达作为驱动执行结构；挡车器和定位销等驱动点属于曲柄导杆机构，采用液压缸作为驱动执行元件。远程控制方面，液压驱动系统配套使用电磁阀系统，可采用远程控制电磁阀体实现执行机构的远程控制。

10.4.5　笼体定位原理分析

传统翻车机笼体靠自重实现静态定位，但受制于毛石车的重心及旋转惯性变化，笼体不能及时静止或静止后笼体不正，笼体内轨道和外轨对接不准确，造成车辆掉道等问题发生。因此，笼体须配置定位系统，确保回正时克服惯性及时静止，或静止后轨道对接精确，确保后续车辆行进的安全。

笼体具有正转和反转两种旋转方式，定位系统须克服正转和反转两种惯性力量，因此，定位系统应实现两个方向的限位。另受惯性影响，定位瞬间存在惯性冲击，须设计缓冲结构，对冲冲击力带来的刚性冲击。根据笼体结构及运行特点，设计对称式挂钩结构，实现笼体正反转静态定位。

如图10-11所示，定位机构由连杆、轴座、弹簧、定位挂钩、定位板等组成，定位板安装在笼体边沿，轴座安装在翻笼底座上，中间转轴固定在挂钩中间，形成挂钩的回转中心，弹簧嵌套在挂钩上；当笼体运行至静态中间位置时，定位板旋转在笼体最低点，此时液压缸带动连杆动作，连杆带动挂钩实现回转上翘，将定位板钩住，实现笼体回转方向的限位；笼体对侧镜像安装一套同样的定位挂钩装置，可实现相反方向的笼体回转定位，实现笼体的双向定位。

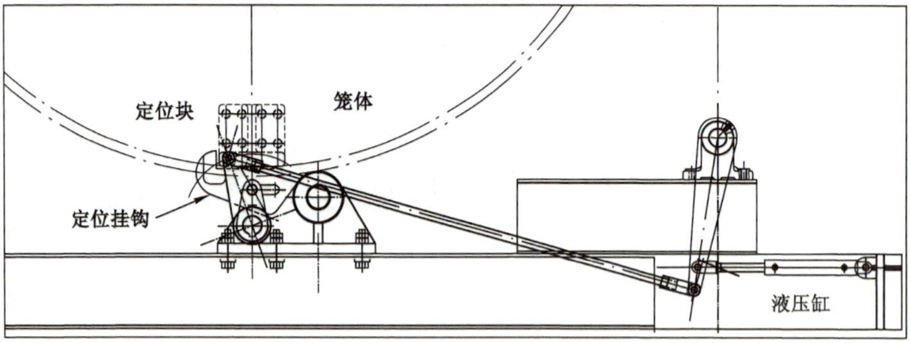

图10-11　翻车机定位挂钩结构图

10.4.6　挡车器控制原理

车辆挡车器应用较为成熟，挡车器由挡头、轴、轴座、弹簧等组成。挡头安装在一侧轴头上，轴固定在两个滑动轴承座上，挡头和就近轴承座之间嵌套缓冲弹簧，轴可在滑动轴承中轴向运动。应用时，通过轴的回转运动将挡头回转至轨道面，阻挡车轮，达到挡车的目的。当反向回转时，挡头打开，轨道清空，车辆可自由通行；当挡头阻挡车辆时，会受到车辆运行的冲击，挡头通过弹簧的缓冲，可使挡车器避免刚性冲击。

根据挡车器曲柄导杆机构工作原理，设计液压缸作为执行结构，连接挡车器轴一侧的曲柄，当挡车器启动时，液压缸动作，带动曲柄回转，曲柄带动挡车器轴回转，实现挡头的阻挡或打开，达到挡车器控制的目的。

10.5　一键翻毛控制系统

根据工艺设定，当第一节毛石车在笼体内对位完成后，系统进入翻毛阶段。翻毛前，首先将液压系统启动正常运行，观察压力正常后，转为自动运行模式，即一键翻毛阶段。

10.5.1　总体工艺设计

在液压系统运行前提下，根据笼体静态定位检测，定位挂钩处于锁闭状态，检测毛石车在笼体内位置准确、无凸出笼体等问题，当实现以上功能时，按下“一键翻毛”按钮，翻笼带动毛石车翻转，实现毛石的翻卸；当翻卸完毛石后，车辆定位挡车器打开，触发电机车前行，当电机车运行过一辆毛石车时，挡车器闭合，定位第二辆车载笼体内，重复第一列车的检测流程，实现一键翻毛。具体流程图如图 10-12 所示。

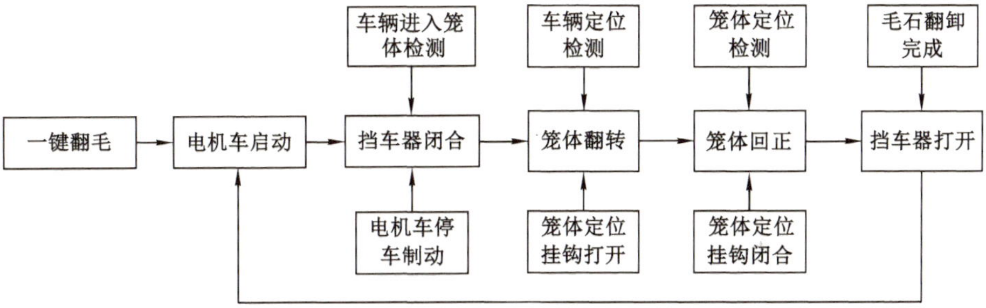

图 10-12　一键翻毛总体工艺设计图

10.5.2　笼体静态定位检测

笼体定位装置安装在翻笼基础坑内，位于轨道水平面下方，操作人员无法观察，需通过回转检测进行定位动作。定位检测也须通过检测开关，并联锁指示灯等，实现定位装置的联锁控制。

回转检测联锁：当翻笼回转至静态时，因惯性会反复摆动，但静态位置只有一个，因此，采用光电开关和反光板的形式，将反光板安装在笼体静态位置处，光电开关安装在笼体外，当笼体回转至静态位置时，检测开关检测到信号，则联锁挂钩液压缸动作，实现挂钩启动定位。

挂钩定位联锁：定位挂钩脱离和定位锁钩处于两个状态，因此，利用连杆位置状态的变化，采用接近开关检测连杆位置的变化，确定挂钩处于脱开或者锁闭的状态，并联锁翻笼外的红绿灯，可实现锁钩状态的显示。

10.5.3 车辆定位检测

车辆定位靠挡车器锁闭和电机牵引控制，车辆定位一是要采集挡车器锁闭信息，二是要采集车辆在笼体内的信息。

① 挡车器状态信息采集：为使挡车器状态实时检测，根据挡车器曲柄连杆的位置状态信息，采用接近开关，检测连杆的两个状态位置信息，确定挡车器属于锁闭或打开的状态。

② 笼体内车辆位置确认：当车辆在笼体内，需确保笼体回转面不能有障碍，即笼体内车辆不能因环子失效或其他异常原因超出笼体两端回转面，因此，在笼体两端回转面各加装一个光电开关，发射光贯通回转面，通过反射光的通断确定回转面是否有障碍物阻挡，达到笼体内车辆定位的目的。

10.5.4 翻毛联锁控制

翻车机和毛石车配合过程中有两个状态：一是翻笼静止，车辆运行；二是车辆静止，翻笼回转。以上两个过程中，笼体和车辆状态均不允许出现误差，需要相互间联锁配合。

① 笼体静止联锁：当车辆运行时，笼体须保持静止状态，根据机械结构的特点，笼体静止可由定位挂钩锁闭实现，即车辆运行时联锁挂钩坚决不能打开，确保笼体保持静止状态；在控制系统中，车辆运行信号和锁闭挂钩锁闭信号相互联锁，车辆运行联锁挂钩锁闭，挂钩打开联锁车辆制动。

② 笼体回转联锁：笼体回转过程中，回转面不能有障碍物，须保持毛石车在笼体内，防止车辆移动，因此，该处有两处联锁内容：一是由车辆定位检测可知，在笼体回转面两端安装检测开关，当检测回转面有障碍物时，联锁翻笼立即停止运行，防止障碍物将笼体损坏移位；二是挡车器可限制笼体内车辆或两侧车辆不能在轨道上移动，当挡车器打开时，车辆具备移动条件，联锁翻笼运行，只有当挡车器闭合时，笼体方可具备转动条件。

10.5.5 一键翻毛上位设计

集控室一键翻毛操作有两方面的内容：操作按钮设计和上位画面设计。

① 按钮设计：如图10-13所示，根据翻笼远程操作，按钮操作设计“液压泵启停”“定位杠伸缩”“笼体正反转”“挡车器开闭”“联锁启停”“强制跳转”按钮；在远程自动模式下，当毛石车对位完成后，挡车器闭合时，可按下“联锁启动”按钮，翻笼开启一键翻毛模式；如过程中发现联锁功能出现故障，可按下“联锁停止”按

钮，联锁运行功能取消，转为远程手动模式。

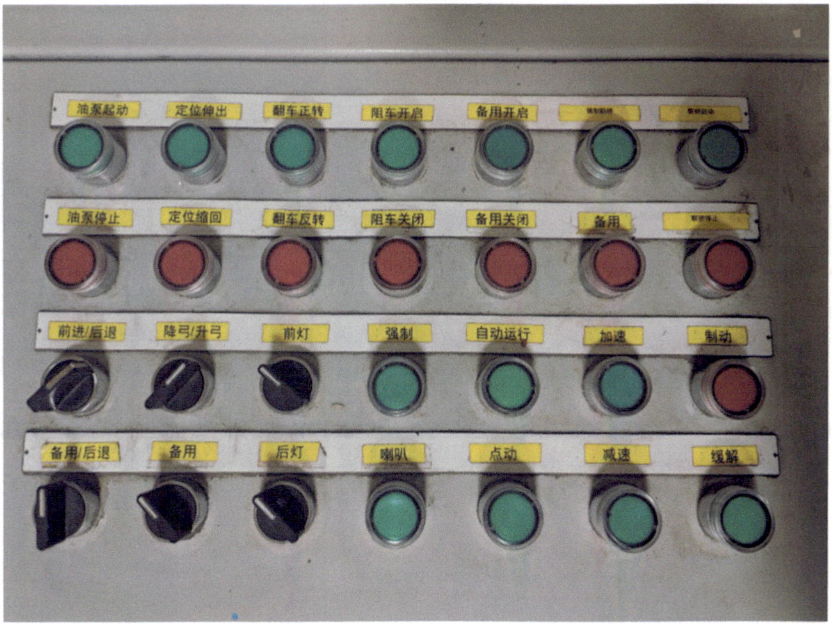

图 10-13　远程控制台图示

在远程手动模式下，保护联锁功能完好，定位挂钩未打开时，笼体不能翻转，挡车器未打开时，车辆不能启动运行，其他功能可独立实现，操作台按钮均可单独操作运行。

② 上位画面设计：如图 10-14 所示，上位画面由两部分组成：翻笼自身运行触摸屏画面和电机车无人翻毛控制画面。

触摸屏画面将翻笼的所有信息直观地展示，包括挡车器位置、定位挂钩状态、笼体状态、液压站状态、模式选择等全部以画面的形式展示，并配套颜色变化，可观察翻笼运作情况，主要针对翻车机进行状态展示。

无人翻毛控制画面中包括翻车机控制上位画面，画面中将翻车机所有的状态信息以指示灯的形式展示，可在观察电机车同时查看翻车机状态；上位还包括翻车机状态选择、笼体转向选择等，对于一键翻毛全流程进行步骤分解，并在自动运行状态下清晰展示当前运行步骤，该画面主要为无人翻毛全系统服务。

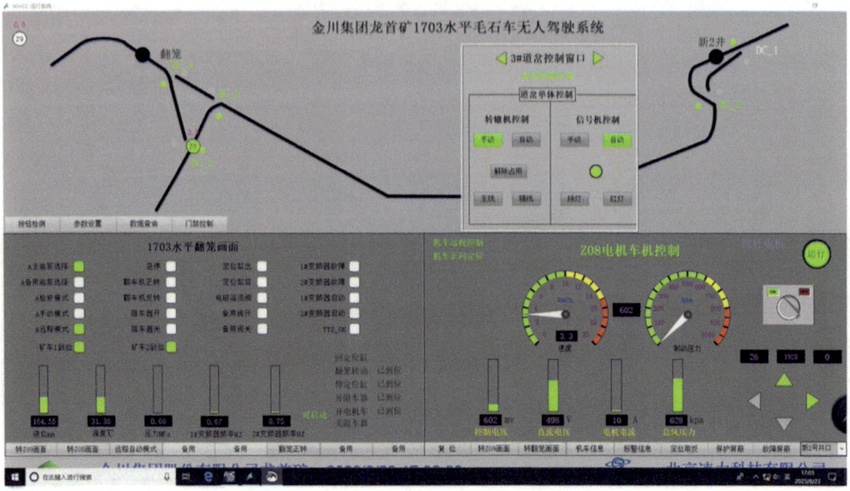

图 10-14 远程上位画面图示

10.6 配套子系统

毛石无人翻运系统除无人驾驶电机车、无人翻车机等系统外，如实现全流程无人驾驶，还需要其他子系统的支撑。本章就其支撑子系统做详细的介绍。

10.6.1 视频监视系统

视频监视系统可在集控室实时查看现场情况，同无人驾驶出矿系统类似，主要分为关键固定点视频和车载移动视频。

① 关键固定点视频：电机车运行线路关键点视频监控主要分布在道岔、弯道、交叉门禁点，采用球机和枪机结合的方式设计，全方位覆盖运行线路。翻车机固定点视频是辅助现场确认的重要方式，关键环节均需覆盖，包括进车端和出车端的两个球机视频，可随时全方位查看翻车机运行状态；液压站和毛石仓安装两个枪机，定点观察现场情况，防止液压站异常泄漏和毛仓毛石量的情况；翻笼下方两侧定位钩处设计两个枪机，可实现关键挂钩的观察确认。以上固定点视频实现了翻笼全方位的视频监控。

② 车载移动视频：电机车安装摄像头可实时采集运行画面，同无人驾驶出矿电机车一致，包括车头前方摄像头和车身摄像头，主要查看车辆运行前方视频画面和受电弓关键点的接触情况。但无人驾驶出毛电机车因工艺不同，单机牵引电机车在每个循环结束后，车辆会调转方向，原车前进方向在下一个循环运行

时变为后方，因此，出毛无人驾驶电机车在车辆后方也增加了安装摄像头，无论车辆方向如何改变，均可实现车辆运行前方的视频实时查看。

10.6.2　门禁联锁系统

门禁系统联锁应用同9.6节内容，在无人出毛系统的应用主要为：① 井口提升系统和运输系统交界处，该处应用平移式开门机，支撑车辆通行；② 在维修大厅门口设计两个侧装平开式门禁系统，主要是人员通行使用。

如图10-15所示，以上门禁均系统配套视频对讲功能和联锁功能，视频对讲在集控室集中控制，可确保人员出入的核对，确保现场无人化。

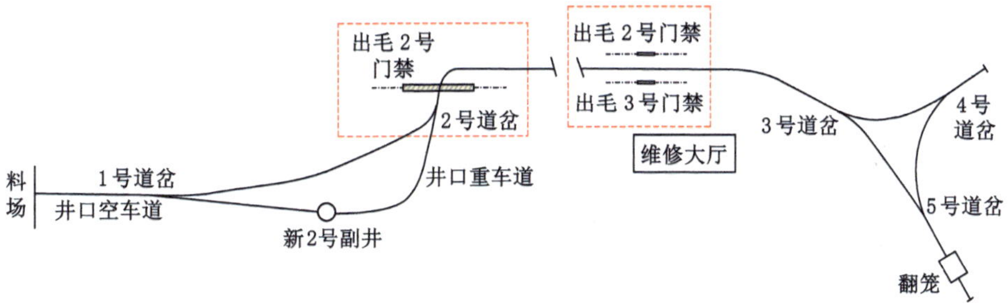

图10-15　毛石翻运线路门禁示意图

因门禁功能不一致，联锁功能有所区别，出毛1号门禁主要为通车，因此，1号门禁关闭时，车辆在门禁前后120 m联锁停车；2号和3号门禁主要是人员的出入，因此，该处门禁联锁电机车运行区域的安全，当门禁无故开启时，立即联锁电机车停车，防止人车交叉。

10.6.3　液压检测与保护

翻车机配套液压驱动系统，液压站是主要的驱动单元。

（1）翻车机液压站的主要功能和参数

液压站是液压控制系统中重要的液压控制单元，翻车机液压站主要由柱塞泵、过滤器、两位三通换向阀、电磁溢流阀、压力表、压力传感器、节流阀、单向截止阀、溢流阀、手动球阀、比例调节阀、截止阀、油位继电器等组成。

马达驱动：为马达提供恒压驱动压力油，使翻车机笼体获得恒定的驱动力矩，驱动笼体正常地运转。

液压缸驱动：为挡车器液压缸、定位销液压缸等提供双向恒压压力油，使液压缸自由前后驱动执行机构正常运行。

调压：液压站可为液压马达提供不同油压值的压力油，油压的变化由电液比例溢流阀来调节。通过改变比例溢流阀的控制电压的大小，可实现系统油压的可调性。

（2）液压站检测与保护

液压站结构上采用集成阀块的形式，油泵、滤油器等液压元件安装在油箱外，从而提高液压站的散热效果，以便于管理以及维护；液压站控制部分全部集成在控制PLC，并通过通信方式连接至上位，提高了电控系统的可靠性预警及时性。

当液压站开启后，系统进入正常工作状态。首先进入自检状态，液压站在5 s内检测各项参数是否正常，当各项参数正常5 s后方可操作，自检参数主要有压力、油位、油温阀体故障检测等。

运行过程中主要的保护有：

过压保护：当液压系统出现故障时，压力超出系统设定值过压电接点压力表接点闭合，发出声光报警。

压差保护：当滤油器出现阻塞压差过高时，压差监测接点闭合，发出声光报警。

温度过高保护：当油箱温度过高时，油温监测接点闭合，发出声光报警。

电磁阀故障监测：运行过程中电磁阀出现故障，电磁阀位置监测传感器接点闭合，发出声光报警。

残压保护：在液压站中增加了压力传感器，在系统残压过高时，能够实现声光报警。

压力保护：系统设有超压保护，当压力超出设定压力2～3 MPa，发出报警信号，并使液压站停止运行。

温度保护：在系统工作过程中，当温度超出系统允许温度时，发出报警信号。

液位保护：液位控制器可在液位低时发出报警信号。

10.6.4 旋转式车环的设计

毛石车辆之间的连接是通过链环结构完成的，传统生产工艺下，链环结构可实现不摘挂车的毛石翻卸，极大地促进了翻毛效率，但在无人翻毛的新工艺下，传统链环结构也存在以下缺点，尤其是电机车和毛石车直接连接的车环，对系统的运行造成了一定的影响，需要创新性改造。

（1）存在的问题

井口阶段还需人员介入摘挂车环，电机车和矿车车环连接由人员配合指挥完成，传统车环由两个马蹄环和中间的转轴连接组成，每次摘挂车环时需要一只手插拔插销，另一只手扶正环子，方可实现车环的连接。此时，人员身体全部在矿车之间的缝隙，一旦出现指挥误差或操作失误，人员极易出现车辆伤害的安全风险，尤其是电机车和矿车之间的车环连接，车辆调整靠电机车运行，安全风险更大。车辆进入翻笼卸载毛石时，需要电机车将毛石车顶入笼体，在顶车过程中，链环压缩硬接触，极大地缩减了电机车和毛石车之间的距离，经常导致电机车碰撞到笼体，或使链环撞断，不仅对翻笼有所损伤，且增加了链环制作的成本、翻笼维修的人力成本以及维修翻笼的安全风险，同时极大影响了翻毛作业的效率，因此，可以设计一套旋转式车环。

（2）新式旋转式车环

借鉴提升系统罐笼下放旋转器原理，可实现连接车环的改造。旋转器车环主要分为电机车连接装置、旋转装置及矿车连接装置三部分。

电机车连接装置本体为一根圆钢，圆钢一端刨成平板，在平板上方切割椭方孔，用于电机车插销连接；另一端内侧钻孔成轴套，用于连接旋转装置。

旋转装置由转轴、轴承、卡簧、螺母及套筒组成，转轴整体安装于套筒内侧，一端以轴承及卡簧安装于电机车连接装置轴套内侧，另一端以轴承及螺母安装于矿车连接装置一侧的套筒内。

矿车连接装置由 U 形环及圆环焊接而成，圆环内侧安装有旋转装置的套筒，并以螺栓进行固定。

使用时，将连接器中的电机车连接装置用插销与电机车相连接，电机车司机启动电机车，摘挂车操作人员只需单手提着插销，不必触碰连接器，待矿车连接装置 U 形环到达矿车碰头内侧时，操作人员放下插销穿过碰头与 U 形环即可。

新式旋转车环具体结构及使用如图 10-16 所示。

图 10-16　新式旋转车环

（3）效果分析

旋转器中心以轴承配合，减小了翻毛作业过程中连接器的摩擦力，提升了翻毛作业的流畅性及作业效率。旋转器本身为配合度非常高的一体化结构，大大提高了转轴的机械性能，降低了故障率，延长了使用寿命。同时便于携带及车辆连接，机动性较强。连接器由提升罐笼所淘汰的旋转器改造而成，不会产生额外的备件费用，且改造成本非常低。

该连接器不但适用于无人翻毛系统，还适用于人员本地驾驶翻毛的场合，应用场景较为广阔。装置应用后，很好地规避了摘挂车作业环节中的安全风险，解决了翻毛作业过程中链环容易折断及翻笼停机的问题，节约了人力成本及材料成本，降低了职工的劳动强度，显著提高了翻毛效率。

第 11 章　保障运维及管理

11.1　组织适配管理

对于传统有轨运输系统运行模式而言，多年已形成匹配其正常运转的管理模式，而在无人驾驶新运输工艺下，部分作业内容进行了融合，岗位重新编制，对系统维护的专业知识和技能储备提出更高要求，同时在提高人力效能的发展背景下，传统管理模式已无法满足其技术和管理等新需求。

11.1.1　传统管理模式

在传统组织管理模式中，生产与维修岗位相互独立，分别属于不同班组，因其设备单一，系统维护所需的技能要求不高，该组织方式可满足现实需求。在实现电机车无人驾驶及智能化改造后，系统硬件设施进行了全方位改造，且全部由软件和程序参与控制，在传统维修班组单一工种模式设定下，岗位人员专业能力明显和现实需求存在差距。

无人驾驶系统一旦出现故障后，需要在较短的时间内进行处理，否则系统停滞将影响正常生产运行，而传统的班组管理模式在沟通、确认、协调方面较为捉襟见肘，机动性较差，也存在责任推诿等问题。

现场智能化改造后，大部分现场作业内容消解，按照原岗位配置人员将出现效能极大浪费问题，因此，新模式下需对岗位业务进行融合，根据实际需求，建立新的岗位，如集控室操作员岗位、调度员岗位、现场巡检员岗位等。

11.1.2　新组织管理模式

为保障和提高 5G+无人驾驶电机车运行效能，需打破传统的管理模式，重新对班组和岗位进行调配，一是将维修班岗位人员按技能水平及业务特长分配至生产班组，调整后形成“4+1”班组结构模式，如图 11-1 所示，即每个班组由 4 个生产小组和 1 个维保小组构成；二是根据现场业务需求，将原来岗位全部打破，建立集控室操作员、调度员、现场巡检员、维保人员四种岗位，如图 11-2 所示，提高班组对系统维保的时效性和自主管理水平。

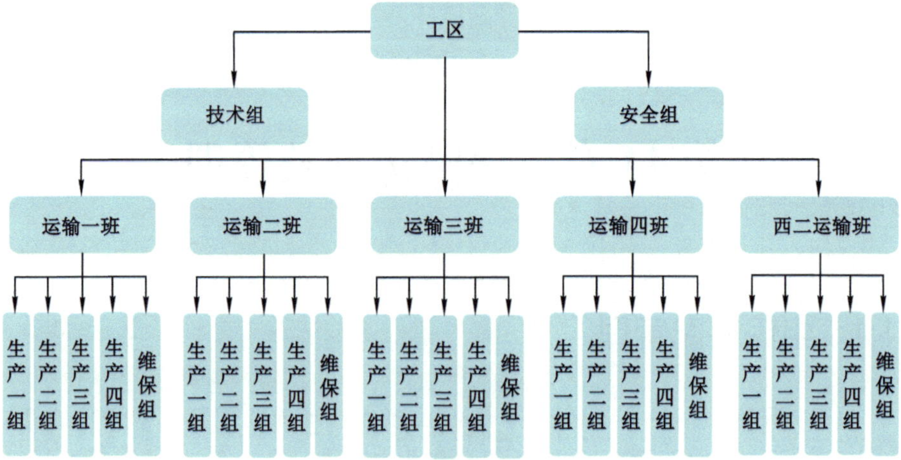

图 11-1　工区管理组织结构图

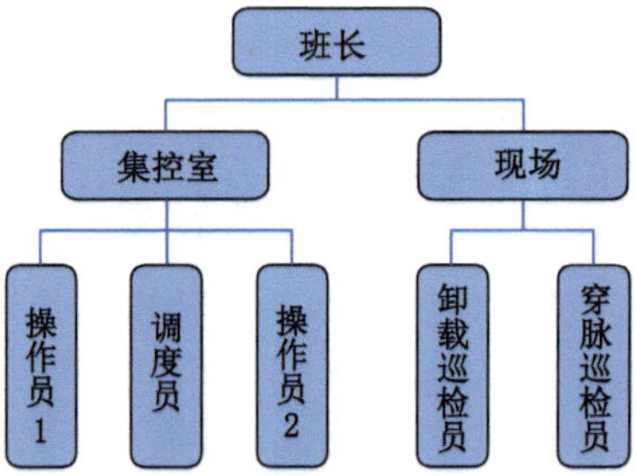

图 11-2　岗位设置

经过两年时间的实践证明：调整后的新型班组管理模式，责任划分更加明确，人员调配更加灵活，有效规避了传统模式下机动性差、责任推诿、维保业务盲区等问题，设备维保时效性和岗位人员责任心明显提高，运输设备及新系统的稳定运行也得到了可靠保障。

11.2　技术投入管理

在"5G+电机车无人驾驶"新技术应用中，首先要确定生产模式想要达到的效果目标，根据效果目标，梳理总结需要在现场工艺、设备等层面解决的问题清单，见表 11-1。清单中的问题既有传统工艺面临解决的老问题，也有新技术应用带来的新问题。因此，问题清单的总结不是一次固化成型，而是依据现场需求不断更新的过程。同时，不是所有的问题都需要通过技术手段解决，通过技术和管理两种手段确定新技术应用带来新模式下的服务边界，解决全新生产模式下的岗位确定、权责分配等问题。

问题清单中所涉及的问题，需要根据技术应用效果、应用成熟度等因素综合考虑解决问题需采用的方式。结合项目实施，每一项问题确定解决方式后，技术方式应纳入项目组技术层，管理方式应归于班组管理层。在管理和技术执行边界确定后，需要支撑管理的“人、机、料、法、环”等要素进一步明确，见表 11-2 所示，岗位设置、岗位职责、岗位操作指导书（表 11-3）等一系列配套措施可明确执行，为新技术应用后期运维管理及责任追溯提供了支撑。

例如，在无人驾驶电机车现场避障选择上，有技术方式和管理手段两种方法。技术方式是在电机车本体安装避障装置，利用红外、雷达等技术手段在电机车运行过程中不间断扫描，发现障碍物及时停车，防止碰撞人或者障碍物；管理手段是在电机车运行区域全部封闭基础上，明确规定电机车运行条件，即现场绝对无人的情况下方可动车。

从技术的层面看，电机车现场避障选择采用的是被动的安全管控措施，当人车交叉时，系统运行可自动识别并停车防护，但设备故障是存在概率的，完全依赖于设备和技术的完好率则无法实现本质安全的要求；从管理的层面看，采取主动的安全管控措施——辅助电子门禁系统，同时明确规定门禁系统管理的第一责任人为调车员，即可从源头避免交叉作业、人员随意进入现场带来的安全风险，达到本质化安全防护目标。

11.3　物料介质管理

5G＋电机车无人驾驶技术应用最终实现的目标是现场的无人化。因此，所有需要人员现场介入的环节全部需要加以改进。在对当前有轨运输全部工艺环节进行分析后，其中装矿、拉运、卸矿三个最重要的环节均可实现无人化操作，需要人员现场介入处理的问题均为非正常作业条件下的异常状况，主要表现为矿石质量波动（水黏矿和大块、铁器杂物）影响正常拉运，更甚者有可能造成溜井堵井，而溜井是有轨运输系统生产环节的“咽喉”，一旦发生溜井堵塞的情况，需要系统停机、人员集中处理溜井，因此保证溜井正常工作是无人驾驶系统平稳运行的基础工作。

对有轨运输系统而言，所涉及的溜井分为穿脉溜井和主系统溜井。其中穿脉溜井是采场源头矿石到运输系统的通道，主系统溜井是运输系统转运矿石到

表 11-1　电机车无人驾驶项目解决方案路径清单

无人驾驶解决方案路径清单									
序号	工艺环节	工艺内容	传统岗位	传统作业方法	无人驾驶解决方法				备注
					岗位设置	技术方案	管理方案	选择原因	
1	放矿	放矿机点检	放矿工（根据放矿点或列车数配置）	放矿工现场点检	煤矿区段配置1名巡检人员	电气状态远程监测	机械设备班前定时停车现场点检	机械设备各部状态无法采集远程监控	
2		对车		放矿工现场查看对车		延时可控视频接入，远程视频对车	需操作员远程干预	车辆连接处缓冲误差累加较大，自动对车效率低	
3		启停操作		现场按钮操作		启停远程控制，并将功能集成于集控室操作台	需操作员远程干预		
4		装满度识别		现场查看识别		延时可控视频接入，远程视频观察	需操作员远程干预	技术层面在装满度和洒矿方面不能兼顾	
5		车辆指挥		按钮打铃		远程控制车辆			
6		清理洒矿		现场不定时清理			班末定期清理	技术手段无人解决	
7		调度联系		固定电话			集控室面对面交流	现场无人	
8		铁器杂物清理		停车和司机共同清理			源头治理铁器杂物	技术手段无人解决	
9		大块处置		停车和司机共同清理			班前定时停车现场点检	机械设备各部状态无法采集远程监控	

表 11-1(续)

无人驾驶解决方案路径清单									
序号	工艺环节	工艺内容	传统岗位	传统作业方法	无人驾驶解决方法				备注
					岗位设置	技术方案	管理方案	选择原因	
10	扳道	道岔检查	扳道(根据区段设置)	现场扳道检查	集控室操作员(按照车列数配置)		班前定时停车现场点检	机械设备各部状态无法采集远程监控	
11		扳道操作		现场扳道		远程控制			
12		道岔确认		现场确认		状态监测、视频确认			
13		调度指挥		固定点电话联系			调车员和扳道工岗位融合		
14		轨道旁洒矿清理		不定时清理			班末定期清理	设备工艺限制不能完全杜绝洒矿	
15	司机	车辆检查	司机(根据车列数配置)	开车前现场检查			班前定时停车现场检查		
16		车辆维保		现场定期维保			定期停车维保		
17		车辆驾驶		现场操作		远程或自动控制			
18		门钩闭合检查		现场下车检查		远程视频检查			
19		掉道识别		经验判断		电流过大提醒	提高设备设施标准化,从本质上杜绝车辆掉道	有解决技术手段,限于工艺环境和投入效益限制,从本质上杜绝掉道	
20		障碍物识别		司机观察		车辆前方实时视频	现场封闭	有解决技术手段,限于工艺环境和投入效益限制,直接无人化管理	
21		脱节识别		经验判断		前后车辆状态自动识别			
22		故障识别		经验判断		车辆信息远程监测			
23		应急处置		现场停车处置		门禁控制现场人员	现场停车处置	现场门禁管理确保现场无人状态	

表 11-1(续)

无人驾驶解决方案路径清单									
序号	工艺环节	工艺内容	传统岗位	传统作业方法	无人驾驶解决方法				备注
					岗位设置	技术方案	管理方案	选择原因	
24	卸矿	卸载架检查	扳道工（卸载架）	现场定期检查	卸矿区段配置1名巡检人员		班前定时停车现场检查	机械设备各部状态无法采集远程监控	
25		卸载架润滑维保		班前定期检查			定期停车维保		
26		格筛升降		现场操作		远程操作，限位保护			
27		矿仓深度控制		经验判断		料位计识别			
28		远程放矿（井下）		电脑远程操作		集控室远程控制			
29		洒矿清理		不定期清理			班末临时处置	设备工艺限制不能完全杜绝洒矿	
30	车辆调度	指令接收	班长	电话联系	集控室配置1名调度员	系统设置			
31		指令下达		排班安排，不定期固定点告知		系统设置			
32		派车指挥		排班安排，不定期固定点告知		系统设置			
33		车辆运行指挥		路过固定点告知		集团系统控制			
34		生产任务统计		现场记录		生产系统自动统计			

表 11-2　新岗位设置及职责清单

无人驾驶运输中段岗位设置及职责				
岗位	1703 水平	1340 中段	1100 中段	岗位职责
组长	1	1	1	1. 负责本小组现场安全确认、设备检查、生产组织、应急处置。 2. 负责组织接班后的设备点检及现场安全确认，汇总各岗位检查结果，确认生产运行前设备及现场环境是否满足当班生产要求。 3. 根据当班生产任务及设备设施情况，负责协调组织车辆调用、工艺线路选择、模式选择等。 4. 负责与集控室调车员做好联系确认，包括设备设施点检结果、生产任务、现场环境、生产组织安排等。 5. 负责确认集控室点检结果，及时掌握集控室运行情况。 6. 1703 中段组长专项负责 6 m^3 卸载站的安全生产管控，负责 4 号门的监管，对重点工艺环节（新一号、平台卸载架、放矿机）进行动态巡检。1340 及 1100 组长负责协助卸载架监护人员，对卸载架、放矿机进行动态巡检。 7. 负责现场设备设施检修的协调组织，安排旁站监管人员，全程监护检修过程，检查确认检修结果及检修质量，组织做好检修设备的试车。 8. 负责现场封闭区域的管理，与集控室调车员做好联系确认，闲杂人员严禁入内，必要入内人员实行组长准入制。 9. 负责生产现场的标准化管理工作，做好交接班现场环境、设备设施、岗位人员等确认工作，做好交班信息汇总工作。 10. 履行组长的其他岗位职责。

表 11-2(续)

无人驾驶运输中段岗位设置及职责				
岗位	1703 水平	1340 中段	1100 中段	岗位职责
调车员	1	1	1	1. 负责集控室安全确认、设备检查、车辆调度、道岔确认、应急处置等工作，与现场小组长做好联系确认工作。 2. 负责组织接班后集控室设备点检及安全确认，汇总操作人员现场设备及操作台点检结果，向当班小组长汇报集控室情况，确认现场情况。 3. 负责接收组长指令，远程确认现场运行环境，确认封闭门全部关闭，确认车辆位置信息，调配操作台车辆，向操作人员下达线路选择、模式选择、机车运行等指令。 4. 负责非“自动模式”模式下的扳道操作，负责特殊情况下的“故障屏蔽”“保护屏蔽”的给定及取消指令，负责“报警信息”的应急处置，负责“车辆速度”的选择，负责大屏的画面选择及调整，负责LED字幕的调整，负责设备间设备的检查及维护。 5. 负责检修车辆的位置信息确认，负责临时调车的位置强制，负责封闭门的远程开闭，负责确认进入封闭区域的准入条件，负责直流网压的确认及远程操作，负责对讲机的管理，负责车辆运行信息的调用。 6. 掌握操作台各项操控指令，熟悉车辆运行工艺，监督操作人员按规范操作。 7. 负责现场检修的管理工作，确保机车检修时在本地状态，负责与旁站监管人员的联系确认。 8. 负责集控室内的设备、卫生、操作台定置摆放及各种信息登记。 9. 负责集控室其他未尽事宜的管理工作。

表 11-2(续)

无人驾驶运输中段岗位设置及职责				
岗位	1703 水平	1340 中段	1100 中段	岗位职责
操作员	3	3	2	1. 熟练掌握操作台各项操作按钮或手柄的功能属性,熟练掌握操作台画面的信息内容,熟练掌握车辆运行设计。 2. 熟练掌握操作规范并严格按规范操作,负责车辆运行线路、环境、状态的实时检查和确认,发现异常及时停车并汇报调车员。 3. 严格按调车员指令操作,严禁擅自动车。 4. 负责分配车辆的点检确认,负责操作台的点检确认。 5. 负责车辆运行及对车放矿,负责放矿时铁器杂物的识别。 6. 负责远程操作应急处置,按组长指令做好现场设备的应急处置。 7. 负责对应车辆检修时的“旁站监护”,检查确认检修结果及检修质量,负责检修现场和调度员的联系确认。 8. 负责调度员安排的其他临时性工作。
应急人员	2	2	2	1. 负责卸载架区域、装矿点区域设备设施的点检,环境安全确认工作。 2. 负责卸载架、装矿点洒矿的清理工作;负责卸载架、装矿点沿线洒矿的清理工作。 3. 负责卸上车器的确认工作,负责卸载架安全防护盖板的开闭工作。 4. 负责矿车运行时的门钩闭合确认工作。 5. 负责特殊情况卸载架、装矿点道岔下本地操作。 6. 负责卸载架、装矿点车辆特殊情况下的现场应急处置。 7. 负责特殊情况下本地放矿操作。 8. 负责组长安排的其他临时性工作。

表 11-3　调度员岗位作业指导书

编号：Q/YSJC01-JSZY17-2021　　　　版本：A　修改状态：0

岗位描述及职责：在检查确认集控室设备完好的基础上，指挥集控室操作员按指令要求进行无人驾驶电机车安全运行的专业岗位，其职责是运行环境确认、车辆运行指令下达、门禁管理、集控室管理、应急处置

关键控制技术参数及要求：按照无人驾驶电机车运行要求确认现场环境、管理门禁系统，按照集控室点检要求做好集控室设备检查，按照无人加强应急管理措施指挥应急处置工作，做好集控室各项记录的填写确认

依据：《龙首矿设备点检管理办法(2020 版)》《运输工区无人加强电机车运行管理办法(2021 版)》。

I 作业前准备	(一) 岗前确认	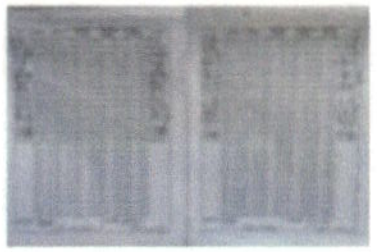	1. 严格执行岗前五项准入确认、掌握本班作业内容存在的危险因素及班生产任务及各自分工。 2. 熟悉本岗位安全生产规章制度、操作规程以及设备的使用	1. 掌握本岗位主要危险因素，风险隐患及其防范措施，主要有车辆伤害、物体打击、触电伤害等。 2. 确保作业前的准备工作充分，并满足作业要求
	(二) 设备状态确认		1. 对集控室所有设备进行检查，包括大屏、设备间设备、调度台各项功能、室内设备设施等。 2. 和现场联系确认车辆停放位置。 3. 接受矿调度室生产指令，安排当班拉运计划	1. 作业前检查集控室设备，确保所有设备处于正常状态，满足作业要求。 2. 检查各类视频画面正常，确保行车过程中画面不卡顿。 3. 检查操作台、调度台通信正常，无故障报警，防止车辆在故障状态下运行，发生车辆失控情况。 4. 确认现场检查情况，避免动车时现场条件不满足

表 11-3(续)

Ⅱ 作业前 准备	(一) 环境确认		对现场进行确认,所有人员均离开现场,确认无误后检查门禁,关闭反馈正常且能开关给定后,达到车辆远程运行条件	1. 动车前,要确保现场无人环境,道岔完好,门禁性能联锁给定,防止人员误入现场,发生车辆伤害事件。 2. 轨旁设备运行良好,无报告信息,防止设备不动作或者动作导致车辆掉道
	(二) 下达目标指令	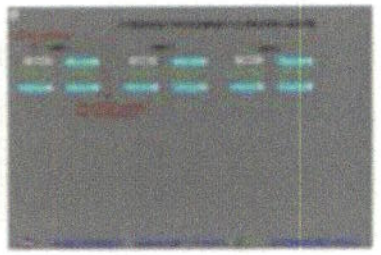	根据车辆停放情况及井位信息,向操作员下达任务指令,随时监控车辆运行情况,确保指令准确	1. 操作台车辆分配,确保所有需运行车辆指令无误,防止车辆错误分配导致故障报警。 2. 目标点选择准确无误,线路道岔状态信息准确,确保运行状态下道岔可准确扳道
	(三) 线路监控	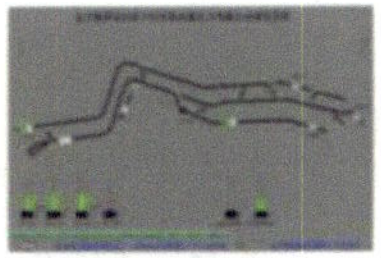	行线路道岔及车辆运行速度,确保车辆速度在规定范围内道岔线路准确	1. 车辆运行最高速度(不得超过 13 km/h),防止车辆速度失控,发生车辆失控情况。 2. 时刻关注道岔状态,确保车辆运行线路准确,防止道岔动作不到位或者不动作导致的掉道情况。 3. 监控车辆运行状态,550 V 直流电压正常,24 V 电压正常(≥22 V),总风压力(≤200 kPa)
	(四) 装矿点确认		1. 车辆装矿前后,调度员需视频确认装矿点环境,确保无洒矿等问题,如有障碍物,指挥车辆停止运行后,调度现场应急人员处理。 2. 装矿过程中,如有操作员汇报铁器杂物,亦执行以上操作	1. 装矿过程前,调度员通过视频画面确认现场,防止车辆进入现场有障碍物。 2. 车辆装矿过程中,遇到障碍物,所有车辆必须停车,防止处理人员发生伤害。 3. 装矿过程中有铁器杂物时,通知调度长,然后停车,再通知人员现场分拣,做好联系确认,防止分拣时发生车辆伤害

表 11-3(续)

Ⅱ 作业前 准备	(五) 卸矿点 确认		1. 车辆卸矿前,调度员确认卸矿站防护格筛及防护栏杆是否升起,卸矿后确认卸矿站轨道或进出端是否有积矿。 2. 如积矿严重,车辆停止运行,调度现场应急人员进行处置	1. 卸矿前调度长视频确认卸载设施完好,卸载站轨道进出口无积矿,防止车辆载过程中发生掉道事故。 2. 卸载站不满足运行条件需应急人员现场处置时,所有车辆必须停车,调度长通过视频时刻监督应急人员并时刻联系现场情况,应急处置完成后,动车前执行环境确认工作,防止处置过程车辆运行导致的车辆伤害。 3. 井口应急时,应急人员必须系好安全带,防止坠井
	(六) 门禁管理	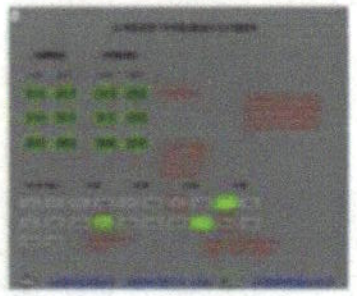	1. 所有人员在作业期间进入现场,必须到集控室调度员处进行登记预约,同意后方可执行入场操作。 2. 人员进入现场前所有车辆停车,调度员全程确认门禁的开闭,并确认人员进出数量	1. 进入现场前必须在调度长处签字确认,所有车辆停止运行,防止人员误入导致车辆伤害。 2. 相关应急人员现场处置时,所有车辆必须停车,应急处置完成后,动车前执行环境确认工作,现场进出人员及人数需确认一致,防止人员滞留现场导致车辆伤害
Ⅲ 记录,签 字确认	(一) 记录,签 字确认	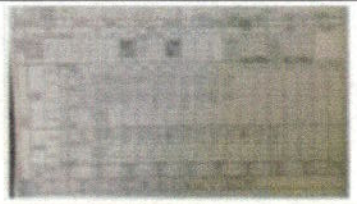	1. 本班作业结束后,如实填写《运输工区生产经营调度台账》并确认签字。 2. 打扫现场卫生	1. 记录应真实、规范、数据要准确。 2. 填写人、复核人签字确认无误后方可交接班
Ⅳ 应急处置	(一) 应急要求	1. 车辆伤害事故应急措施:① 当车辆系统联锁闭锁失效或者远程失控时,操作员应立即合紧停按钮,然后将直流电停电;② 若已发生车辆伤害事故造成人员受伤,应立即将现场所有机车停运,立即前往现场将机车置于“本地”并可靠停车;③ 因巷道狭窄,车辆将人挤在巷道沿上时,现场由专人指挥,移动车辆组织施救;④ 人被压在车下时,现场由专人指挥,使用导线、起道器等专业工具组织施救;⑤ 施救过程必须缓慢进行,以免造成二次伤害。 2. 触电伤害急救措施:① 应立即断开电源或采用其他可靠方式使触电者脱离电源;② 当触电者脱离电源后,应根据触电者的具体情况,迅速进行救护;③ 如果触电者伤势不重、神志清醒或者触电者一度昏迷但已经清醒过来,这时应使触电者安静休息,不要走动,严密观察并请医生前来诊治或送往医院		
	(二) 注意事项	1. 无人驾驶系统运行时现场必须实施红区管理措施,人员进入现场必须通知集控室调度长,调度长告知所有操作员将电机车停车。 2. 事故发生后第一时间报告工区值班人员或当班安全员事故发生的时间、地点和事故起因情况,如未能取得联系直接向龙首矿调度室报告。 3. 积极抢救,当灾害事故发生后,处于灾区内以及受威胁区域的人员,应根据灾情和现场条件在保证自身安全的前提下,采取积极有效的办法和措施,及时投入现场抢救		

破碎、提升系统的通道，两者均起着至关重要的作用。因此，矿石质量把控的源头为采场，在矿石质量不能由有轨运输系统直接管控的环境下，需要全系统过程管理，从源头治理。

11.3.1　穿脉溜井矿石质量管控

① 针对矿石质量的重要指标“含水率”，下达含水率管控标准（矿石含水率≤7%，超过 7%视为超标，称为黏矿、水矿）和奖惩办法，并定期采样落实，防止黏矿大量入井。

② 明确铁器、杂物、大块的标准，并制定追溯考核制度，如图 11-3 所示，从源头采场进行限制，减少铁器、杂物、大块进入系统，保障下游运行顺畅。

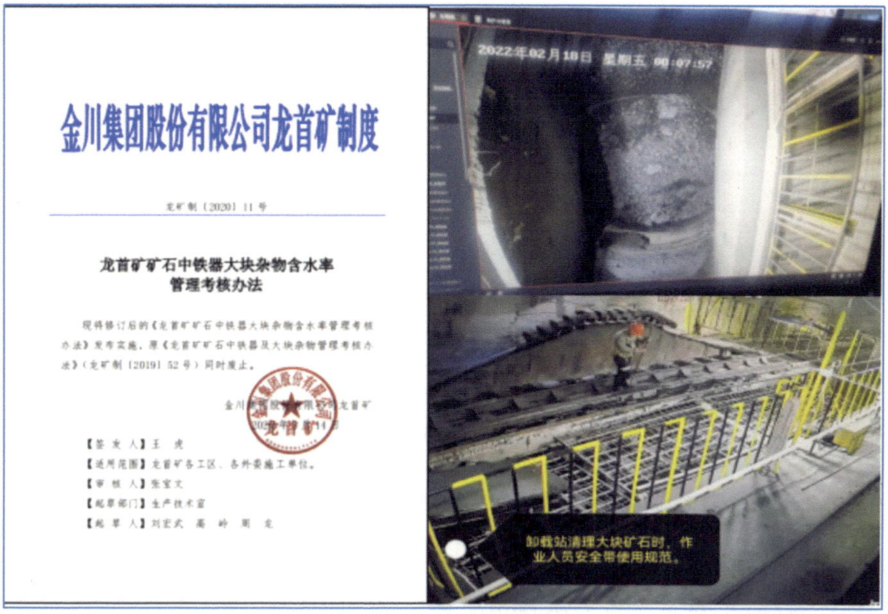

图 11-3　矿石介质管理

一般铁器是指单边长度不超过 0.5 m、厚度不超过 0.01 m、0.1 m^2 以上的铁板，1.5 m 以下液压管（不含 1.5 m），0.5 m 以上的锚杆、桁架及其他影响溜矿井正常放矿和带式输送机运输的铁质物品等，超过此范围的视为大件铁器；大块是指最大轴向长度大于 0.5 m 的整块矿石；杂物是指 1 m 以上的圆木或木板及其他影响溜矿井正常放矿的物品，如废弃的非金属类充填管等。

③ 当溜井已经出现水黏矿后，需从拉运环节进行管控，制定水黏矿配比标准（干矿：水黏矿＝4：1）并严格执行，从而确保进入主系统的矿石质量在可控

范围之内不至于造成堵井影响生产系统运行。

④ 为防止溜井中矿山含水量较高而造成跑矿现象，在迎门梁处加装挡矿装置，结构如图 11-4 所示。

a. 在迎门梁内侧安装槽钢用于挡矿板的安装。

b. 将挡矿板用圆环及圆钢安装在槽钢内侧。

c. 根据所设计挡矿板拉杆长度在放矿机巷道顶板处打锚杆，用于连接固定挡矿板拉杆。

d. 将挡矿板拉杆两端分别与锚杆和挡矿板相连接，调整拉杆长度，挡矿板安装完成。

e. 正常使用时，将拉杆调整至放矿机下矿速度较为流畅的长度；若放矿机有钢筋或大块堵塞时，调整拉杆长度，将迎门梁开口增大，便于放矿机下矿。

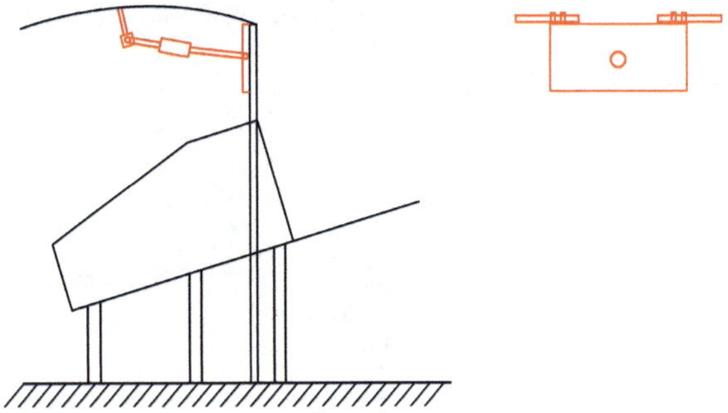

图 11-4　挡矿装置结构示意图

11.3.2　主系统溜井矿石质量管控

主系统溜井管控是全矿生产系统安全平稳运行的关键，也是生产管控中的难点。一旦堵井，不仅对生产系统造成非常严重的影响，而且在目前常规爆破处理堵井过程中的安全风险不可控。

(1) 主系统放矿机积矿清理措施

由于转运到主系统溜井内的水黏矿并不能完全杜绝，当矿石中水含量较大时，会造成溜井下矿口两侧形成积矿，且积矿逐渐累积，从而造成下矿口越来越小。对此制定“在放矿机侧帮标记红线作为积矿清理标准、每班清理主系统溜井放矿机台板两侧积矿+交接班汇报”措施，如图 11-5 所示。措施实施以来，全年主系统溜井堵井次数已从 2020 年的 30 次降低到 2022 年的 7 次，实践证明该措施是系统顺畅的重要保证。

存在的问题：

图 11-5　放矿机定期清理积矿示意图

措施实施后，主系统放矿机普遍采用高压风清理积矿，高压胶管与钢管进行搭接，钢管长度为 2 m，在清理积矿时，岗位人员需站立在两侧，巷道中心一侧搭建有二层平台，但平台末端只到收料口处，长度较短，另一侧由于空间受限未搭建平台，因此在清理积矿过程中存在以下问题：

① 由于人员站立空间受限，虽系有安全带，但依然存在高处坠落风险。

② 由于风压较大，手持风管清理积矿时，由于站位问题存在风管反弹造成打击伤害的可能性。

③ 人员可移动范围较小，对台板两侧的积矿还存在死角无法清理，清理效率、标准有较大提升空间。

改进措施：

在井下全部主系统溜井放矿机处加装积矿清理作业平台，进一步提高作业时人员站位的安全性及便捷性，有效确保措施实施的质量及效率。

① 借助原有行人梯及二层平台，作为上积矿清理平台的通道。

② 以 4 根 16 号 A 型槽钢搭建方形框架，6 根 16 号 A 型槽钢一侧 3 根生根于地面并与溜矿板侧板焊接作为立柱，立柱与框架焊接形成积矿清理平台基础，以 1 寸钢管焊接成围栏，将积矿平台封闭，同时将立柱与围栏、框架进行焊接，加强其可靠性。

③ 在框架上方铺设螺纹钢板，四边分别与框架焊接，同时用 50 mm×5 mm 型号角钢焊接成人员站立框架，长边侧与螺纹钢板用转轴连接，短边侧在落下状态时搭接于框架上，人员站立框架整体以钢丝绳进行牵引。

④ 如图 11-6 所示，清理积矿时，放下人员操作平台，岗位人员通过行人梯及二层平台到达积矿清理平台，系好安全带，正常用高压风管清理即可。清理完毕后，升起人员站立框架，正常进行远程放矿作业。

图 11-6 主系统清理积矿平台

(2) 主系统放矿机下矿口优化改造

井下主系统放矿机下矿口斜溜槽主体结构为溜矿钢板，溜矿钢板在日常放矿中非常容易磨损，磨损后的钢板不仅容易造成矿石堆积影响放矿机下矿的流畅性，且在补焊加固过程中存在较大的坠井、火灾等安全风险，同时在放矿过程中存在溜矿钢板断裂坠入溜井的安全隐患，对系统的稳定性造成一定影响。

优化措施如图 11-7 所示。

将溜矿钢板改造为耐磨衬板，以增加其耐磨性，从而确保放矿机下矿的流畅性以及系统运行的稳定性。

① 在原有溜矿钢板上逐层铺设模板(2 500 mm×1 000 mm×20 mm)，模

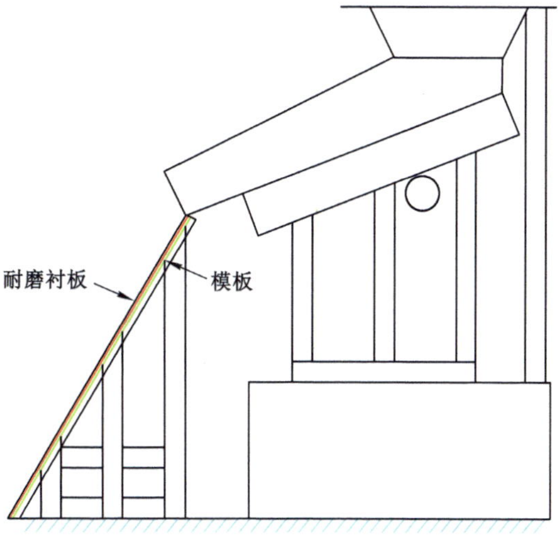

图 11-7　井下主系统放矿机下矿口优化改造图

板与原有溜矿板及侧板进行焊接固定，同时对两两模板之间焊接固定。

② 根据模板上螺栓孔位置，在原有溜矿板切割对应的螺栓孔。

③ 在模板上方铺设耐磨衬板（500 mm×500 mm×20 mm），直至铺满整个模板，耐磨衬板与模板、原有溜矿板之间采用沉头螺栓连接，铺设完毕后焊接固定。

（3）主系统放矿机结构优化

1703 水平新 1 号系统是龙首矿西一采区矿石转运至地表的唯一系统，在生产中发挥着至关重要的作用。其放矿机安装形式为悬吊式，且使用年限较长，结构变形严重，同时内部溜矿钢板角度较小，长期积矿严重，造成下矿口缩小，从而经常发生堵井现象，给生产组织造成很大的困难，也不利于无人驾驶系统稳定运行。

优化措施：

将悬吊式放矿机改为座式放矿机，同时增大矿仓下矿口溜矿板角度，并将溜矿板改造为耐磨衬板，有效提高下矿效率，规避死角堵井风险，从源头保证了系统的流畅运行。

为增大溜矿板角度，同时确保下矿口空间，因此溜矿板改造采用分层式设计，如图 11-8 所示，即上部溜矿板与下部溜矿板拼接形成折角。

① 拆除悬挂式放矿机并安装座式放矿机。

② 安装、焊接下矿口两侧及后部模板（1 500 mm×1 000 mm×20 mm），两

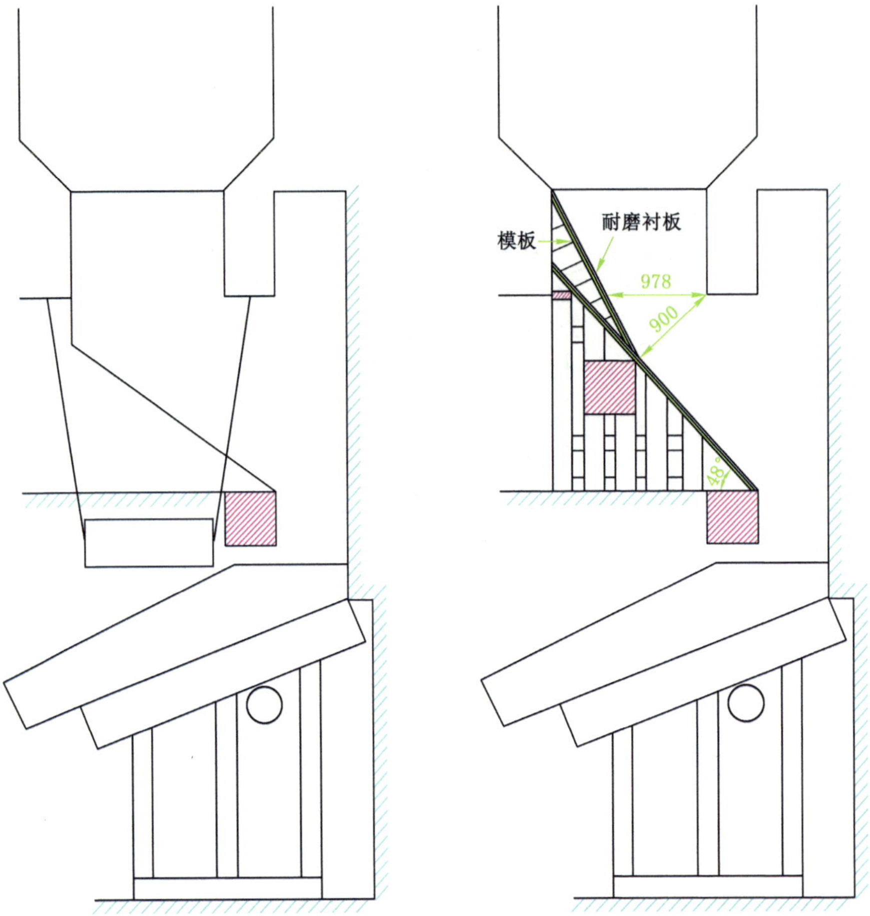

图 11-8　1703 水平新 1 号系统放矿机结构改造图

侧模板预留下矿口观察窗，在模板上铺设耐磨衬板（500 mm×500 mm×20 mm），模板与衬板之间用沉头螺栓连接。

③ 吊装上部模板至安装位置，吊装下部模板与上下钢板及两侧模板进行焊接固定。

④ 在二层平台搭建溜矿板底架，底架立柱采用 200 mm×200 mm 规格方钢，立柱周围焊接 160 mm×63 mm×6.5 mm 槽钢进行加固。

⑤ 分别在上部模板和下部模板上安装衬板，衬板安装完毕后对上部溜矿板与下部溜矿板夹角空间进行混凝土浇筑；

⑥ 在二层平台上铺设钢板并固定，以此对二层平台进行封闭。

(4) 主系统溜井井位管控及智能化联控

溜井井位的管控是溜井安全可控的关键所在，当井位较深且遇矿石含水量较大时，矿石在重力的作用下层层堆积，非常有可能造成堵井，所带来的系统隐患及安全风险极大，因此对于溜井井位的管控至关重要。

主系统溜井统一设定下限井位 25 m，但传统的做法是由摄像头远程监视、人员现场查看、经验等判断井位，不仅不符合无人驾驶系统现场无人化的运行要求，且靠经验判断存在较大的误差，依然存在潜在的系统隐患，同时人员查看时也存在坠井风险。

优化措施：

自龙首矿料位系统成功上线后，借助智能化料位系统的优势，全面采集数据并纳入无人驾驶系统管控，井位控制全面数字化联控，在确保系统溜井顺畅的同时，最大限度确保上下游系统能力最大化，同时也满足了无人驾驶系统现场无人化的运行要求。图 11-9 所示为主系统远程放矿上位控制画面。

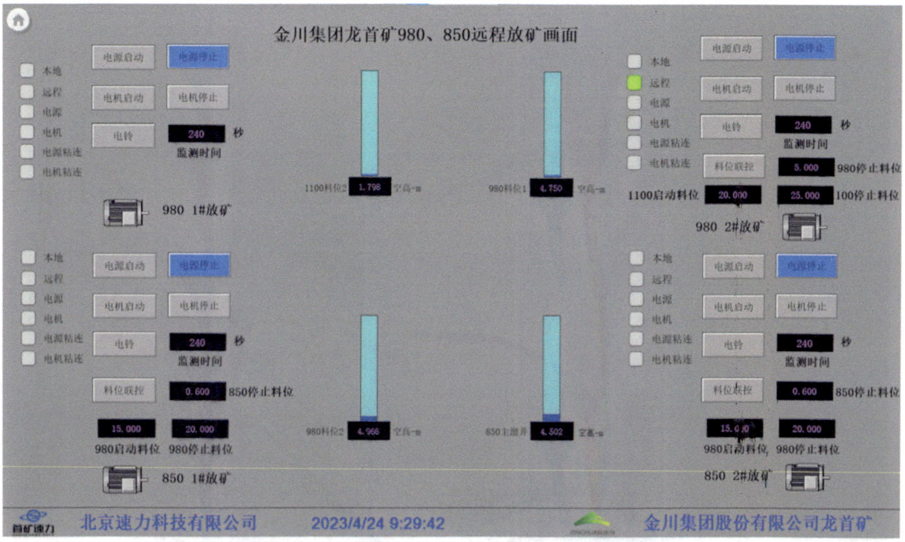

图 11-9　主系统远程放矿上位控制画面

11.4　环境保障管理

5G+电机车无人驾驶项目虽为新技术应用项目，但现场环境问题不是靠新技术解决的。相反，现场环境恰恰为新技术能成功应用提供了基础保障：一是车辆运行通过性要明确的距离要求，巷道断面的宽度及高度需要硬指标；二是无人驾驶电机车运行周期内不具备返修条件，且因地压变化造成巷道顶板、侧帮灰皮开裂变形时，需频繁捡撬，影响无人驾驶系统运行流畅性。因此，现场环境需要长时间的稳定周期来支撑系统运行。

根据无人驾驶电机车运行要求制定无人驾驶电机车运行环境标准，主要由两方面措施：巷道规格达标和巷道环境优化。

措施一：在项目运行前，对不合规的巷道进行梳理，制定处置措施，按设计规格进行返修处理，不稳定区域制定灌浆等措施，并利用停产检修或区间隔离的方式进行集中返修处理，达到巷道规格达标及保障长周期稳定运行的巷道环境。

措施二：对巷道内排水工艺进行优化改造，将明沟设计改为暗管，避免了轨道的渗水，确保了道基的干燥稳定，如图 11-10 所示。

图 11-10　穿脉局部排水现场布置图

措施三：对巷道管线进行全面对标管理，包括管线分层敷设、间距保留、色彩化管理等，避免后期车辆运行过程中出现损坏风险。

措施四：对轨道、滑触线等全面对标整改，包括材料选择、技术参数等，建立高标准运输巷道空间，全面提高环境设施稳定性。

11.5　工艺优化管理

运行工艺是有轨运输系统安全生产的基础，传统有轨运输系统需人员现场操作，运行工艺除受现场环境和生产需求的限制外，还要受制于人员操作方面的影响，即轨道线路满足车辆基本运行要求外还需要满足人员操作便利的要求。所以，传统有轨运输系统道岔重复布置、线路交叉等情况较多，在带来便利性的同时，也给线路增加了道岔交叉等风险点。

电机车无人驾驶最大的特点就是现场无人操作，因此，可完全避免人员操作带来的安全风险。电机车无人驾驶技术应用后，运行工艺除受现场设备设施的限制外，更多的工艺来自软件系统的设定，在硬软件匹配化工艺条件下，工艺的改变不仅仅受硬件的约束，所以，运行工艺对硬件和软件的固化要求更高。

综上所述，新技术对运行工艺的要求，摒弃了有人驾驶工艺潜在的“方便”规则，充分满足了无人驾驶工艺“简化”和“固化”的要求。通过轨道线路优化、道路权限分配等方式，简化和固化了车辆运行线路，提高了系统运行效率的同时，规避了运行工艺差异带来的系统安全风险。

在确定无人驾驶工艺设计后，全面简化和固化系统工艺，减少线路交叉点，提高系统运行稳定性。

11.5.1　地表 1703 水平运输工艺优化

1703 水平有轨运输系统在无人驾驶电机车运行中，存在以下两个方面的问题：

① 项目建成之初，新 1 号至 6 m^3 2 号卸载站矿石拉运采用无人驾驶模式，而新 2 号废石拉运采用本地驾驶模式，废石运输轨道与矿石运输轨道在新 2 号平硐口菱形道岔处存在交叉点，存在较大安全风险，同时矿石拉运车辆匹配直流电为 550 V，废石拉运车辆匹配直流电为 250 V，线路交叉造成 550 V 直流架线与 250 V 直流架线相互交叉，致使新 2 号平硐口存在 250 V 直流滑触线盲区，废石车行驶至新 2 号平硐口时只能借助惯性驶入或驶出新 2 号平硐，存在较大安

全隐患，同时因无人驾驶现场环境要求，毛石拉运车辆运行时，矿石拉运车辆不能运行，影响生产效率。

② 由于新1号西侧维修硐室占据空间，新1号无人驾驶车辆与混合井空车道交叉，致使新1号放矿作业与驶向混合井放矿的空车存在交叉，因此新1号放矿作业与混合井矿石运输作业不能同时运行，需相互等待，影响运行效率。

以上两个方面严重制约无人驾驶系统运行效率，针对此症结，需对1703水平废石运输线路、系统及新1号运输线路进行优化。

优化方案：

① 将废石运输600 mm轨距轨道改造为矿石运输的762 mm轨距轨道，将新1号至2号卸载站矿石运输762 mm轨距轨道改造为废石运输600 mm轨距轨道，去除两者之间的交叉点——新2号平硐口菱形道岔，连通此区域废石运输线路滑触线，使矿石运输无人驾驶运行区域和废石运输本地驾驶拉运区域分离为两个独立运行的运输区域，为无人驾驶创造良好的现场环境。

② 拆除维修硐室，将新1号西面放矿轨道长度延伸至可以停下一趟6 m^3底侧卸式矿车而不经过道岔，使列车在新1号放矿时与驶向混合井空车不再交叉运行。

③ 将废石运输系统改造为无人驾驶系统，同时将废石运输线路滑触线直流电由250 V改造为550 V，1703水平全域实现现场无人化管控、直流电统一化管理，避免了人机交叉以及不同电压直流电滑交叉的安全隐患，同时两条线路也可同时运行，提升无人驾驶系统运行效率。

对1703水平运输系统改造后，全域实现无人化管控，废石运输线路与矿石运输线路独自运行，避免了车辆在菱形道岔交叉点处的掉道风险，滑触线互不交叉干扰，无滑触线盲区及不同电压干扰隐患，降低车辆运行安全风险，同时废石拉运与矿石拉运互不制约影响，大大简化运输工艺，提高生产效率。

运输系统改造后，如图11-11所示，新1号放矿车辆不再经过与混合井空车道相连接道岔，新1号放矿作业与驶向混合井空车互不干扰，大大减少道岔切换频次，生产工艺更加优化，矿石拉运效率显著提高，同时维修硐室拆除后，此区域实现无人流动，无人驾驶系统运行环境进一步提高，降低了安全风险。

11.5.2 井下1100水平运输工艺优化

1100水平在未实现无人驾驶系统运行前，如图11-12所示，9行口至上下

图 11-11　1703 轨道改造后现场

盘口（直线段区域，约 500 m）有轨运输区段为双轨道运行，目的在于电机车司机驾驶电机车运行时便于倒车和系统备用，轨道线路较长，使用道岔较多，车辆交叉频繁，造成的结果就是在方便系统备用的同时增加隐患点，系统故障率增大，走入“备用”和“故障”相互死循环。在无人驾驶系统上线运行后，双轨道运行的负面影响逐渐显现，存在故障率高、故障点多的实际问题，且双轨道占用巷道空间较大，车辆与巷道侧帮安全间距较小，不满足无人驾驶系统安全运行需求。

优化方案：

将并行双轨道线路整合为单轨道线路并铺设于巷道中心，去除前后中间两个道岔，在无人驾驶系统设定的加持下，列车不仅满足运行中的置换需求，且满足单点卸载的工艺需求。工艺简化后，车辆运行安全风险点大大减少，运行更加平稳顺畅，软硬件匹配保证了长周期的稳定，确保了系统的稳定性。图 11-13 所示为 1100 轨道优化改造示意图。

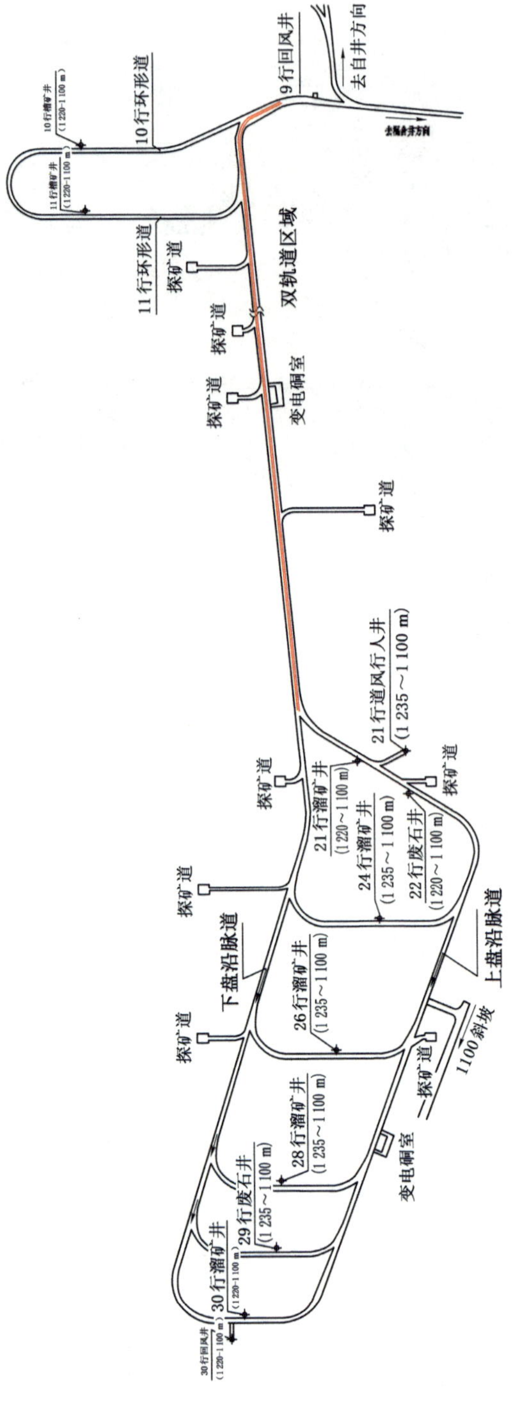

图 11-12　1100轨道优化改造示意图

图 11-13　1100 中段轨道优化后现场图

11.6　设备运行管理

“5G＋电机车无人驾驶”是采用新技术应用的系统性项目，包括机械、电气、通信、自动化、计算机等专业领域，在新技术系统维护方面，维护范围已完全超出传统的实体设备范畴，需要系统性的思维解决系统维护问题。但传统实体硬件设备仍然是新技术应用的支撑载体，良好的维护是新技术稳定运行的基础保障。

在现场系统维护中，除传统实体硬件设备的维护外，新增工业控制等软件的维护，属于系统维护的新领域。硬件维护目标是确保其运行可靠性，解决办法就是关键点管控和预知性维修；系统软件维护的目标是确保其有效性，解决办法就是周期性测试和备份。

11.6.1　硬件设备管理

（1）预知性维修

按照“预防为主、维修为辅、防修结合”的方针，针对现场设备特点，对管控措施进行优化完善。

管理措施：

① 针对不同型号车辆分别建立车辆维保电子台账，如图11-4所示，包括电机车、矿车，严格按照半年周期进行进入维修大厅预知性维保。

类别：6m³底卸式矿车　　运输工区矿车电子档案

序号	小序	运行中段	编号	状态	责任人	保养																	
						时间	部位	内容	保养人	时间	部位	内容	保养人	时间	部位	内容	保养人	时间	部位	内容	维修人	时间	部
1	1	1430	1	在用	周灵伟	20.12.20	车轮	加油	王文虎	21.3.1	车轮	加油	韦海林										
2	2	1430	2	在用	周灵伟	20.12.20	车轮	加油	王文虎	21.3.1	车轮	加油	韦海林										
3	3	1430	3	在用	周灵伟	20.12.20	车轮	加油	王文虎	21.3.1	车轮	加油	韦海林										
4	4	1430	4	在用	厚小刚	20.12.20	车轮	加油	王文虎	21.3.1	车轮	加油	韦海林										
5	5	1430	5	备用	厚小刚	20.12.20	车轮	加油	王文虎	21.3.1	车轮	加油	韦海林					2020.12.1	弓板	更换弓板螺丝	张平		
6	6	1430	6	在用	厚小刚	20.12.20	车轮	加油	王文虎	21.3.1	车轮	加油	韦海林										
7	7	1430	7	在用	苏亚龙	20.12.20	车轮	加油	王文虎	21.3.1	车轮	加油	韦海林					2021.1.29	轴盘	更换	张平		
8	8	1430	8	在用	苏亚龙	20.12.20	车轮	加油	王文虎	21.3.5	车轮	加油	高海军					2021.1.29	转向架	更换	高海军		
9	9	1430	9	在用	苏亚龙	20.12.20	车轮	加油	王文虎	21.3.5	车轮	加油	高海军										
10	10	1430	10	在用	孙白清	20.12.20	车轮	加油	王文虎	21.3.5	车轮	加油	高海军					21.3.15	转向架	更换	高海军		
11	11	1430	12	在用	孙白清	20.12.20	车轮	加油	王文虎	21.3.5	车轮	加油	高海军										
12	12	1430	13	待修	白雪龙	20.12.20	车轮	加油	王文虎	21.3.5	车轮	加油	高海军					20.12.10	车轮	更换车轮2个	张平		
13	13	1430	14	备用	白雪龙	20.12.20	车轮	加油	王文虎	21.3.5	车轮	加油	韦海林					21.2.15	弓板	更换螺丝1条	张平		
14	14	1430	15	在用	栾伟	20.12.20	车轮	加油	王文虎	21.3.7	车轮	加油	高海军										
15	15	1430	16	在用	栾伟	20.12.20	车轮	加油	王文虎	21.3.7	车轮	加油	高海军					21.12.25	碰头螺杆	更换	张平		
16	16	1430	17	在用	段宗仁	20.12.20	车轮	加油	王文虎	21.3.7	车轮	加油	高海军					21.12.25	碰头螺杆	更换	张平		
17	17	1430	18	在用	白雪龙	20.12.20	车轮	加油	王文虎	21.3.7	车轮	加油	高海军										
18	18	1430	20	在用	白雪龙	20.12.20	车轮	加油	王文虎	21.3.7	车轮	加油	高海军					20.12.10	车轮	更换车轮2个	张平		
19	19	1430	21	在用	王振刚	20.12.20	车轮	加油	王文虎	21.3.11	车轮	加油	高海军					20.2.15	弓板	更换螺丝1条	张平		
20	20	1430	22	备用	白雪龙	20.12.20	车轮	加油	王文虎	21.3.11	车轮	加油	高海军										

图11-4　矿车维护电子台账

② 建立维保标准清单，将轮缘厚度、轮距、撑脚、轴座等制定标准，确保进厅维保车辆的维保质量。

③ 车辆制动是车辆伤害安全防控的“牛鼻子”，因此对电机车制动实行“一票否决制”，绝不让制动存在问题的电机车运行，同时实施每季度进行一次制动测距并做好记录，确保制动有效。

④ 建立追溯制度，将未在运行周期内出现的故障情况进行追溯，倒逼维保人员提高维修质量。

(2) 两个关键管控

关键设备和设备关键点是设备管理的“牛鼻子”。关键设备确保系统正常，设备关键点确保设备正常。

管理措施：

① 全面梳理设备关键点，如电机车悬吊、翼板、6 m³ 矿车转向架等关键点是车辆重要支撑结构，若发生故障将直接导致车辆翻车或坠井，会造成重大设备故障。

② 对系统电机车、放矿机、卸载架等关键设备每周进行工区级专业点检，确保不发生影响系统的设备故障。

③ 除专业化周检外，对悬吊、翼板等设备关键点每月进行专项检查，确保不

发生重大设备事故。

④ 通过技术创新手段全方位检查，如图 11-15 所示，针对 6 m^3 矿车底部不易检查的问题，通过采用对角摄像头远程视频画面同步的方式检查，消除检查盲区。

图 11-15　摄像头检查车底结构

⑤ 建立设备关键点检修台账，定期进行检查更换，确保关键点的绝对安全。

(3) 单体设备管控

单体设备体现运行的独立性，作为设备管理的最小完整单元，其日常运行管控和定期状态评估是长周期稳定运行的重要抓手。

管理措施：

① 日常运行管控从启停时间、维护保养、故障检修、备品备件等方面进行全方位的管控记录，为状态评估提供数据支撑。

② 对单体设备进行每季度一次的状态评估，如图 11-16 所示，包括运行状态、下次维保周期、故障风险点、需新增备件等，为下个阶段运行管控重点提供参照。

③ 对周期性存在的问题或频发的故障，由车间组织进行技术诊断或创新改造，如 6 m^3 矿车詹式车钩防坠落装置、无人驾驶电机车变频器 IGBT 制动模块保护改造等。

(4) 设备设施包干制管控

以班组为单位，细化每个小组、小组每名职工的责任区域，实行区域设备设

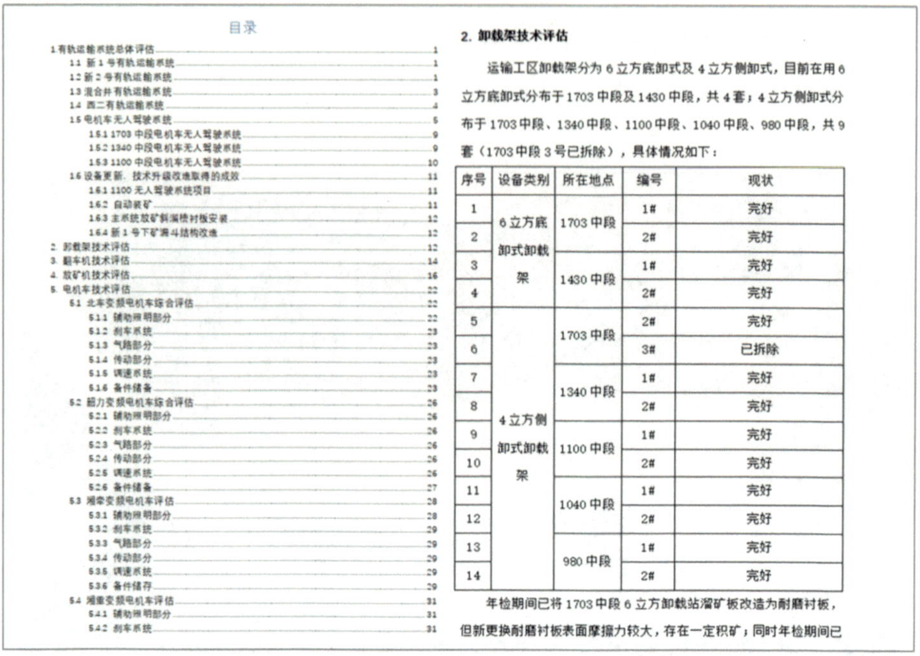

目录

2. 卸载架技术评估

运输工区卸载架分为 6 立方底卸式及 4 立方侧卸式，目前在用 6 立方底卸式分布于 1703 中段及 1430 中段，共 4 套；4 立方侧卸式分布于 1703 中段、1340 中段、1100 中段、1040 中段、980 中段，共 9 套（1703 中段 3 号已拆除），具体情况如下：

序号	设备类别	所在地点	编号	现状
1	6 立方底卸式卸载架	1703 中段	1#	完好
2			2#	完好
3		1430 中段	1#	完好
4			2#	完好
5	4 立方侧卸式卸载架	1703 中段	2#	完好
6			3#	已拆除
7		1340 中段	1#	完好
8			2#	完好
9		1100 中段	1#	完好
10			2#	完好
11		1040 中段	1#	完好
12			2#	完好
13		980 中段	1#	完好
14			2#	完好

年检期间已将 1703 中段 6 立方卸载站溜矿板改造为耐磨衬板，但新更换耐磨衬板表面摩擦力较大，存在一定积矿；同时年检期间已

图 11-16　单体设备状态评估

施包干制管理，做到每一条道螺丝、每一根道木、每一个道岔、每一台车都有对应的责任人，在增强岗位职工责任意识的同时，有效确保了基础设备设施的安全可靠。

11.6.2　系统软件管理

软件管理的主要思路为“提级备份、定期测试”，以底线思维确保安全联锁功能完好，以提级备份防止软件程序丢失。

管理措施：

① 建立无人驾驶系统联（闭）锁测试清单和测试说明，严格按照每季度的测试周期对软件性能、联（闭）锁、紧停保护、制动距离等功能进行全面测试。

② 提级管理，由车间级主管领导牵头进行测试；

③ 采用管理层和技术层双备份的形式留存软件程序，防止程序修改失效或丢失。

11.6.3　新工艺风险辨识管控

新系统势必伴随着新风险，风险辨识是风险管理的基础工作，面对新系统，只有充分辨识风险，才能选择适当有效的处理方法有效控制风险。

智能化系统优化了岗位操作人员的环境，舒适的环境极易滋生人的懒惰行为，一旦系统出现小故障，人员精神麻痹，不前往现场处理，久而久之出现小问题导致大隐患。鉴于此，对无人驾驶系统从装矿、运矿、卸矿全流程进行了风险辨识如图 11-17 所示，针对可能出现的风险，明确了管理措施。

风险辨识评价与分级管控清单

工区/班组/岗位

序号	辨识对象（风险点）		危险危害因素（风险识别）	风险类型	风险控制措施	风险评价与分级					责任部门	责任人
						可能性（P）	严重性（S）	R=P×S	风险分级	管控层级		
1	电机车无人驾驶系统	远程放矿	通讯信号缺陷：1. 信号不清；2. 信号显示不准；3. 其他信号缺陷。	车辆伤害	1. 做好点检工作。 2. 动车前确认信号准确无误。	2	5	10	较大风险	班组级	1100中段 1703中段 1340中段	董鹏 张小成 殷建成
2			误操作、违章操作	人身伤害 车辆伤害	1. 严格执行岗前五项准入。 2. 严格执行电机车无人驾驶操作规范。 3. 优化完善程序。	2	5	10	较大风险	班组级	1100中段 1703中段 1340中段	董鹏 张小成 殷建成
3			控制器缺陷	人身伤害 车辆伤害	1. 设置紧急停止控制元件。 2. 及时检查维护控制元件。 3. 严格按章操作，杜绝野蛮操作。	2	3	6	一般风险	班组级	1100中段 1703中段 1340中段	董鹏 张小成 殷建成
4		远程拉运	监护不到位	人身伤害 车辆伤害	1. 进入现场需进行红区危险告知、准入条件确认登记，经集控室调度长同意后方可进入。 2. 严格执行“红区”管控措施	2	5	10	较大风险	班组级	1100中段 1703中段 1340中段	董鹏 张小成 殷建成
5			信号缺陷	车辆伤害	1. 定期检查线路，及时排除故障。 2. 动车前确认信号准确无误。 3. 优化完善程序。	2	5	10	较大风险	班组级	1100中段 1703中段 1340中段	董鹏 张小成 殷建成
6			设备缺陷	车辆伤害	每班作业前检查、维护，确保机构灵活可靠。	2	5	10	较大风险	班组级	1100中段 1703中段	董鹏 张小成
7			转辙机误操作	车辆伤害	1. 动车前确认沿线转辙机指令是否执行到位。 2. 视频监控确认转辙机贴合紧密。 3. 严格执行电机车无人驾驶操作规范。	2	5	10	较大风险	班组级	1100中段 1703中段 1340中段	董鹏 张小成 殷建成
8		远程卸矿	信号缺陷	车辆伤害	1. 动车前确认网络信号是否准确。 2. 每班认真检查电器设备。	2	3	6	一般风险	班组级	1100中段 1703中段	董鹏 张小成
9			控制柜带电部位裸露	触电	1. 做好岗前确认。 2. 落实好点检制度。 3. 提高操作人员技能水平。	2	3	6	一般风险	班组级	1100中段 1703中段 1340中段	董鹏 张小成 殷建成
10	5G检修车		联系确认不到位	人身伤害 车辆伤害	1. 进入现场检修前经集控室调度长同意后方可进入。 2. 严格执行“检修车动，运行车停”的管控措施。	2	5	10	较大风险	班组级	1100中段 1703中段 1340中段	董鹏 张小成 殷建成
11			制动失效	车辆伤害	1. 每年至少进行1次电机车制动距离检测； 2. 动车前确认制动系统完好有效。	2	3	6	一般风险	班组级 岗位级	1100中段 1703中段 1340中段	董鹏 张小成 殷建成
12			照明、喇叭、检修灯无效	车辆伤害	不符合电机车安全运行条件不动车。	2	1	2	一般风险	班组级	1100中段 1703中段 1340中段	董鹏 张小成 殷建成

1. 辨识对象或评价单元从工艺环节、设备设施、作业环境、员工行为四个方面进行识别。五新（新项目、新技术、新工艺、新装备、新材料、新员工以及技改、大修项目等）
2. 风险类型依据GB6441-86《企业职工伤亡事故分类标准》填写。
3. 风险分级是按照查表确定的重大风险、较大风险、一般风险和低风险，用“红、橙、黄、蓝”标识。
4. 管控层级按照风险等级划分结果对应矿级、车间、班组和岗位。

单位：运输工区　填表人：张鹏举　审核人：　审核日期：

图 11-17　风险辨识表

11.6.4　TnPM 全员设备管理

TnPM 是以设备综合效率和完全有效生产率为目标，以全系统的预防维修为载体、员工的行为规范为过程、全体人员参与为基础的生产和设备保养维修体制，旨在实现全体人员参与的设备精细化管控，全员设备管理体系如图 11-18 所示。

重点内容为“5 个 6”（即 6H、6S、6T、6I、6Z）。6H：污染源、清扫困难源、故障源、浪费源、缺陷源、事故危险源；6S：整理、整顿、清扫、清洁、安全、素养；

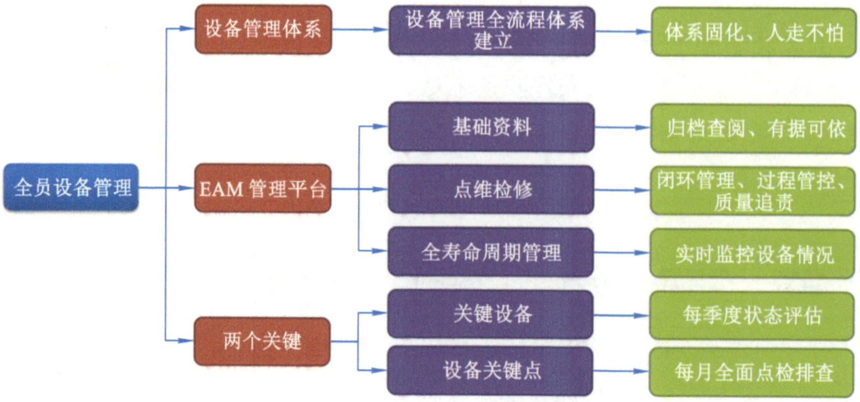

图 11-18　全员设备管理体系

6T:可视化管理、目标管理、企业教练法则、企业形象法则、项目管理、绩效评价与员工激励;6I:改善效率、改善质量、改善成本、改善员工疲劳状况、改善安全与环境、改善员工工作态度;6Z:零故障、零缺陷、零库存、零事故、零差错、零浪费。

管理措施:

① 以设备标准化及现场标准化为基础要求,持续对标、整改、创建样板化车间,并以评比、奖惩等机制长期保持。

② 以设备为单元、以实际检修流程为主编制《检修工艺指导手册》以及《维检修技术手册》,规范、固化各类设备设施检修工艺流程,提高设备维检修质量。

③ 设备润滑是设备平稳运行的关键所在,根据“六定”“二洁”“一密封”“三过滤”四种管理方式,制定有轨运输系统设备设施润滑标准并严格执行。

④ 通过设备故障统计分析可清晰反映日常影响系统运行的重点故障因素,可精准实行提升改进措施,为设备的安全高效运行提供重要的理论依据。

⑤ 以设备关键信息、关键管理过程为主,以流程图、二维码、示范图例等方式为辅,形成 TnPM 可视化管理展板,如图 11-19 所示,实现在生产现场对设备全流程管控一目了然。

11.6.5　EAM 设备全寿命周期管控系统

EAM 系统为设备全寿命周期管控系统平台,如图 11-20 所示,平台包含从设备备件的采购、点检、维保、检修、运行、评估等设备管理全部流程,是提升设备管理的重要途径。

图 11-19　TnPM 可视化管理现场展板

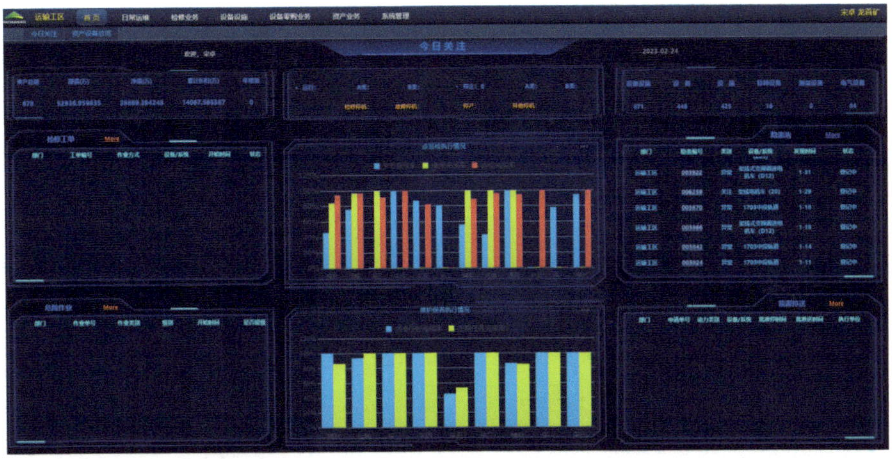

图 11-20　EAM 管理平台

管理措施：

① 对所有设备建立电子化基础资料，并持续做好设备改造、大修检修等资料的更新，为设备管理提供技术资料支撑。

② 借助维检(修)工单闭环管理平台，持续推进设备预知性维修和周期性保养，继续细化标准促进对标管理，确保长周期稳定运行。

③ 通过设备点检 NFC 卡和点检仪确保单体设备点检全覆盖，并通过过程轨迹管控和结果追责体系提高设备点检质量。

11.7 技能提升管理

生产组织的核心是人，新技术的应用在提升现场工艺环节的同时，更需要适配人员的操作；反之，操作人员在享受新技术带来便利的同时，也要适应并接受新技术引发的操作技能变化新要求，达到双向适配的目的。

系统除操作变化以外，系统的维护也发生变化，对维修技能也提出了更高的要求，如确保系统稳定运行，就要在操作技能和维修技能方面进行全面的提升，实现人员对新技术的运维掌握。

在员工技能提升方面，受传统作业的思维惯性影响，存在接受期和适应期，人员培训应针对性地采取对应措施。在员工技能提升方面制定“培训在先、过程容错和结果兜底”的管理机制，在保障安全的前提下逐步提高岗位人员技能水平。在新系统管理机制下，对新设备、新系统的操作和维保又根据不同特点分别进行细化区分，并分类制作操作示例图、学习二维码等，营造随时学、不停学的良好学习氛围，促进提升技术水平，具体措施如下：

① 操作人员：在全面培训基础上，以底线思维建立操作安全结果清单，从技术层面配合安全兜底防护措施，达到即使出现误操作，也不会出现安全问题，在结果可控的情况下提升操作人员技能水平。

② 维修人员：制定维修操作指导书，在保证安全的前提下鼓励职工按照指导书大胆操作，初次维修过程出现问题职工不担责，避免职工畏难畏责情绪。

③ 工程技术人员：从无人驾驶系统结构入手，电气、机械技术人员分别着重进行深入学习，逐步掌握运行原理及系统架构，从独立担当系统局部调整优化到系统全面性掌握全过程给予充分的实践机会。

④ 新入职人员：在当前入职条件最低为大专生的背景下，新入职人员一般有着充分的知识储备，其对新知识的接受能力也较强，在自主学习的基础上，以“导师带徒”活动助力新入职人员技能快速提升。活动原则按照“一年一份师徒合同、一份带教计划、一本学习笔记，一月一次检查、一季一次考核、一年一次表彰、一月一份津贴”执行，对新入职人员及导师的考核分为月度考核、季度考核以及年度考核，以奖惩措施激发其学习的积极性。

11.8 制度支撑管理

管理制度是人员参与组织活动最基本的管理要素，制度决定执行的结果，直接影响组织活动的成效。电机车无人驾驶项目从实施阶段到成熟运行，经历了探索、试运行、改进、总结等阶段，从第一次成功应用到成熟的推广应用，项目实施的全过程均已得到实践的检验，也再一次凸显了管理对新技术应用的支撑作用。

11.8.1　新技术应用管理支撑

新技术应用项目在管理层面主要针对两方面的内容：一是新技术内容的管理，该方面主要思路就是标准和统一，在标准和统一的原则下制定相应的技术管理内容；二是实施和运维体系的管理，项目实施涉及多专业、多行业的问题，过程中极易因碎片化不成体系，在电机车无人驾驶方面，已成熟且固化的应用场景具备体系化的条件。因此，对全过程管理内容进行体系化总结，可以为今后的同类项目给予指导意见。

技术内容标准化：如图 11-21 所示，对无人驾驶系统的技术内容进行全面的标准制定，从项目实施前准备、过程中管理、完成后维护等方面制定标准，完全做到可复制、可推广。

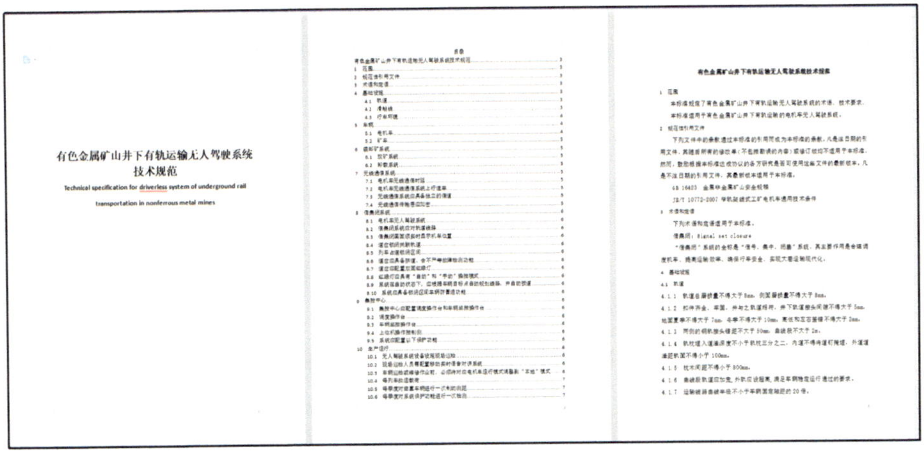
有色金属矿山井下有轨运输无人驾驶系统
技术规范
Technical specification for driverless system of underground rail transportation in nonferrous metal mines

图 11-21　电机车无人驾驶技术规范体系

管理内容体系化：如图 11-22 所示，系统匹配的管理内容从碎片化形式梳理，形成完整的体系化内容，可匹配项目全过程管理。

11.8.2　绩效管理支撑

人是一切工作的基础，管理的本质是管人。没有不好的职工，只有不好的管理制度；针对“无人驾驶”新系统运行后的岗位配置、系统保障要求、设备完好要求、安全管控要求等开展制度修订专题会，使新修订制度涵盖无人驾驶所有生产要素及工艺环节，充分把握好“职工在乎的不全是钱”这个道理，在“公平、公正、

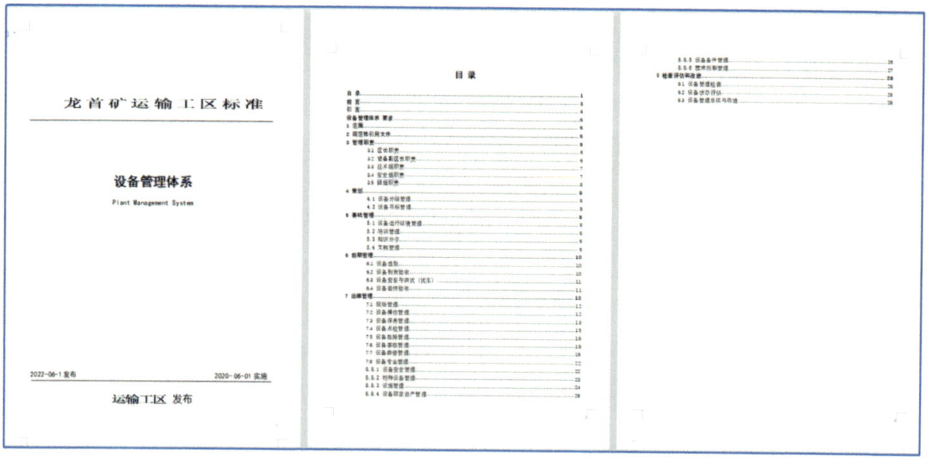
龙首矿运输工区标准

设备管理体系

Plant Management System

2022-06-1 发布　　2020-06-01 实施

运输工区 发布

目录

图 11-22　电机车无人驾驶管理标准体系

公开”的“阳光绩效”制度环境下，以小金额的考核惩戒和“保全面子”的心理紧绷职工安全第一的“弦”，以绩效杠杆体现岗位权责，实现全员参与管理，全员肩负责任，达到新制度匹配新系统安全运行及人员岗位权益得到保障双重目的。

11.8.3　系统运行管理支撑

为保证系统长周期安全稳定运行，明确岗位职责，规范系统运行，在经过系统培训、操作适应期以及职工熟练操作后，编制《运输工区无人驾驶电机车安全运行管理规定》《无人驾驶运行工艺》《无人驾驶安全操作规程》《岗位作业指导书》，强化操作岗位人员的责任心，制度中对无人驾驶电机车运行管理、车辆固定停车点、集控室管理、应急处置措施等进行明确的要求。同时，在系统持续的运行下，对于新发现的问题以及新产生的矛盾因地制策，不断对制度进行补充完善，确保制度体系的可用性、时效性及合理性。

参考文献

[1] 邓大鹏.光纤通信原理[M].2 版.北京:人民邮电出版社,2009.
[2] 冯金庆,赵鹏,于长春,等.一种双轨距轨道对称式自由切换道岔:CN216551369U[P].2022-05-17.
[3] 雷喜怀,冯金庆,赵鹏,等.一种矿用窄轨轨距自动检测装置:CN216558858U[P].2022-05-17.
[4] 刘海洋.计算机智能化图像识别技术的探讨[J].中国新通信,2021,23(13):127-128.
[5] 吕志强.复杂环境下煤矿皮带运输异物图像识别研究[D].徐州:中国矿业大学,2020.
[6] 王小雷,赵鹏,冯金庆,等.一种矿山有轨运输电机车牵引线高度动态测量装置:CN216482677U[P].2022-05-10.
[7] 吴爱祥,王勇,张敏哲,等.金属矿山地下开采关键技术新进展与展望[J].金属矿山,2021(1):1-13.
[8] 阳宪惠.工业数据通信与控制网络[M].北京:清华大学出版社,2003.
[9] 赵鹏,冯金庆,陶积林,等.一种 Y 型滑触线横向硬连接固定装置:CN216549280U[P].2022-05-17.
[10] 赵鹏,骆军军,冯金庆.龙首矿电机车无人驾驶系统 5G 网络构建与优化[J].矿山机械,2021,49(9):17-23.
[11] 赵鹏.复杂地貌矿山立体远程数据通信系统研究与应用[D].兰州:兰州大学,2016.